计算机应用基础实例教程（第4版）

赵立群 陈　杨 主　编
刘靖宇 范晓莹 副主编

清华大学出版社
北 京

内容简介

本书采用“任务驱动、案例教学”的方法，主要介绍 Windows 10 操作系统、Word 2016 文字处理软件、Excel 2016 电子表格、PowerPoint 2016 演示文稿、常用工具软件及计算机网络基础与 Internet 应用等内容，并通过指导学生实训来加强应用技能培养。

本书知识系统、概念清晰、贴近实际，注重专业技术与实践应用相结合。本书既可作为应用型大学和高职高专院校计算机应用基础课程的首选教材，也可作为企事业单位从业者的在职教育和岗位培训教材，又可作为广大社会自学者的学习指导书。

图书在版编目（CIP）数据

计算机应用基础实例教程/赵立群，陈杨主编. —4版. —北京：清华大学出版社，2021.1
ISBN 978-7-302-54415-9

Ⅰ.①计… Ⅱ.①赵… ②陈… Ⅲ.①电子计算机—高等职业教育—教材 Ⅳ.①TP3

中国版本图书馆 CIP 数据核字(2019)第 264170 号

责任编辑：颜廷芳
封面设计：常雪影
责任校对：袁　芳
责任印制：宋　林

出版发行：清华大学出版社
网　　址：http://www.tup.com.cn，http://www.wqbook.com
地　　址：北京清华大学学研大厦 A 座　　**邮　　编：**100084
社 总 机：010-62770175　　**邮　　购：**010-62786544
投稿与读者服务：010-62776969，c-service@tup.tsinghua.edu.cn
质量反馈：010-62772015，zhiliang@tup.tsinghua.edu.cn
课件下载：http://www.tup.com.cn，010-83470410
印 装 者：大厂回族自治县彩虹印刷有限公司
经　　销：全国新华书店
开　　本：185mm×260mm　　**印　　张：**16.75　　**字　　数：**421 千字
版　　次：2007 年 3 月第 1 版　2021 年 2 月第 4 版　　**印　　次：**2021 年 2 月第1 次印刷
定　　价：49.00 元

产品编号：084986-01

编审委员会

序

PREFACE

计算机技术、网络技术、通信技术、多媒体技术等高新科技的飞速发展和普及应用，不仅有力地促进了各国经济发展，而且推动着当今世界迅速跨入信息社会。以计算机为主导的计算机文化正在深刻地影响着人类社会的经济发展与文明建设，以网络为基础的网络经济，正在全面地改变着传统的社会生活和工作方式。当今社会，计算机应用水平、信息化发展速度与程度已经成为衡量一个国家经济发展和具有竞争力的重要指标。

随着经济转型、产业结构调整、传统企业改造，我国涌现了大批电子商务、新媒体、动漫、艺术设计等新型文化创意产业，这一切都离不开计算机、网络等现代化信息技术手段的支撑。当今网络时代、信息化社会更加强调计算机应用与行业、与企业的结合，更加注重计算机应用与本职工作、与具体业务的紧密结合。面对国际市场的激烈竞争、面对巨大的就业压力，无论是企业，还是即将毕业的学生，学习掌握好计算机应用技术已成为求生存、谋发展的关键技能。

国家出台了一系列关于加强计算机应用和推动国民经济信息化进程的文件及规定，启动了电子商务、电子政务、金税等具有深刻含义的重大工程，加速推进国防信息化、金融信息化、财税信息化、企业信息化、教育信息化、社会管理信息化，因而全社会又掀起了新一轮计算机应用学习的热潮，本套教材的出版具有特殊意义。

针对我国应用型大学的计算机应用等专业知识老化、教材陈旧、重理论轻实践、缺乏实际操作技能训练等问题，为了适应我国国民经济信息化发展对计算机应用人才的需要，为了全面贯彻教育部关于加强职业教育精神和强化实践实训、突出技能培养的要求，根据企业用人与就业岗位的真实需要，结合应用型大学和高职高专院校计算机应用和网络管理等专业的教学计划及课程设置与调整的实际情况，我们组织北京联合大学、陕西理工学院、北方工业大学、华北科技学院、北京财贸职业学院、山东滨州职业学院、山西大学、首钢工学院、包头职业技术学院、广东理工学院、北京城市学院、郑州大学、北京朝阳社区学院、哈尔滨师范大学、黑龙江工商大学、北京石景山社区学院、海南职业学院、北京西城经济科学大学等全国 30 多所高等院校的计算机教师和具有丰富实践经验的企业人士共同撰写了此套教材。

本套教材包括计算机应用基础实例教程、管理信息系统、网络系统集成等相关十余本教材。在编写过程中，采用创新型案例教学格式化设计和任务制或项目制写法；注重校企结合、贴近行业企业岗位实际需求，注重实用性技术与应用能力的训练培养，注重实践技能应用与工作背景紧密结合，同时也注重计算机、网络、通信、多媒体等现代化信息技术的新发展，具有集成性、系统性、针对性、实用性、易于实施教学等特点。

本套教材不仅适合作为应用型大学及高职高专院校计算机应用、网络、电子商务等专业学生的学历教育教材，同时也可作为工商、外贸、流通等企事业单位从业人员的职业教育和在职培训教材，对于广大社会自学者也是有益的参考学习用书。

系列教材编委会主任牟惟仲

2020 年 8 月

前言

FOREWORD

随着计算机技术与网络通信技术的飞速发展，涌现了电子商务、电子政务、物联网、大数据、云计算、人工智能、移动电子商务等新经济、新业态，计算机及网络应用已经渗透到社会经济各个领域，并在促进生产、促进外贸、开拓国际市场、拉动就业、支持大学生创业等方面发挥巨大作用。

计算机既是一门科学、一种工具，也是一类新型文化，深刻改变着人的智力结构、产业结构和社会生活，全面影响着人类社会的文明程度和发展进步。当今社会计算机应用水平、信息化发展速度与程度已经成为衡量一个国家经济发展和竞争力的重要指标。随着我国国民经济信息化进程的加快，各行业掀起学习计算机的热潮。计算机应用与企业相结合，计算机应用与本职业务结合的深度和广度已成为评测和考察一个人是否能胜任本职工作的重要条件。

本书作为高等职业教育计算机专业的特色教材，注重实践能力和应用技能的培养，本书不仅有力地配合了高等职业教育计算机应用教学创新和教材更新，也体现了应用型大学办学育人注重职业性、实践性、应用性的特色，既满足了社会需求，也起到了为国家经济建设服务的作用。

全书共 7 章，以学习者应用能力培养提高为主线，依照计算机学习使用的基本过程和规律，采用“任务驱动、案例教学”方法，以任务剖析方式结合知识要点循序渐进地进行讲解。主要介绍：Windows 10 操作系统、Word 2016 文字处理软件、Excel 2016 电子表格、PowerPoint 2016 演示文稿、计算机网络与 Internet 应用及常用工具软件等知识内容，并通过指导学生实训，加强应用能力与应用技能的培养。

由于本书融入了计算机应用最新的实践教学理念，力求严谨，注重与时俱进，具有知识系统、概念清晰、贴近实际的特点，注重专业技术与实践应用相结合。因此，本书既可作为应用型大学和高职高专计算机应用基础课程的首选教材，也可用于企事业单位从业人员的在职教育与岗位培训，并为广大社会自学者提供有益的学习指导。

本书由赵立群和陈杨主编，赵立群统改稿，刘靖宇、范晓莹为副主编，由计算机应用专家吴霞教授审定。编者编写分工：牟惟仲编写序言，宋鹏云编写第 1 章，刘靖宇编写第 2 章，范晓莹编写第 3 章，赵立群编写第 4 章、第 6 章，陈杨编写第 5 章，武静编写第 7 章；由李晓新进行文字修改并制作教学课件。

在本书再版过程中，我们参阅了有关计算机应用基础实践实训的最新书刊和网站资料，并得到计算机行业协会及业界专家教授的具体指导，在此一并致谢。因编者水平有限，书中难免存在疏漏和不足，恳请同行批评和指正。

编　者
2020年8月

目录

CONTENTS

第1章

计算机基础知识

Chapter 1

目　标

(1) 了解计算机的发展史和计算机系统的组成结构。

(2) 学习计算机连接、信息表示、存储、微型计算机性能指标、计算机软硬件系统。

(3) 了解计算机发展趋势。

重　点

(1) 掌握计算机系统的工作原理和基本的软硬件知识。

(2) 掌握计算机病毒原理及防治。

引　言

计算机是一种能够按照程序自动、精确并高速运行的电子设备,主要功能是大量计算、加工、存储、传送信息。由于人们最早将其应用于计算,计算机也因此而得名。计算机的发展和应用水平早已成为衡量一个国家科技水平和经济实力的重要标志之一。

从1946年第一台计算机诞生至今,计算机已经融入人类社会的各个领域,成为人们学习、生活和工作中不可缺少的工具和助手。随着社会信息化程度不断深化,各行各业的信息化进程不断加速,学习计算机知识、掌握和应用计算机技能已成为时代的基本要求。

1.1　计算机概论

1.1.1　计算机工作原理

1945年美籍匈牙利数学家冯·诺依曼提出了采用以"存储程序"(将解题程序存放到存储器)和"程序控制"(控制程序顺序执行)为基础的计算机基本工作原理的设计思想,因此,此原理又称为冯·诺依曼原理。根据这个原理,使用计算机前,要把处理的信息(数据)和处理的步骤(程序)事先编排好,每一条指令中明确规定了计算机从哪个地址取数,进行什么操作,然后送到什么地址去等步骤,并以二进制数的形式输入计算机存储,然后由计算机控制器严格地按照程序逻辑顺序逐条执行,完成对信息的加工处理。计算机工作原理如图1-1所示。

冯·诺依曼计算机工作原理的基本特点如下。

(1) 存储器采用按照地址访问的线性结构,存储单元是定长的线性组织。

(2) 整个计算机系统采用二进制形式表示数据和指令。

(3) 在执行程序和处理数据时必须将程序和数据从外存储器装入主存储器中,然后才能使计算机在工作时能够自动从存储器中取出指令并加以执行。

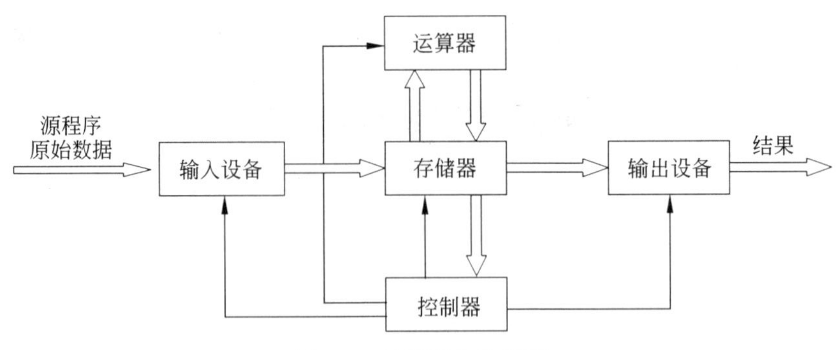

图 1-1　计算机工作原理

（4）指令在存储器中按顺序存放，由指令计算器指明将要执行的指令在存储器中的地址，对计算进行集中的顺序控制。

1.1.2　计算机中信息的表示及存储

1. 计算机内的二进制数

计算机的基本功能是对数据进行运算和加工处理。计算机所表示和使用的数据一种是数值数据，用以表示量的大小、正负，如整数、小数等；另一种是非数值数据（信息），用以表示一些字符、图形、色彩、声音等。计算机中的信息都是用二进制编码表示的。

2. 数据的存储单位

（1）比特（binary digit bit）。比特是量度信息单位，位是最小的信息单位，用 0 或 1 表示两种二进制状态。位记为 bit 或 b。

（2）字节（byte）。字节记为 byte 或 B，是数据存储中最常用的基本单位。1 字节由 8 个二进制位组成，计算机的存储容量就是指此计算机存储器所能存储的总字节数。8bit 组成 1byte（字节），于是 1024 字节就是 1Kbyte（千字节），简写为 1KB。1 字节能够容纳一个英文字符，而一个汉字需要 2 字节的存储空间。DB 是计算机中最大的存储单位，1DB＝1024^8 GB。

计算机的存储器（包括内存与外存）通常都是以字节作为容量的单位。计算机存储器的常用容量单位：

K 字节　1KB＝1024B

M 字节　1MB＝1024KB

G 字节　1GB＝1024MB

T 字节　1TB＝1024GB

（3）字（word）。计算机处理数据时，一次可以运算的数据长度称为一个字。

（4）字长。一个字中所包含的二进制数的位数称为字长。字长与计算机的类型、档次等有关，如 IBM PC 机为 16 位微型计算机，其字长为 16 位，而 Pentium 是 32 位计算机，其字长为 32 位。

3. 常见的信息编码

信息编码（information coding）是为了方便信息的存储、检索和使用，在进行信息处理时赋予信息元素以代码的过程,即用不同的代码与各种信息中的基本单位组成部分建立一一对应的关系。信息编码必须标准化、系统化,设计合理的编码系统是关系信息管理系统生命力的重要因素。

信息编码的目的是为计算机中的数据与实际处理的信息之间建立联系,提高信息处理的效率。常见的信息编码有以下 3 种。

(1) ASCII 码。ASCII 码(American standard code for information interchange,美国标准信息交换码)是基于拉丁字母的一套计算机编码系统。最初用于表示英文字母和符号,而其扩展版本 EASCII 则可以部分支持其他西欧语言,并等同于国际标准 ISO/IEC 646。

ASCII 码有 7 位版本和 8 位版本两种,国际上通用的是 7 位版本。7 位版本的 ASCII 码有 128 个元素,只需用 7 个二进制位($2^7=128$)表示。8 位 ASCII 码也称为扩充 ASCII 码,可以表示 256 种不同的字符,分为基本部分和扩充部分。目前多数国家将 ASCII 码的扩充部分规定为自己国家语言的字符代码,中国把扩充 ASCII 码作为汉字的机内码。

(2) 汉字编码。汉字编码是为汉字设计的一种便于输入计算机的代码。由于电子计算机现有的输入键盘与英文打字机键盘完全兼容,因而如何输入非拉丁字母的文字(包括汉字)便成了多年来人们研究的课题。汉字信息处理系统一般包括编码、输入、存储、编辑、输出和传输。根据应用目的的不同,汉字编码分为外码、交换码、机内码和字形码。

(3) 多媒体信息编码。多媒体信息编码是指如何用二进制数码表示声音、图像和视频等信息,通常也称为多媒体信息的数字化。

例如,一幅由像素阵列构成的图像,每个像素点的颜色值可以用二进制代码表示:二进制的 1 位可以表示黑白 2 色,2 位可以表示 4 种颜色,24 位可以表示真色彩(即 $2^{24}\approx1600$ 万种颜色);声音信号是一种连续变化的波形,可以将它分割成离散的数字信号,将其幅值划分为 $2^8=256$个等级值或 $2^{16}=65536$ 个等级值加以表示;视频可以理解为连续帧播放的图像,目前我国使用 PAL 制式的视频每秒显示 25 帧图像。若一段长 10 秒钟的视频的分辨率为 720×576 的制式彩色视频(3B),它包含约 300MB 的数据。NTSC 制式的视频每秒显示 30 帧。

1.1.3 计算机系统的基本结构

一个完整的计算机系统是由计算机硬件系统和计算机软件系统两大部分组成的。计算机硬件系统的发展为软件系统提供了良好的开发环境,软件系统的升级又为硬件系统的发展提出了新要求。

1. 计算机硬件系统

计算机硬件系统是计算机系统的各种物理设备的总称,具体指计算机系统中由电子、机械、磁性和光电元件组成的各种计算机部件和设备。从功能上可以划分为五大基本组成部分,它们是运算器、控制器、存储器、输入设备和输出设备。下面以微型计算机为例,介绍计算机中常见的硬件设备。

(1) 中央处理器。中央处理器(central processing unit,CPU)由运算器和控制器组成,分别由运算电路和控制电路实现,是任何计算机系统中必备的核心部件,如图 1-2 所示。

① 控制器(CU)。控制器是整个计算机系统的控制中心,负责对指令进行分析,并根据指令的要求指挥计算机各部分协调地工作,保证计算机按照预先规定的目标和步骤有条不紊地进行操作及处理。控制器由指令指针寄存器、指令寄存器、控制逻辑电路和时钟控制电路等组

成。控制器从内存中逐条取出指令，分析每条指令规定的操作码以及进行该操作的数据在存储器中的地址码。最后根据分析结果，向计算机其他部分发出控制信号。

② 运算器(ALU)。运算器是对数据进行加工、运算的部件，它在控制器的作用下与内存交换数据，主要功能是对二进制编码进行各类基本的算术运算、逻辑运算和其他操作。

在运算器中含有暂时存放数据或结果的寄存器。运算器由算术逻辑单元(arithmetic logic unit，ALU)、累加器、状态寄存器和通用寄存器等组成。ALU 是用于完成加、减、乘、除等算术运算，与、或、非等逻辑运算以及移位、求补等操作的部件。

(2) 内存储器。内存储器可分为两类，一类是随机存取存储器(RAM)，其特点是存储器中的信息能读能写，RAM 中信息在关机后即消失。因此，用户在退出计算机系统前，应把当前内存中产生的有用数据转存到可永久性保存数据的外存中，以便以后再次使用，RAM 又可称为读写存储器。内存条如图 1-3 所示。

图 1-2 CPU

图 1-3 内存条

另一类是只读存储器(ROM)，其特点是用户在使用时只能进行读操作，不能进行写操作，存储单元中的信息由 ROM 制造厂在生产时或用户根据需要一次性写入，ROM 中的信息关机后不会消失。

(3) 主板。主板上最重要的部分是主板的芯片组，主板的芯片组一般由北桥芯片和南桥芯片组成，两者共同组成主板的芯片组。北桥芯片主要负责实现与 CPU、内存、AGP 接口之间的数据传输，同时还通过特定的数据通道和南桥芯片相连接。

北桥芯片的封装模式最初使用 BGA 封装模式，到 Intel 的北桥芯片已经转变为 FC-PGA 封装模式，不过为 AMD 处理器设计的主板北桥芯片依然使用传统的 BGA 封装模式。相比北桥芯片来讲，南桥芯片主要负责和 IDE 设备、PCI 设备、声音设备、网络设备以及其他的 I/O 设备的沟通，南桥芯片到目前为止只能见到传统的 BGA 封装模式一种。

除了传统的南、北桥芯片外，主板的芯片组还有一体化的设计方案，这种方案经常在 NVIDIA、SiS 的芯片组上见到，将南、北桥芯片合为一块芯片，这种设计方案对于节省成本、提高产品竞争力有一定的意义，除了小部分主板外，还没有被广泛推广。

芯片组管理着系统总线(system bus)，它是计算机各种功能部件之间传送信息的公共通信干线，是由导线组成的传输线束。按照计算机所传输的信息种类，总线可以划分为数据总线(data bus)、地址总线(address bus)和控制总线(control bus)，分别用来传输数据、数据地址和控制信号。总线是一种内部结构，它是 CPU、内存、I/O 设备传递信息的公用通道，主机的各个部件通过总线相连接，外部设备通过相应的接口电路再与总线相连接，从而形成了计算机硬件系统，承载总线的硬件一般为主板。如果将计算机主板比作一座城市，那么总线就是这座城市的交通线路。主板图如图 1-4 所示。

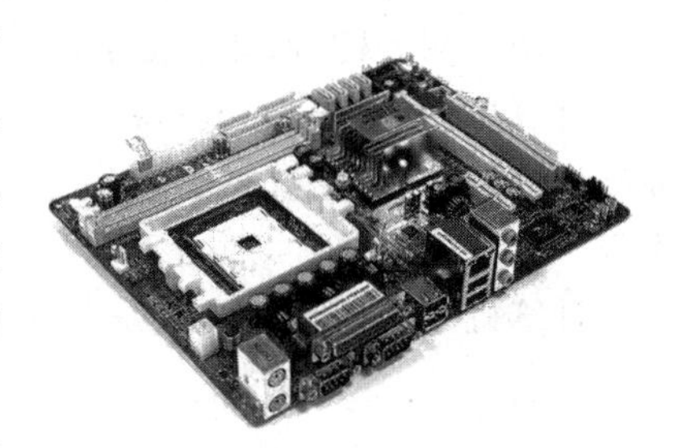

图 1-4 主板

(4) 外存储器。外存是存放程序和数据的"仓库",可以长时间地保存大量信息。外存与内存相比容量要大得多,例如,当前计算机的外存(硬盘)配置可为 TB 数量级。但外存的访问速度远比内存要慢,所以计算机的硬件设计都是规定 CPU 只从内存取出指令执行,并对内存中的数据进行处理,以确保指令的执行速度。

当系统发出指令,系统将外存中的程序或数据成批地传送到内存,或将内存中的数据成批地传送到外存。硬盘及硬盘内部结构由图 1-5 表示。

图 1-5 硬盘及硬盘内部结构

(5) 输入设备。输入设备是用来输入计算程序和原始数据的设备。常见的输入设备有键盘、光学标记阅读机、图形扫描仪、鼠标器、摄像头等。

(6) 输出设备。输出设备(output device)是人与计算机交互的一种部件,用于数据的输出。输出设备把各种计算结果数据或信息以数字、字符、图像、声音等形式表示出来。常见的输出设备有显示器、打印机、绘图仪、影像输出系统、语音输出系统、磁记录设备等。

(7) 其他设备。计算机硬件的其他设备还包括调制解调器、网络设备、声卡、显卡等。

计算机系统硬件组成部分如图 1-6 所示。

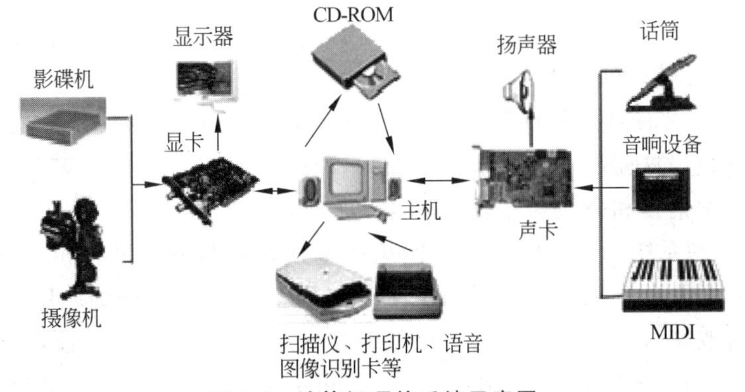

图 1-6 计算机硬件系统示意图

2. 计算机软件系统

相对于计算机硬件而言,软件是计算机的无形部分,但它起着至关重要的作用。计算机软件是指能指挥计算机工作的程序与程序运行时所需要的数据，以及与这些程序和数据有关的文字说明和图表资料，其中文字说明和图表资料又称为文档。

计算机软件(computer software)是安装或存储在计算机中的程序，有时这些软件也存储在外存储器上，如光盘或软盘上。常用软件有 Windows 10、Office 2016 办公软件、360 安全卫士等。

计算机的软件系统可以分为系统软件和应用软件两大类，如图 1-7 所示。

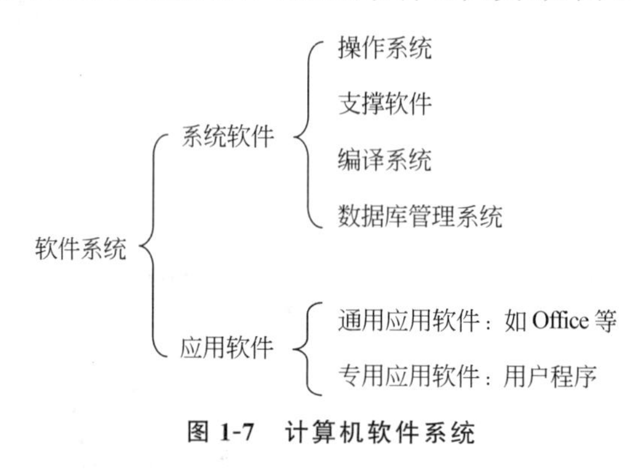

图 1-7　计算机软件系统

1）系统软件

系统软件是为提高计算机工作效率和方便用户使用而设计的各种软件，一般是由计算机厂家或专业软件公司研制。系统软件又分为操作系统、支撑软件、编译系统和数据库管理系统。

(1) 操作系统。操作系统具有处理进程管理、存储管理、设备管理、文件管理和作业管理 5 个管理功能，由它来负责对计算机的全部软、硬件资源进行分配、控制、调度和回收，合理地组织计算机的工作流程，使计算机系统能够协调一致、高效率地完成处理任务。操作系统是计算机最基本的系统软件，对计算机的所有操作都要在操作系统的支持下才能进行。目前常用的操作系统有操作系统的补丁程序、硬件驱动程序、Windows、UNIX、Linux 等。

(2) 支撑软件。支撑软件是支持其他软件的编制和维护的软件，它的作用是对计算机系统进行测试、诊断和排除故障，对文件进行编辑、传送、装配、显示、调试，以及对计算机病毒进行检测、防治。支撑软件是软件开发过程中进行管理和实施而使用的软件工具，在软件开发的各阶段选用合适的支撑软件可以大大提高工作效率。

(3) 编译系统。要使计算机能够按照人的意图去工作，就必须使计算机能接受人向它发出的各种命令和信息，这就需要有用来进行人和计算机交换信息的“语言”。计算机语言的发展有机器语言、汇编语言和高级程序设计语言 3 个阶段。

(4) 数据库管理系统。数据库是以一定组织方式存储起来且具有相关性数据的集合，它的数据冗余度小，而且独立于任何应用程序而存在，可以为多种不同的应用程序共享。对数据库输入、输出及修改均可按一种公用的可控制的方式进行，使用十分方便，大大提高了数据的利用率和灵活性。数据库管理系统(data base management system，DBMS)是对数据库中的资源进行统一管理和控制的软件，数据库管理系统是数据库系统的核心，是进行数据处理的有利工具。目前，被广泛使用的数据库管理系统有 SQL Server、Oracle 等。

2）应用软件

应用软件是针对某一个专门目的而开发的软件，如办公软件、财务管理系统、辅助教学软件、图形处理软件、管理软件、计算机辅助设计软件、工具软件、游戏软件等。

1.1.4 计算机的发展史

自从第一台计算机诞生以后，计算机的发展非常迅速，经历几代演变，迅速参与到人们生产和生活的各个领域，并发挥着巨大的作用。从世界上第一台电子数字式计算机问世，计算机元件从最初的电子管元器件到今天的超大规模集成电路做元器件，历经七十余年。这期间，计算机应用领域不断深化和拓宽，系统结构也发生着巨大变化。根据计算机所采用的电子元件不同，计算机的发展历程可分为以下 6 个阶段。

1. 第一代计算机

1946 年 2 月 15 日，世界上第一台电子数字式计算机于美国宾夕法尼亚大学正式投入运行，它的名字叫 ENIAC（埃尼阿克），是电子数字积分计算机（electronic numerical integrator and computer）。

ENIAC 最初被应用于火炮弹道的计算，后经科学家多次改进成为能进行各种科学数值计算的通用计算机。ENIAC 采用电子管作为基本元件，由 18000 多只电子管、10000 多只电容器、7000 多只电阻和 1500 多只继电器组成，重达30 吨，占地 170 平方米，耗电量巨大，每秒能进行 5000 次数值运算，内存容量只有几千字。

图 1-8 第一代计算机 ENIAC

ENIAC 的数值、逻辑运算、信息存储功能在当时已经是最好的了，并且运算的速度和精度也是史无前例的。ENIAC 主要应用于军事领域和科学计算，代表机型有 IBM 650、IBM 709 等。此时，计算机程序设计还处于最低阶段，用 0 和 1 表示机器语言进行编程，一直到 20 世纪 50 年代汇编语言出现。这段时期被称为“电子管计算机时代”。ENIAC 的诞生具有划时代意义。第一代计算机 ENIAC 如图 1-8 所示。

2. 第二代计算机

1958—1964 年，第二代晶体管计算机被研制出来。科学家们在计算机中采用了比电子管更先进的晶体管，用磁性材料制成磁芯作为内存储器，磁盘和磁带作为外存储器，与 ENIAC 相比，此时计算机的运行速度可达每秒几十万次，内存容量扩大到几十万字。同时计算机软件也有了较大发展，第二代计算机的程序语言从机器语言发展到汇编语言。高级语言 Basic、Fortran 也相继问世并被广泛使用，实现了程序兼容。代表机型有 IBM 7094、CDC 7600。

第二代计算机的晶体管比电子管小得多，它的成本低、速度高、不需要暖机时间，消耗能量较少，功能和可靠性都在增强。它的使用范围也从军事和科学领域扩展到数据处理和事物管理等其他领域。这段时期被称为“晶体管计算机时代”。

3. 第三代计算机

1965—1970 年，第三代计算机问世，其主要采用小规模集成电路和中规模集成电路，这些集成电路是用特殊工艺将完整的电子线路固定在一个硅片上，大小只有邮票的 1/4。第三代计算机的集成电路体积更小、寿命更长、价格更低、可靠性更高、计算速度更快。在存储容量、速度和可靠性方面都有了较大提高。

同时，计算机软件技术也有了进一步发展，软件出现了模块化、结构化程序设计方法，操作系统逐步成熟，实现了多道程序（内存中同时可以有多个程序）同时工作，当其中一个等待输入/输出时，另一个可以进行计算。第三代计算机的代表机型是 IBM 360 系列。

第三代计算机主要应用于军事、科学计算、自动控制技术、辅助设计、辅助制造、企业管理等领域。由于集成电路被应用到计算机中，因此这段时期被称为“中小规模集成电路计算机时代”。

4. 第四代计算机

20 世纪 70 年代末，第四代计算机投入使用，其主要采用大规模集成电路和超大规模集成电路等元器件。这种大规模集成电路可容纳几十万个晶体管，计算机的核心部件都可以做在一个硅片上，使得计算机的体积、重量都较上一代计算机进一步减小。第四代计算机的内存储器采用集成度很高的半导体存储器，磁盘的存取速度和存储容量大幅度上升，计算速度可达每秒上亿次。

图 1-9 早期个人计算机

第四代计算机的操作系统开始向虚拟操作系统发展，数据管理系统得到完善和提高，计算机软件行业发展成为新兴的高科技产业，程序语言进一步改进和提高。计算机应用不断渗透到数据库系统、专家系统、图形图像识别、办公自动化等各个方面。

世界上第一台微处理器和微型计算机在美国旧金山南部的硅谷应运而生，它开创了微型计算机的新时代。1975 年，美国 IBM 公司推出了个人计算机 PC（personal computer），从此，计算机进入家庭，开启了个人计算机时代。早期个人计算机如图 1-9 所示。

5. 第五代计算机

20 世纪 80 年代，计算机发展到了微型计算机（microcomputer，简称微机或 PC）阶段。第五代计算机是对大型主机进行的第二次“缩小化”，其特点是将运算器和控制器制作在一块集成电路芯片上，一般称为微处理器。微型计算机具有体积小、重量轻、功耗小、可靠性高、对使用环境要求不严格、价格低廉、易于成批生产等特点，从最初的 286、386、486、586 到 Pentium、Pentium Ⅱ、Pentium Ⅲ，再到当前流行的 Pentium Ⅳ 和 Celeron 等都属于微型计算机，其中 Pentium 翻译为“奔腾”，突出了它的高速度特征。

第五代计算机又称新一代计算机，是为适应未来社会信息化的要求而提出的，它是把信息采集、存储、处理、通信同人工智能结合在一起的智能计算机系统。人工智能的应用将是未来信息处理的主流，因此，第五代计算机的发展，必将与人工智能、知识工程和专家系统等的研究紧密相连，并为其发展提供新基础。

电子计算机的基本工作原理是先将程序存入存储器中，然后按照程序逐次进行运算。它能进行数值计算或处理一般的信息，主要能面向知识处理，具有形式化推理、联想、学习和解释的能力，能够帮助人们进行判断、决策、开拓未知领域和获得新的知识。人机之间可以直接通过自然语言(声音、文字)或图形图像交换信息。第五代计算机的发展必然引起新一代软件工程的发展,极大地提高软件的生产率和可靠性。

第五代计算机推动了计算机通信技术行业的发展,促进综合业务数字网络的发展和通信业务的多样化,并使多种多样的通信业务集中于统一的系统中,有力地促进了社会信息化。第五代计算机如图 1-10 所示。

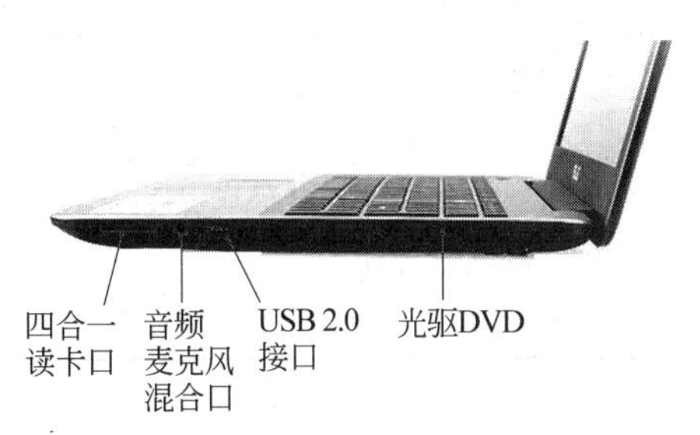

图 1-10 第五代计算机

6. 第六代计算机

第六代计算机也称仿生计算机或生物计算机,其采用生物工程技术中的生物芯片来代替半导体硅片,利用有机化合物存储数据。

由于半导体硅晶片的电路密集,散热问题难以彻底解决,影响了计算机性能的进一步发挥与突破。而生物芯片的原材料是蛋白质分子,生物计算机芯片既有自我修复的功能,又可直接与生物活体结合。同时,生物芯片具有发热少、体积小、功能低、数据错误率低、电路间无信号干扰等优点。

与普通计算机不同的是,第六代计算机核心是十进制,模仿人的大脑判断能力和适应能力,并具有可并行处理多种数据功能的神经网络计算机。与以往的信息处理系统只能处理条理清晰、经络分明的数据不同,第六代计算机本身可以判断对象的性质与状态,并能采取相应的行动,而且它可同时并行处理实时变化的大量数据,并引出结论。第六代生物计算机如图 1-11 所示。

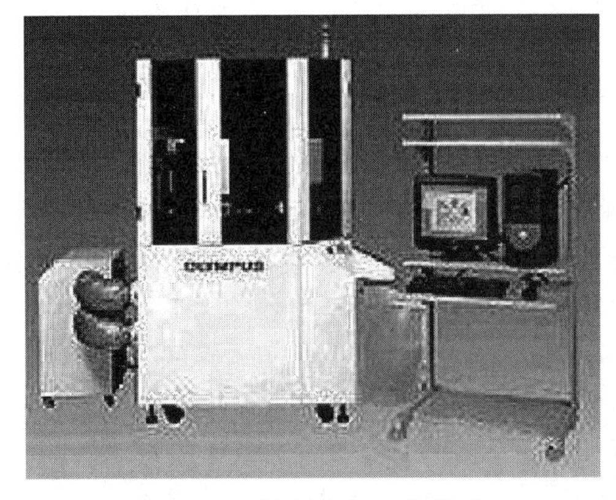

图 1-11 第六代生物计算机

生物计算机比硅晶片计算机在速度、性能上有质的飞跃。但是,其本身也有难以克服的缺点:一种生物计算机 24 小时就可以完成人类迄今全部的计算量,可是从中提取一个信息却要一周时间，这也是目前生物计算机没有得到普及的最重要原因。

计算机发展阶段如表 1-1 所示。

表 1-1 计算机发展阶段

阶　段	时　间	逻辑器件	应用范围
第一代	1946—1958 年	真空电子管	科学计算、军事研究
第二代	1959—1964 年	晶体管	数据处理、事务处理
第三代	1965—1970 年	中小规模集成电路	自动控制技术等工业领域
第四代	1971—1980 年	大规模或超大规模集成电路	图像处理等领域
第五代	1980—2000 年	集成电路芯片	通信技术等领域
第六代	1990 年至今	生物芯片	神经网络等领域

1.2 计算机发展趋势

计算机今后还要向高度（高性能）、广度（普及）和深度（智能化）挺进，国外称这种趋势为普适计算（pervasive computing）或叫无处不在的计算。超级计算机将被普遍使用，计算机将采用更先进的数据存储技术（如光学、永久性半导体、磁性存储等）；外设将走向高性能、网络化和集成化并且更易于携带；人与计算机的交流将更加便捷，计算机的使用会越来越简单。作为信息处理工具，简单地讲就是计算机正朝着模块化、无线化、专门化、网络化、环保化和智能化的方向发展。

1.2.1 未来计算机的发展趋势特征

1. 模块化

计算机之所以有今天这么大的普及度，就是因为它的通用模块化设计起了决定性的推动作用，而且会将它发扬光大，不但在内置板卡中实现模块化，甚至可以提供多个外接插槽，以供使用人加入新的模块，增加性能或功能，使用起来和现在笔记本中的 PCMICA 有点接近。

2. 无线化

计算机的无线化风潮是人们梦寐以求的，和现在笔记本讲的“无线你的无限”有所不同的是：未来的计算机将实现网络和设备间的无线连接，这意味着未来在家中使用台式机比现在的笔记本还方便，因为显示器与主机之间也是通过无线来连接的，使用起来有点像现在的 Tablet PC。

3. 专门化

将来的计算机由于从事的工作不同，在性能和外形上都会有很大的不同。软硬件一体化的计算机将逐渐由专用设备所代替。

如果仔细留意，会发现目前正在发生这样的变化，比如售卖彩票的终端、商场里的收银机、银行的终端等，一般都是为了提高某一项工作的效率和减少成本，逐渐由通用计算机演变而来的。也许这样的趋势将出现在我们的家庭生活中，专用的“家庭调控计算机”将成为家中的电器控制中心。

4. 网络化

计算机已经越来越普及，各种家用电器也开始具备了智能化，这些现象将促进家电与计算机的网络化进程，家庭网络分布式系统将逐渐取代目前单机操作的模式，计算机可以通过网络控制各种家电的运行，并通过互联网下载各种新的家电应用程序，以增加家电的功能，改善家电的性能等。

今天，网络技术发展正呈现出4个方面的变化趋势：从静态网到动态网；从被动方式到主动方式；从呈现信息和浏览的窗口到智能生成的平台；从HTML到XML。其中重要的变革就是把互联网的结构变成一个更加动态的方式，它对整个互联网的架构会发生革命性的影响。人们在各种场合都可以方便地使用网络，阅读所需要的内容，从事所需要的业务。

5. 环保化

随着计算机性能的提高，将来的计算机也像现在的纸张一样便宜，可以一次性使用，计算机将成为不被人注意的最常用的日用品，可以在失去使用价值以后再回收。环保型绿色计算机不仅省电、节能、减少辐射，而且在制造计算机的材料方面有很大变化，重金属和不可回收材料的比例将进一步降低，更多地选用可再生材料。

通过采用新的架构，比如采用量子、光子、DNA方式代替现有的硅架构的计算机，将会大幅降低计算机的能耗。再过一二十年，可能学生们上课用的不再是教科书，而只是一个笔记本大小的计算机，所有的中小学的课程教材、辅导书、练习题都在里面。不同的学生可以根据自己的需要方便地从中查到想要的资料。而且这些计算机与现在的手机合为一体，随时随地都可以上网，相互交流信息。

6. 智能化

最成功的智能化应用应该是在航天技术方面，随着宇宙飞船成功登陆火星，不但宣示人类又往外太空行进了一步，同时宣示人工智能的成功。近几年来计算机识别文字（包括印刷体、手写体）和口语的技术已有较大提高，已初步达到商品化水平，估计不久手写和口语输入将逐步成为主流的输入方式。手势（特别是哑语手势）和脸部表情识别也会取得较大进展。

电子化宠物也开始广泛流行，因为电子化的宠物饲养更加方便，并可以进行更新换代，更容易与主人进行交流，甚至可以模拟多种宠物，在计算机之间进行交流通信等。这些优势将让电子宠物取代一部分真正的宠物，成为未来人类工作和生活的新伙伴。

1.2.2 平板电脑的发展

平板电脑（英文：tablet personal computer，简称tablet PC、flat PC、tablet、slates）是一种小型、方便携带的个人计算机，以触摸屏作为基本的输入设备。它的触摸屏（也称为数位板技术）允许用户通过触控笔或数字笔来进行作业。用户可以通过内建的手写识别、屏幕上的软键盘、语音识别或者一个真正的键盘（如果该机型配备）进行输入操作。

平板电脑的发展历程如下。

(1) 1968年，来自施乐帕洛阿尔托研究中心的艾伦·凯(Alan Kay)在19世纪60年代末提出了一种可以用笔输入信息的Dynabook新型笔记本电脑的构想。

(2) 1989年，平板电脑的雏形与始祖GRiD Pad诞生，这是第一款触控式屏幕的计算机，以现在的眼光来看，其配置十分简陋：采用 Intel 386 SL 20MHz/16MHz 处理器搭配 80387 协处理器，使用了 40MB 的内存，可选配最大 120MB 的硬盘，采用古老的 DOS 操作系统。

(3) 1991 年，GRiD Pad 的总设计师 Jeff Hawkins（杰夫·霍金斯）离开了 GRiD System 公司，并带着自己的梦想于 1992 年 1 月创建了一个对后来的平板电脑、Pad 以及智能手机市场都有着深远影响的公司——Palm Computing。

(4) 2001 年，微软公司 CEO 比尔·盖茨提出平板电脑概念，并推出了 Windows XP Tablet PC 版，使得一度消失多年的平板电脑产品再次走入人们视线。该系统建立在 Windows XP Professional 基础之上，用户可以运行兼容 Windows XP 的软件。同时 Windows 系统开放性和易安装性的特点也为硬件厂商开发平板电脑提供了支持。

(5) 2002 年，中国人初次接触了平板电脑领域，并为中国人在该领域占有一席之地打下了坚实的基础。KONKA（康佳）于 2002 年 5 月 20 日发布了中国第一款平板电脑，平板电脑名叫 IME。

(6) 2005 年，微软发布了 Tablet PC Edition 2005，包含了 Service Pack 2 并且可免费升级。2005 版给我们带来了增强的手写识别率并且改善了输入皮肤，还让输入皮肤支持几乎所有程序。

(7) 2010 年，2010 年 1 月 27 日，在美国旧金山欧巴布也那艺术中心（芳草地艺术中心），苹果公司举行盛大的发布会，传闻已久的平板电脑—iPad 由首席执行官、魔术师史蒂夫·乔布斯亲自发布。iPad 的定位介于苹果的智能手机 iPhone 和笔记本电脑产品之间，通体只有 4 个按键，与 iPhone 布局一样，提供浏览互联网、收发电子邮件、观看电子书、播放音频或视频等功能。2010 年 9 月 2 日三星在德国"柏林国际消费类电子产品展览会"上发布了其第一台使用 Android 系统的平板电脑 Galaxy Tab。

(8) 2011 年，Google 推出 Android 3.0 蜂巢（honeycomb）操作系统。Android 是 Google 公司一个基于 Linux 核心的软件平台和操作系统，目前 Android 成为 iOS 最强劲的竞争对手之一。

1.2.3 智能手机的发展

智能手机（smartphone）是指像个人电脑一样，具有独立的操作系统，可以由用户自行安装软件、游戏等第三方服务商提供的程序，通过此类程序来不断对手机的功能进行扩充，并可以通过移动通信网络来实现无线网络接入的这样一类手机的总称。智能手机是一种安装了相应开放式操作系统的手机。通常使用的操作系统有 Symbian、Windows Mobile、Windows Phone、iOS、Linux（含 Android、Maemo、MeeGo 和 WebOS）、PalmOS 和 BlackBerryOS。

未来智能手机必将是一种能够与云计算技术充分结合的 Web 化的平台。今后智能手机的关键技术主要包括以下 3 点。

1. 实现 Web 引擎与本地能力的完美结合

即把本地的各种能力封装成接口，供浏览器引擎使用。一个单纯的浏览器无法充分发挥智能手机的本地处理能力，如调用全球定位系统（GPS）的接口。因此在目前的智能手机上增加一个全功能浏览器并不能实现我们的目标，必须重新设计一种新的 Web 化的智能平台。

2. 离线处理

当绝大部分的业务逻辑处理都在网络侧实现，那么离线处理就变得非常重要，甚至可能成为一个关键性的制约因素，尤其是在无线环境下使用的手机，其网络连接的可靠性远不能与固网相比。

3. 对带宽占用的优化

虽然带宽资源越来越多，但是这种基于云计算理念的 WebOS 对带宽的需求远远超过当前的智能手机，如何减少对带宽的需求决定了这种模式能否真正实现商用。目前多采取数据压缩来减少对带宽的需求，然而真正有效的还是对应用进行分类，区分出哪些适合在终端侧处理，哪些适合在网络侧处理，将这些接口封装成统一的服务接口，并可根据网络情况随时进行调整，使得资源的利用实现最大化与有效化。

1.2.4 物联网的发展

1. 物联网的概念

物联网是新一代信息技术的重要组成部分。顾名思义，物联网就是物物相连的互联网，这有两层意思。

(1) 物联网的核心和基础仍然是互联网，是在互联网基础上延伸和扩展的网络。

(2) 物联网的用户端延伸和扩展到了任何物品与物品之间，进行信息交换和通信。

因此，物联网是通过射频识别(RFID)、红外感应器、全球定位系统、激光扫描器等信息传感设备，按约定的协议，把物品与互联网连接，进行信息交换和通信，以实现对物品的智能化识别、定位、跟踪、监控和管理的一种网络。

2. 物联网的关键技术

和传统的互联网相比，物联网有其鲜明的特征，物联网产业涉及的关键技术主要包括感知技术、网络和通信技术、信息智能处理技术及公共技术。

(1) 感知技术。感知技术通过多种传感器、RFID、二维码、定位、地理识别系统、多媒体信息等数据采集技术，实现对外部世界信息的感知和识别。

物联网上部署了海量的多种类型传感器，每个传感器都是一个信息源，不同类别的传感器所捕获的信息内容和信息格式不同。传感器获得的数据具有实时性，按一定的频率周期性的采集环境信息，不断更新数据。

(2) 网络和通信技术。网络和通信技术通过广泛的互联功能，实现感知信息高可靠性、高安全性地进行传送，包括各种有线和无线传输技术、交换技术、组网技术、网关技术等。

物联网技术的重要基础和核心仍旧是互联网，通过各种有线和无线网络与互联网融合，将物体的信息实时准确地传递出去。在物联网上的传感器定时采集的信息需要通过网络传输，由于其数量极其庞大，形成了海量信息，在传输过程中，为了保障数据的正确性和及时性，必须适应各种异构网络和协议。

(3) 信息智能处理技术。信息智能处理技术通过应用提供跨行业、跨应用、跨系统之间的信息协同、共享和互通的功能，包括数据存储、并行计算、数据挖掘、平台服务、信息呈现、服务体系架构、软件和算法技术、云计算、数据中心等。

物联网不仅提供了传感器的连接，其本身也具有智能处理的能力，能够对物体实施智能控制。物联网将传感器和智能处理相结合，利用云计算、模式识别等各种智能技术，扩充其应用领域。从传感器获得的海量信息中分析、加工和处理出有意义的数据，以适应不同用户的不同需求，发现新的应用领域和应用模式。

（4）公共技术。公共技术主要包括标识与解析、安全技术、网络管理、服务质量（QoS）管理等技术。

3. 物联网的未来发展

物联网将是下一个推动世界高速发展的“重要生产力”。物联网拥有业界最完整的专业物联产品系列，覆盖从传感器、控制器到云计算的各种应用以及产品服务、智能家居、交通物流、环境保护、公共安全、智能消防、工业监测、个人健康等各种领域。具有质量好、技术优、专业性强、成本低、满足客户需求的综合优势，持续为客户提供有竞争力的产品和服务。

1.2.5 云计算的发展

1. 云计算的概念

云计算（cloud computing）是基于互联网的相关服务的增加、使用和交付模式，通常涉及通过互联网来提供动态易扩展且虚拟化的资源。云是网络、互联网的一种比喻说法。过去常用云来表示电信网，后来也用来表示互联网和底层基础设施的抽象。

狭义云计算指IT基础设施的交付和使用模式，指通过网络以按需、易扩展的方式获得所需资源；广义云计算指服务的交付和使用模式，指通过网络以按需、易扩展的方式获得所需服务。这种服务可以是IT和软件、互联网相关，也可以是其他服务。它意味着计算能力可以作为一种商品通过互联网进行流通。

2. 云计算的未来发展

（1）私有云将首先发展起来。大型企业对数据的安全性有较高的要求，他们更倾向于选择私有云方案。未来几年，公有云受安全、性能、标准、客户认知等多种因素制约，在大型企业中的市场占有率还不能超越私有云。同时，私有云系统的部署量还将持续增加，私有云在IT消费市场所占的比例也将持续增加。

（2）混合云架构将成为企业IT趋势。私有云只为企业内部服务，而公有云则可以为所有人提供服务。混合云将公有云和私有云有机地融合在一起，为企业提供更加灵活的云计算解决方案。混合云是一种更具优势的基础架构，它将系统的内部能力与外部服务资源灵活地结合在一起，并保证了低成本。

在未来几年，随着服务提供商的增加与客户认知度的增强，混合云将成业企业IT架构的主导。尽管现在私有云在企业内应用较多，但是在未来这两类云一定会走向融合。

（3）云计算概念逐渐平民化。几年前，由于一些大企业对于云计算概念的渲染，导致很多人对于云计算的态度一直停留在“仰望”的阶段，但是未来其发展一定是平民化的。

（4）云计算安全权责更明确。对于云计算安全性的质疑一直是阻碍云计算进一步普及的最大障碍，如何消除公众对于云计算安全性的疑虑就成了云服务提供商不得不解决的问题，在这一问题上，通过法律来明确合同双方的权责显然是一个重要环节。

云安全(cloud security)简单理解就是通过互联网达到“反病毒厂商的计算机群”与“用户终端”之间的互动。云安全不是某款产品，也不是解决方案，它是基于云计算技术演变而来的一种互联网安全防御理念。

云安全计划是网络时代信息安全的最新体现，它融合了并行处理、网格计算、未知病毒行为判断等新兴技术和概念，通过网状的大量客户端对网络中软件行为的异常监测，获取互联网中木马、恶意程序的最新信息，传送到Server端进行自动分析和处理，再把病毒和木马的解决方案分发到每一个客户端。

1.3 计算机病毒及其防治

计算机病毒(computer viruses)的产生是计算机技术和以计算机为核心的社会信息化进程发展到一定阶段的必然产物。计算机病毒可以是一段程序或可执行码，能对计算机的正常使用进行破坏，使得计算机无法正常使用甚至导致整个操作系统或者计算机硬盘损坏。

1986年年初诞生的大脑(C-brain)病毒是世界上公认的第一个在个人计算机上广泛流行的病毒，该病毒从巴基斯坦开始流传。它有独特的复制能力，可以很快地蔓延，又难以根除。

1.3.1 计算机病毒概述

国务院颁布的《中华人民共和国计算机信息系统安全保护条例》及公安部出台的《计算机病毒防治管理办法》对计算机病毒的定义如下：计算机病毒，是指编制者在计算机程序中插入的破坏计算机功能或者毁坏数据，影响计算机使用，并能自我复制的一组计算机指令或者程序代码。这是目前官方最权威的关于计算机病毒的定义，此定义也被通行的《计算机病毒防治产品评级准则》的国家标准所采纳。

计算机病毒寄生在文件中，而且会不断地自我复制并传染给别的文件，通过非授权人入侵而隐藏在可执行程序和数据文件中，影响和破坏正常程序的执行和数据安全，具有相当大的破坏性。计算机一旦有了计算机病毒，就会很快地扩散，这种现象如同生物体传染生物病毒一样，具有很强的传染性。传染性是计算机病毒最根本的特征，也是病毒与正常程序的本质区别。

受到计算机病毒传染的计算机具备以下典型特征。

(1) 计算机系统运行速度减慢、莫名其妙地不能正常启动。

(2) 计算机系统经常无故发生死机或者突然重新启动。

(3) 计算机的存储容量异常减少或不识别磁盘设备，或者磁盘卷标发生变化。

(4) 程序装入时间比平时长，运行异常或者有时程序不运行。

(5) 程序或数据神秘地丢失了，文件名不能辨认。

(6) 发现可执行文件的大小发生变化或发现不知来源的隐藏文件。

(7) 计算机屏幕上出现异常显示。显示器上经常出现一些莫名其妙的信息或异常显示(如白斑或圆点等)，甚至在屏幕上出现对话框。

(8) 替换当前盘。部分病毒会将当前盘切换到C盘。

(9) Word或Excel提示执行“宏”。

(10) 计算机系统的蜂鸣器出现异常声响。

（11）系统不识别硬盘。

（12）Windows 操作系统无故频繁出现错误。

（13）异常要求用户输入密码或发出虚假报警。

（14）键盘输入异常。

（15）文件的日期、时间、属性等发生变化；文件无法正确读取、复制或打开。

（16）命令执行出现错误。

（17）时钟倒转。有些病毒会命名系统时间倒转，逆向计时。

（18）用户访问设备时发现异常情况，如打印机不能联机或打印符号异常。

计算机病毒发作时通常会破坏文件，给用户的工作和生活造成损失和破坏。一般只要计算机无缘无故工作不正常，就有可能是染上了病毒。病毒越高级，病毒的欺骗性就越高，隐蔽性越好，越不容易被发现。被熊猫烧香病毒感染的计算机界面如图 1-12 所示。

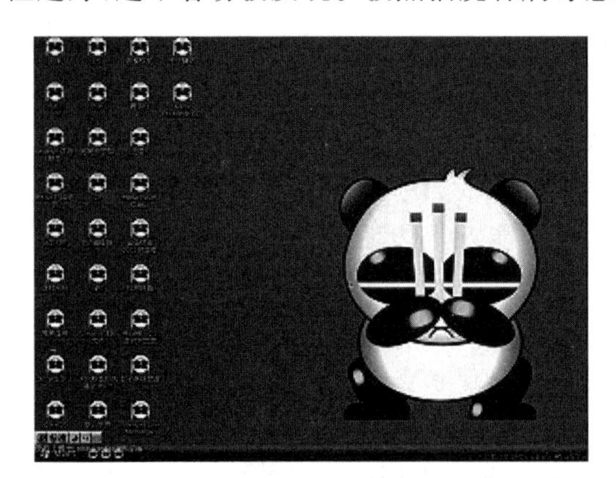

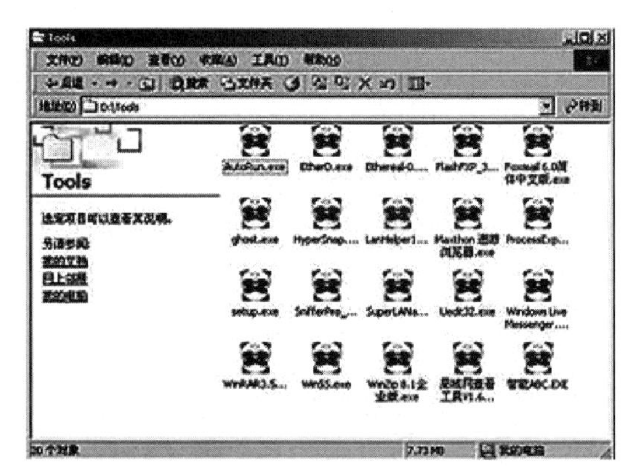

图 1-12　被熊猫烧香病毒感染的计算机界面

某些病毒能够破坏软件，对硬件毫无办法，可是 1998 年出现的 CIH 病毒杀伤力极强，是一种能同时够破坏计算机系统软件和硬件的恶性病毒。被 CIH 病毒感染的计算机界面如图 1-13 所示。

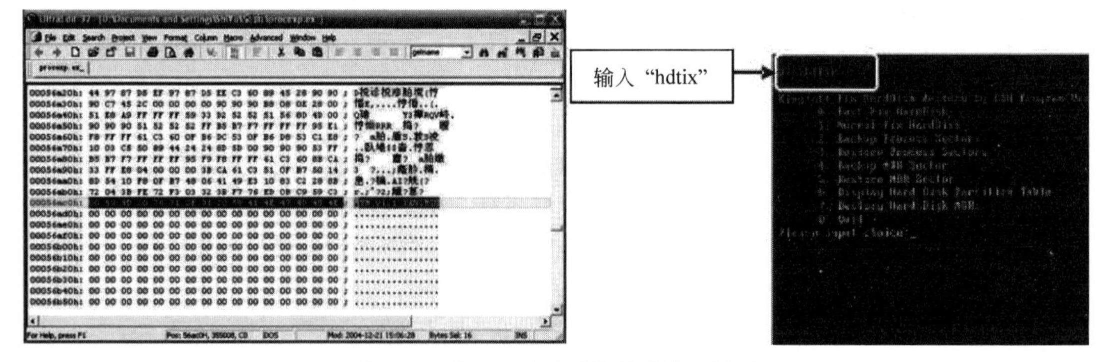

图 1-13　被 CIH 病毒感染的计算机界面

1.3.2　计算机病毒特点

计算机病毒具有生物病毒的某些特性，如破坏性、隐蔽性、寄生性、传染性、潜伏性、可触发性、衍生性等。

1. 破坏性

计算机中毒后，病毒会占用系统资源，干扰机器的正常运行。有些计算机病毒会导致正常的程序无法运行，文件和数据被无故删除或受到不同程度的损坏，有的无法恢复。严重的会使计算机系统全面崩溃。还有一些病毒会损坏计算机硬件。计算机病毒在运行时，与计算机内的合法程序争夺系统的控制权，严重时会导致计算机瘫痪。

但不是所有的病毒都会对计算机系统造成破坏，有的良性病毒只是无害地复制自身或者在屏幕上显示一些奇怪的字符和图形。

受到病毒感染的计算机资源在一定程度上都会受到损失和破坏，造成资源和财富的巨大浪费。

2. 隐蔽性

计算机病毒具有很强的隐蔽性，有的可以通过病毒软件检查出来，有的根本就查不出来，有的时隐时现、变化无常，这类病毒处理起来通常很困难。绝大多数的病毒都尽力隐藏自己的行为，只有在系统被感染后，用户才能发现它的存在。

3. 寄生性

计算机病毒并不是独立存在，而是寄生在磁盘系统或程序之中，当用户执行这个程序时，计算机病毒就起破坏作用，而在未启动这个程序之前，不易被人发觉。

4. 传染性

计算机病毒不但本身具有破坏性，更有害的是具有传染性，传染性是计算机病毒的基本特征。计算机病毒也会通过各种渠道从已被感染的计算机扩散到未被感染的计算机，在某些情况下造成被感染的计算机工作失常甚至瘫痪。计算机病毒可通过各种可能的渠道，如软盘、计算机网络去传染其他的计算机。

5. 潜伏性

有些计算机病毒潜伏在计算机中，并不立即发作。这些计算机病毒可以被设定一个发作时间。例如，“黑色星期五”病毒就会潜伏在计算机中不被察觉，等到被设定的时间一到，便立即发作，对计算机系统进行破坏。在潜伏期中计算机病毒程序并不影响计算机的正常运行，这个潜伏期可以是几天，甚至几年，一旦时机成熟，达到某个特定时间，计算机病毒得到运行机会，就会爆发、扩散。

6. 可触发性

可触发性是指计算机病毒因某个事件或数值的出现，诱使病毒发作，实施攻击的特性。计算机病毒的触发机制就是用来控制感染和破坏动作的频率的。病毒具有预定的触发条件，这些条件可能是时间、日期、文件类型或某些特定数据等。病毒运行时，触发机制检查预定条件是否满足，如果满足，启动感染或破坏动作，使病毒进行感染或攻击；如果不满足，使病毒继续潜伏。

7. 衍生性

计算机病毒的衍生性是指病毒被攻击者所模仿，对计算机病毒的几个模块进行修改并复制传播，使之成为一种不同于原病毒的计算机病毒。

1.3.3 计算机病毒分类

从世界上第一个计算机病毒产生以来，病毒的数量在不断增加，不断破坏着计算机安全。为了更好地发现并消灭病毒，根据多年对计算机病毒的研究，按照科学的、系统的、严密的方法，计算机病毒可分为如下几类。

1. 根据计算机病毒存在的媒体分类

根据计算机病毒存在的媒体，病毒可分为网络病毒、文件病毒、引导型病毒。

2. 根据计算机病毒传染的方法分类

根据计算机病毒传染的方法可分为驻留型病毒和非驻留型病毒。

(1) 驻留型病毒感染计算机后，把自身的内存驻留部分放在内存(RAM)中，这一部分程序挂接系统调用并合并到操作系统中去。

(2) 非驻留型病毒在得到机会激活时，并不感染计算机内存，这类病毒也被划分为非驻留型病毒。

3. 根据计算机病毒的破坏能力分类

根据计算机病毒的破坏能力，病毒可分为无害型、无危险型、危险型、非常危险型。

(1) 无害型计算机病毒只减少磁盘的可用空间，对系统没有其他影响。

(2) 无危险型计算机病毒仅仅是减少内存、显示图像、发出声音及同类音响。

(3) 危险型计算机病毒在计算机系统操作中会造成严重的错误。

(4) 非常危险型计算机病毒在计算机中删除程序、破坏数据、清除系统内存区和操作系统中重要的信息。

4. 根据计算机病毒的入侵渠道分类

根据计算机病毒的入侵渠道，病毒可分为操作系统病毒、外壳病毒、入侵病毒和源码病毒。

(1) 操作系统病毒攻击的目标是计算机操作系统，可以导致整个系统陷于瘫痪。

(2) 外壳病毒是将病毒包裹在主程序的周围，不对源程序作修改，病毒驻留在内存中，感染磁盘和其后执行的程序。

(3) 入侵病毒是在程序运行时侵入现有程序中的病毒。

(4) 源码病毒是在源程序被编译之前插入高级语言源程序中的病毒。

5. 根据计算机病毒的算法分类

根据计算机病毒的算法，病毒可分为蠕虫型病毒、伴随型病毒、寄生型病毒、变形病毒和诡秘型5类。

(1) 蠕虫型病毒不改变计算机中的文件和资料信息，它们通过计算机网络传播，通常只占用内存，不占用其他资源。

（2）伴随型病毒不改变文件本身，它们根据算法产生 EXE 文件的伴随体，具有同样的名字和不同的扩展名（COM）。

（3）寄生型病毒依附在系统的引导扇区或文件中，通过系统的功能进行传播。

（4）变形病毒具有复杂的算法，每传播一次都具有不同的内容和长度。一般由一段混有无关指令的解码算法和变化过的病毒体组成。

（5）诡秘型病毒通常利用 DOS 空闲的数据区进行破坏。它们一般不直接修改 DOS 中断和扇区数据，而是通过设备技术和文件缓冲区等对 DOS 内部进行修改。

6. 通常情况下计算机病毒的分类

（1）引导区型病毒，指自身占据了引导扇区，系统初始化后就被激活的病毒。

（2）文件型病毒，指寄生在扩展名为 COM、EXE、DRV、SYS、BIN、OVL 等文件中的病毒。

（3）宏病毒，指寄生在 Microsoft Office 文档上的病毒宏代码。

（4）网页病毒，指使用脚本语言将有害代码直接写在网页上的病毒，当用户浏览网页时，病毒会立即破坏计算机系统。

（5）特洛伊木马，是一种专门的程序工具，这种程序毫无征兆地开始运行，对用户的计算机进行攻击，盗取用户的账号和密码。

（6）混合型病毒，指兼有上述病毒特点的计算机病毒，这种病毒破坏力更大，传播机会更多，杀毒也更加困难。

1.3.4　计算机病毒传染途径

计算机病毒的传染分两种：一种是在一定条件下方可进行传染，即条件传染；另一种是对一种传染对象的反复传染，即无条件传染。可见计算机病毒有条件时能传染，无条件时也可以进行传染。

计算机病毒传染的传统渠道通常有以下 4 种。

（1）计算机病毒可以通过不可移动的计算机硬件设备进行传播，这些设备通常有计算机的专用 ASIC 芯片和硬盘等。这类病毒很少出现，但一旦出现破坏力极强，目前尚没有较好的检测手段应对。

（2）计算机病毒可以通过移动存储设备进行传播，这些设备包括软盘、光盘、U 盘等。目前，大多数计算机都是从这类途径感染病毒的。

（3）计算机病毒可以通过计算机网络进行传播。随着互联网的普及，给病毒的传播又增加了新的途径。计算机病毒通过网络进行传播的速度快、覆盖面广、不易控制，因而造成的损失和影响十分巨大。互联网使用的简易性和开放性使得计算机病毒传播的威胁越来越严重，如何有效地防范这类计算机病毒传播的问题变得日益严峻。

（4）计算机病毒可以通过点对点通信系统和无线通道传播。目前，这种传播途径还不太广泛。

1.3.5　计算机病毒程序结构

计算机的软件和硬件环境决定了计算机病毒的结构，这种结构是能够充分利用系统资源进行活动的最合理体现。计算机病毒程序一般由3个基本模块构成，即病毒安装模块、病毒传染模块和病毒破坏模块。

1. 病毒安装模块

不同类型的计算机病毒程序会使用不同的安装方法。计算机病毒程序必须通过自启动后安装到计算机中。

2. 病毒传染模块

（1）传染控制部分。计算机病毒一旦满足被设置的触发和激活条件，就可以调用破坏模块和传染模块。

（2）传染判断部分。在每个计算机病毒程序中都有一个特定“标记”，病毒程序在传播过程中会对遇到的每个文件或程序进行判断“标记”，如果文件或程序已经被传染具有这个特定的“标记”，病毒程序就不再进行传染，进而寻找下一个目标。否则，病毒程序会直接进行传染。这些病毒“标记”是一些数字或字符串，通常以ASCII码方式存在计算机程序中。因此，杀毒软件就可以将病毒的感染标记作为病毒的特征码之一。

（3）传染触发部分。在以计算机病毒满足传染条件时，该部分负责病毒的开始传染操作。

3. 病毒破坏模块

计算机病毒被激活后，最终目的是对计算机软件和硬件进行破坏和传染，其破坏的基本手段就是删除文件或程序。病毒破坏模块的主要作用就是实行破坏和传染工作，该模块内部结构是病毒代码。病毒的传染触发模块控制着破坏模块的工作，控制病毒破坏的频率，使计算机病毒在隐蔽的状态下实施传染。

小贴士

计算机病毒类型的发展

1. DOS引导阶段

1987年，出现的计算机病毒主要是引导型病毒，具有代表性的是“小球”和“石头”病毒。

2. DOS可执行阶段

1989年，可执行文件型病毒出现，它们利用DOS系统加载执行文件的机制工作，代表为“耶路撒冷”“星期天”病毒。

3. 批处理型阶段

1992年，伴随型病毒出现，它们利用DOS加载文件的优先顺序进行工作。

4. 幽灵、多形阶段

1994年，幽灵病毒利用汇编语言采用随机代码可以产生相同运算结果的特点，每感染一次就产生不同的代码。

5. 生成器阶段

1995年，在汇编语言中，一些数据的运算放在不同的通用寄存器中，可运算出同样的结果，随机插入一些空操作和无关指令，也不影响运算的结果。这样，一段解码算法就可以由生成器生成。当生成的是病毒时，被称为病毒生成器和变体机。具有典型代表的是“病毒制造机”VCL网络。

6. 蠕虫阶段

1995 年，随着网络的普及，病毒开始利用网络进行传播，它们只是以上几代病毒的改进。在非 DOS 操作系统中，“蠕虫”是典型的代表，它不占用除内存以外的任何资源，不修改磁盘文件，利用网络功能搜索网络地址，将自身向下一地址进行传播，有时也在网络服务器和启动文件中存在。

7. Windows 病毒阶段

1996 年，随着 Windows 和 Windows 95 的日益普及，利用 Windows 进行工作的病毒开始发展，它们修改(NE、PE)文件，典型的代表是 DS.3873，这类病毒的机制更为复杂，它们利用保护模式和 API 调用接口工作，清除方法也比较复杂。

8. 宏病毒阶段

1996 年，随着 Windows Word 功能的增强，使用 Word 宏语言也可以编制病毒，这种病毒使用类 Basic 语言，编写容易，感染 Word 文档文件。在 Excel 和 AmiPro 出现的相同工作机制的病毒也归为此类。

9. 互联网阶段

1997 年，随着互联网的发展，各种病毒也开始利用互联网进行传播，一些携带病毒的数据包和邮件越来越多，如果不小心打开了这些邮件，机器就有可能中毒。

1.3.6 计算机病毒的预防和清除

病毒通常会利用计算机操作系统的弱点进行传播，提高系统的安全性是防病毒的一个重要方面，但是过于强调提高系统的安全性会使系统多数时间处于病毒检查状态，影响计算机系统的实用性和易用性。病毒与反病毒将作为一种技术对抗长期存在，此消彼长。两种技术都将随计算机技术的发展而得到长期的发展。

1. 计算机病毒的预防

预防计算机病毒非常重要。目前杀毒软件只能针对已经出现的病毒进行查杀，而新的病毒总是层出不穷，随着 Internet 的高速发展，病毒传播得也极为迅速。为了防止计算机病毒侵入计算机，最好的方法是积极采取措施来防范计算机病毒，这比等到病毒入侵后再清除病毒更能有效地保护计算机系统。

计算机病毒的预防，应该从管理和技术两方面同时进行。目前的计算机病毒涉及大部分的软、硬件，所以除了重视技术手段外，还要加强管理，这两种方法是相辅相成的。

用户在使用计算机时应意识到计算机病毒对计算机系统的危害性，须制定完善的有关计算机使用的管理措施，以预防病毒对计算机系统的传染。从计算机使用管理方面预防病毒，主要有以下几条措施。

(1) 经常对计算机和存储工具进行病毒检测。

(2) 不要随便下载或复制来历不明的软件。

(3) 未经授权的软件或免费的软件，在使用前一定要用杀毒软件检查。

(4) 不要浏览不安全的网站，不要打开来历不明的邮件和附件。

(5) 公司或企业应建立计算机系统管理制度，规定系统使用权限，定期清除病毒和更新磁盘等。

(6) 重要文件一定要加强保护，及时备份。

(7) 使用正版的软件，经常更新杀毒软件，定时升级。

(8) 关闭 Windows 网上邻居中的共享功能。

(9) 尽量不使用免费的公共 Wi-Fi 网络。

(10) 及时修复漏洞和计算机补丁。

(11) 每周至少更新一次病毒定义码或病毒引擎，定期全盘扫描计算机，对计算机做彻底地病毒扫描。

随着计算机网络应用的发展，计算机病毒的形式及传播途径日趋多样化，计算机安全日益复杂化。因此，合理有效地预防是防治计算机病毒最有效、最值得重视的问题。计算机用户应积极采取各种安全措施预防病毒，不给病毒以可乘之机。

2. 计算机病毒的清除

在计算机中如果发现了病毒，应立即清除。通常采用杀毒软件进行病毒的查杀和清除。用户在利用杀毒软件消除病毒时，一般不会因清除病毒而破坏系统中的正常运行。目前常用杀毒软件有 360 安全卫士、金山毒霸引擎病毒、卡巴斯基、腾讯电脑管家、江民杀毒软件、瑞星杀毒软件等。在使用中发现计算机病毒，可以采用以下方式进行杀毒。

(1) 安装预防软件或杀毒软件，预防计算机病毒对系统的入侵，或发现病毒欲传染系统时，向用户发出警报。

(2) 如果发现某一文件已经感染上病毒，则可以取消在该文件上的链接，或者直接清除该文件。

(3) 在计算机使用中发现病毒，最简单、迅速的方法就是打开任务管理器，找出不正常的进程，结束进程。

(4) 关闭系统还原功能。系统还原是修复系统最方便、快捷的一个工具，如果计算机创建了系统还原点，在发现系统出错或中毒时，恢复到比较早时创建的还原点，就可以修复系统。

(5) 清空 Internet Explorer(IE)临时文件。对某些计算机病毒，如果杀毒软件报告中有类似路径：C:/DocumentsandSettings/Administrator/LocalSettings/Temporary Internet Files/，说明该种病毒是用户浏览网页时被传染的。对于此类病毒，最简单的清除方法就是清空 IE 临时文件。

(6) 显示文件扩展名查看所有文件和文件夹(包括受保护的操作系统文件)，很多木马病毒使用双扩展名、隐藏属性伪装，通过查看这个可以让病毒无藏身之处。

(7) 使用注册表编辑器进行简单的删除或编辑操作。建议用户在修改前创建系统还原点，或者备份要修改的注册表键分支，再使用注册表编辑器修改。

(8) 如果计算机中毒比较严重，可以在安全模式下全盘扫描查杀病毒，然后再重装系统。

值得注意的是，杀毒软件的诞生总是滞后于病毒的发现，任何杀毒软件都只能发现已有病毒和清除部分病毒。因此，计算机使用者必须正确认识、防范计算机病毒的攻击，以保护计算机数据安全。

习　题

1. 计算机从产生至今经历了哪几个发展阶段？
2. 简述世界上第一台计算机的硬件构成。

3. 计算机硬件系统由哪几部分组成？
4. 计算机软件确切的含义是什么？
5. 什么是计算机病毒？
6. 计算机病毒的传播途径有哪些？
7. 计算机病毒的表现有哪些？

第2章

操 作 系 统

Chapter 2

目 标

(1) 认识操作系统。

(2) 掌握 Windows 10 的基本操作方法。

重 点

(1) 掌握 Windows 10 的系统设置。

(2) 掌握基于 Windows 10 数据管理和程序管理。

引 言

操作系统是计算机系统的控制和管理中心,是控制和管理计算机中所有软、硬件资源的一组程序。从资源角度来看,它具有处理机、存储器管理、设备管理、文件管理 4 项功能。它为用户提供了一个方便、有效、友好的使用环境。

Windows 10 是一款超越传统的系统,其在界面和功能上都有了比较大的改变,此系统从核心技术、使用思路到用户体验,全面颠覆了传统的 Windows 系统,可以说是里程碑式的产品。

微软公司于 2013 年 8 月继续发布 Windows 10.1,实现操作系统升级标准化,以便向用户提供更常规的升级。

2.1 操作系统的概述

操作系统(operating system,OS)是计算机系统软件的核心,是计算机系统的管家,是软件和硬件资源的协调大师。如果没有操作系统,计算机就是一堆废铜烂铁;掌握了操作系统,也就掌握了计算机的精髓。

2.1.1 操作系统的概念

人们都知道一些操作系统的名称,如 DOS、UNIX、Linux、Windows 98、NetWare、Windows NT、Windows 2000、Windows XP、Windows 7/8/10 等,也有使用操作系统的体验,但什么是操作系统呢?可以认为,操作系统是一组控制和管理计算机硬件和软件资源、有效地组织多道程序运行及方便用户使用的程序的集合。

操作系统是计算机系统资源的管理者。现代计算机由处理器、存储器、输入/输出设备 3 类硬件和软件资源组成,操作系统负责对这些资源进行管理。

从用户的角度来看，操作系统是处于用户与计算机硬件系统之间，为用户提供使用计算机系统的接口。因此，操作系统应该使用方便、功能强、效率高、安全可靠、易于安装和维护等。

为了让操作系统进行工作，首先要将它从外存储器装入内存储器，这一安装过程称为引导系统。安装完毕后，操作系统中的管理程序部分将保存在主存储器中，称其为驻留程序；其他部分在需要时再自动地从外存储器调入主存储器，这些程序称为临时程序。

2.1.2 操作系统的功能

从资源管理的角度来看，操作系统要对系统内所有资源进行有效管理；从用户的角度来看，操作系统应该方便使用。因此，综合来看，操作系统的主要功能为：处理器管理、存储器管理、设备管理、文件管理和用户接口。

1. 处理器管理

处理器管理又称进程管理，主要解决程序在处理器(CPU)上的有效执行问题，所以进程管理的功能包括进程调度、进程控制和进程通信。所谓进程，是指程序的一次执行。

(1) 进程调度解决处理器的分配问题，它决定在多个进程请求运行时，选择或调度哪个进程，将处理器分配给它，并使它运行。

(2) 进程控制是指对进程活动进行控制，包括创建进程、撤销进程、阻塞进程、唤醒进程等。进程是系统中活动的实体，它由创建而产生；当执行完成或遇到故障执行不下去时便将其撤销，使它消亡；在它因请求的资源不能分配时便将其阻塞使它等待；在阻塞期间若它所等待的资源能够分配给它时便将其唤醒。

(3) 进程通信是指进程之间的信息交换。在同一个系统中运行着的多个进程，它们之间存在相互制约的关系，为保证进程能够有条不紊地执行，需要设置进程同步机制。相互合作的进程之间往往需要交换信息，因此系统要提供进程通信机制。

2. 存储器管理

存储器管理的基本任务是为了解决内存空间的分配问题。它为程序和数据分配所需的内存空间，且保证它们的存储区不发生冲突，程序都在自己的存储区中访问而互不干扰。由于内存是宝贵的系统资源，所以在制定分配策略时应该减少内存浪费、提高内存利用率，甚至从逻辑上实现对内存的扩充。

3. 设备管理

设备管理用于管理计算机系统中所有的外围设备，而设备管理的主要任务是：完成用户进程提出的I/O请求；为用户进程分配所需的I/O设备；提高CPU和I/O设备的利用率；提高I/O速度；方便用户使用I/O设备。为完成上述任务，设备管理应具有缓冲管理、设备分配、设备处理以及虚拟设备等功能。

4. 文件管理

在现代计算机管理中，总是把程序、数据等以文件形式存储在磁盘或磁带上，文件管理功能就是对存放在计算机中的所有文件进行管理，以方便用户的使用，并保证文件的安全。为此，文件管理应具有对文件存储空间的管理、目录管理、文件的共享和保护，以及实现对文件的各种操作等功能。

例如，可向用户提供创建文件、删除文件、读写文件、打开和关闭文件等操作。有了文件管理，用户可以按名存、取文件而不必指定文件的存储位置。这不仅便于用户操作，还有利于文件共享。另外，文件管理可通过用户在创建文件时规定文件的使用权限来保证文件的安全性。

5. 用户接口

为了方便用户使用计算机，操作系统提供用户接口。用户通过接口使用操作系统的功能，从而达到方便使用计算机的目的。操作系统的用户接口有两种基本类型：联机用户接口和程序接口。

(1) 联机用户接口是直接提供给用户在终端上使用的命令形式的接口。根据命令形式的不同，又将其分为命令接口和图形用户接口两种。命令接口由一组键盘操作命令及命令解释程序组成。用户在键盘上每输入一条命令，系统便立即转入命令解释程序，对该命令加以解释并执行该命令。在完成指定功能后，控制又返回到终端，等待用户输入下一条命令。命令接口的一个典型实例是 MS-DOS 联机界面。

命令接口要求用户要熟记各种命令的名字和格式，并严格按照规定的格式输入命令。这样做既不方便，又浪费时间，于是，图形用户接口便应运而生。图形用户接口采用了图形化的操作界面，用非常容易识别的各种图标(icon)将系统的各项功能、各种应用程序和文件直观、逼真地表示出来。用户使用鼠标或通过菜单和对话框来完成各项操作。这种接口减轻或免除了用户记忆量，把用户从烦琐、单调的操作中解脱出来。图形用户接口的一个典型实例是 Windows 界面。

(2) 程序接口(API)是提供给应用程序使用的，它是应用程序取得操作系统服务的唯一途径。它由一组系统调用组成，每一个系统调用都是一个能完成特定功能的子程序，每当应用程序要求操作系统提供某种服务(功能)时，便调用相应功能的系统调用。

对于普通用户来讲，一般使用 Windows 界面进行管理；对于程序员来讲，一般使用 API 对系统功能进行调用。

2.2 Windows 10 操作系统

Windows 10 是美国微软公司研发的跨平台及设备应用的操作系统，是微软发布的最后一个独立 Windows 版本。Windows 10 共有 7 个发行版本，分别面向不同用户和设备。

Windows 10 是继 Windows 8 之后的新一代操作系统，Windows 10 操作系统在易用性和安全性方面有了极大的提升，除了针对云服务、智能移动设备、自然人机交互等新技术进行融合外，还对固态硬盘、生物识别、高分辨率屏幕等硬件进行了优化完善与支持。从技术角度来讲，Windows 10 操作系统是一款优秀的消费级别的操作系统。

目前，Windows 10 系统已成为智能手机、PC、平板、Xbox One、物联网和其他各种办公设备的心脏，为设备之间提供无缝的操作体验，Windows 10 操作界面如图 2-1 所示。

2.2.1 全新的 Windows 10 操作系统

Windows 10 操作系统具有以下特点。

图 2-1 Windows 10 操作界面

1. 生物识别技术

Windows 10 所新增的 Windows Hello 功能将带来一系列对于生物识别技术的支持。除了常见的指纹扫描之外，系统还能通过面部或虹膜扫描来让用户进行登录。当然，用户需要使用新的 3D 红外摄像头来获取这些新功能。

2. Cortana 搜索功能

Cortana 可以用来搜索硬盘内的文件，系统设置，安装的应用，甚至是互联网中的其他信息。作为一款私人助手服务，Cortana 还能像在移动平台那样帮用户设置基于时间和地点的备忘录。

3. 平板模式

微软在照顾老用户的同时，也没有忘记随着触控屏幕成长的新一代用户。Windows 10 提供了针对触控屏设备优化的功能，同时还提供了专门的平板电脑模式，开始菜单和应用都将以全屏模式运行。如果设置得当，系统会自动在平板电脑与桌面模式间切换。

4. 桌面应用

微软放弃激进的 Metro 风格，回归传统风格，用户可以调整应用窗口大小，久违的标题栏重回窗口上方，最大化与最小化按钮也给了用户更多的选择和自由度。

5. 多桌面

如果用户没有配置多台显示器，但依然需要对大量的窗口进行重新排列，那么 Windows 10 的虚拟桌面应该可以帮到用户。在该功能的帮助下，用户可以将窗口放进不同的虚拟桌面中，并在其中进行轻松切换。原本杂乱无章的桌面也变得整洁起来，如图 2-2 所示。

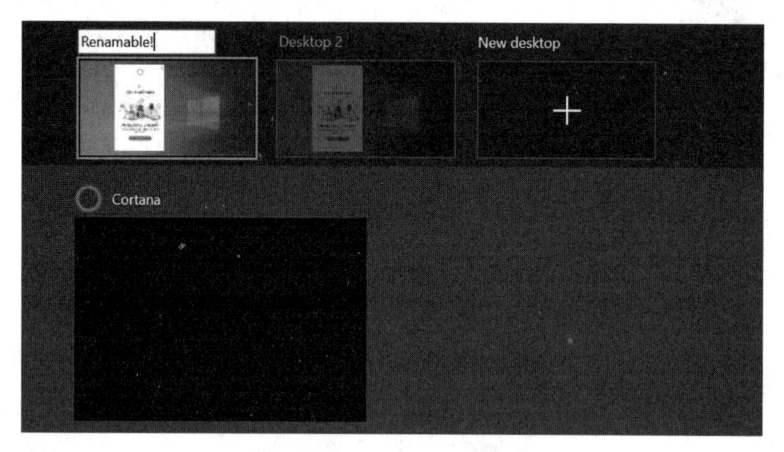

图 2-2 Windows 10 多桌面

6. 开始菜单进化

Windows 10 带回了用户期盼已久的开始菜单功能，并将其与 Windows 8 开始屏幕的特色相结合。单击屏幕左下角的 Windows 键打开开始菜单之后，在左侧可以看到系统关键设置和应用列表，标志性的动态磁贴出现在右侧。

7. 任务切换器

Windows 10 的任务切换器不再仅显示应用图标，而是通过大尺寸缩略图的方式进行预览。

8. 任务栏的微调

在 Windows 10 的任务栏中，新增了 Cortana 和任务视图按钮，与此同时，系统托盘内的标准工具也匹配了 Windows 10 的设计风格。可以查看到可用的 Wi-Fi 网络，或是对系统音量和显示器亮度进行调节。

9. 贴靠辅助

Windows 10 不仅可以让窗口占据屏幕左右两侧的区域，还能将窗口拖曳到屏幕的 4 个角落，使其自动拓展并填充 1/4 的屏幕空间。在贴靠一个窗口时，屏幕的剩余空间内还会显示出其他开启应用的缩略图，单击之后可将其快速填充到这块剩余的空间中。

10. 通知中心

Windows Phone 8.1 的通知中心功能也被加入了 Windows 10 中，让用户可以方便地查看来自不同应用的通知。此外，通知中心底部还提供了一些系统功能的快捷开关，如平板模式、便签和定位等。

11. 命令提示符窗口升级

在 Windows 10 中，用户不仅可以对 CMD 窗口的大小进行调整，还可以使用辅助粘贴等熟悉的快捷键。

12. 文件资源管理器升级

Windows 10 的文件资源管理器会在主页面上显示出用户常用的文件和文件夹，让用户可以快速获取自己需要的内容。

13. Microsoft Edge

为了追赶 Chrome 和 Firefox 等热门浏览器，微软淘汰了老旧的 IE，带来了新的 Edge 浏览器。Edge 浏览器虽然尚未发展成熟，但它的确带来了诸多的便捷功能，比如和 Cortana 的整合以及快速分享功能。

14. 计划重新启动

Windows 10 会询问用户希望在多长时间之后进行重启。

15. 设置和控制面板

Windows 8 的设置应用同样被沿用到了 Windows 10 当中，该应用会提供系统的一些关键设置选项，用户界面也和传统的控制面板相似。旧版的控制面板依然会存在于系统当中，因为它依然提供一些设置应用所没有的选项。

16. 兼容性增强

只要能运行 Windows 7 操作系统，就能更加流畅地运行 Windows 10 操作系统。针对固态硬盘、生物识别、高分辨率屏幕等硬件都进行了优化支持与完善。

17. 安全性增强

除了继承旧版 Windows 操作系统的安全功能之外，还引入了 Windows Hello、Microsoft Passport、Device Guard 等安全功能。

18. 新技术融合

在易用性、安全性等方面进行了深入的改进与优化。针对云服务、智能移动设备、自然人机交互等新技术进行融合。

小贴士

Windows 10 版本介绍

家庭版 Home：Cortana 语音助手（选定市场）、Edge 浏览器、面向触控屏设备的 Continuum 平板电脑模式、Windows Hello（脸部识别、虹膜、指纹登录）、串流 Xbox One 游戏的能力、微软开发的通用 Windows 应用（Photos、Maps、Mail、Calendar、Groove Music 和 Video）、3D Builder。

专业版 Professional：以家庭版为基础，增添了管理设备和应用，保护敏感的企业数据，支持远程和移动办公，使用云计算技术。另外，它还带有 Windows Update for Business，该功能可以降低管理成本、控制更新部署，让用户更快地获得安全补丁软件。

企业版 Enterprise：以专业版为基础，增添了大中型企业用来防范针对设备、身份、应用和敏感企业信息的现代安全威胁的先进功能，供微软的批量许可（volume licensing）客户使用，用户能选择部署新技术的节奏，其中包括使用 Windows Update for Business 的选项。作为部署选项，Windows 10 企业版将提供长期服务分支（long term servicing branch）。

教育版 Education：以企业版为基础，面向学校职员、管理人员、教师和学生。它通过面向教育机构的批量许可计划提供给客户，学校能够升级 Windows 10 家庭版和 Windows 10 专业版设备。

移动版 Mobile：面向尺寸较小、配置触控屏的移动设备，例如，智能手机和小尺寸平板电脑，集成有与家庭版相同的通用 Windows 应用和针对触控操作优化的 Office。部分新设备可以使用 Continuum 功能，因此连接外置大尺寸显示屏时，用户可以把智能手机用作 PC。

移动企业版 Mobile Enterprise：以移动版为基础，面向企业用户。它将提供给批量许可客户使用，增添了企业管理更新、及时获得更新和安全补丁软件的方式。

2.2.2 Windows 10 操作系统的安装

1. Windows 10 操作系统的安装配置

安装 Windows 10 所需的计算机配置要求不高，和之前的 Windows 7、Windows 8 要求基本相同。只要计算机能够流畅运行 Windows 7、Windows 8，那么运行 Windows 10 就基本没问题。

（1）最低配置要求。最低配置要求即刚好能运行 Windows 10 的硬件配置，除非是想体验一下 Windows 10，否则不建议用这个配置运行 Windows 10，因为用 Windows 10 的主要目的是在其中安装使用其他软件。而用最低配置，许多当前的软件运行起来都很费力，甚至有些要求高的都不能运行。当然，如果只是用来运行文字处理程序等要求不高的软件，也可以按这个配置搭配。

微软公布的安装使用 Windows 10 的最低要求如下。

CPU（处理器）：1GHz 或更快（支持 PAE、NX 和 SSE2）。

内存：1GB（32 位版本）；2GB（64 位版本）。

硬盘空间：16GB（32 位版本）；20GB（64 位版本）。

图形卡（显卡）：带有 WDDM 驱动程序的 Microsoft DirectX 9 图形设备。

（2）标准配置要求。标准配置要求即可以较为流畅地运行 Windows 10 的配置，因为 Windows 10 对硬件的要求不高，所以推荐的标准配置要求也不高，甚至没有 CPU 的推荐配置，用最低配置要求中的 CPU 即可。当然，建议条件允许的情况下，最好将推荐配置中的 CPU 和内存、显卡更换为较高层次的。

微软公布的安装使用 Windows 10 的标准配置要求如下。

CPU（处理器）：在推荐配置中未列出，按照最低配置即可。

屏幕：1024×600 以上分辨率。

固件：UEFI 2.3.1，支持安全启动。

这只是推荐配置，硬件不支持 UEFI 功能，一样可以升级到 Windows 10。

UEFI 2.3.1 是一种详细描述全新类型接口的标准，固化在主板引导组件中，用来代替早期的 BIOS。UEFI 安全启动机制能够防止病毒在 UEFI 计算机启动的过程中进驻。

比起早期的 BIOS，UEFI 具有启动更快，安全性更强，启动配置更灵活，支持硬盘容量更大等优点。如果使用超过 2T 容量的硬盘，就应该使用 UEFI，否则大于 2T 那部分不可识别。

内存：1GB(32 位版本)；2GB(64 位版本)。

硬盘空间：大于等于 16GB(32 位版本)；大于等于 20GB(64 位版本)。

图形卡(显卡)：带有 WDDM 驱动程序的 Microsoft DirectX 9 图形设备或更高。

表 2-1 为安装 Windows 7、Windows 10 最低配置比较表，从表中可以看出 Windows 10 对硬件依赖很小，现在一般计算机都可以满足其要求。

表 2-1 安装 Windows 7、Windows 10 最低配置比较表

设备名称	Windows 7	Windows 10
CPU	1GHz 及以上的 32 位或 64 位处理器	1GHz 及以上的 32 位或 64 位处理器
内存	1GB(32 位)/2GB(64 位)	1GB(32 位)/2GB(64 位)
硬盘空间	16GB(32 位)或 20GB(64 位)以上可用空间	16GB(32 位)或 20GB(64 位)以上可用空间
显卡	带有 WDDM 驱动程序的 DirectX 9 图形设备	带有 WDDM 驱动程序的 DirectX 9 图形设备
激活	需在线激活或电话激活	需在线激活或电话激活

2. 安装 Windows 10 操作系统

首先将 Windows 10 安装光盘放入光驱，在计算机启动时进入 BIOS 并把第一启动设备设置为光驱，按 F10 键保存设置并退出 BIOS。

(1) 计算机自动重启后如图 2-3 所示，按键盘任意键从光驱启动计算机。

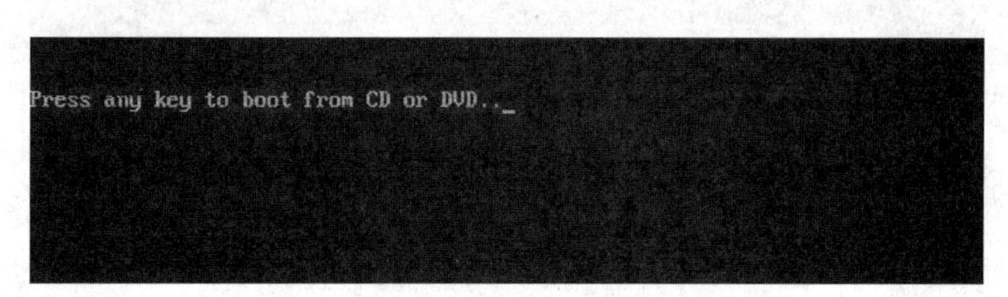

图 2-3 按键盘任意键从光驱启动计算机

(2) 安装程序文件加载完成后出现 Windows 10 安装界面，单击"现在安装"按钮开始安装，如图 2-4 所示。

图 2-4 Windows 10 安装界面

(3) 因为 Windows 10 安装光盘是简体中文的，所以这里全部选择默认值，单击“下一步”按钮，如图 2-5 所示。

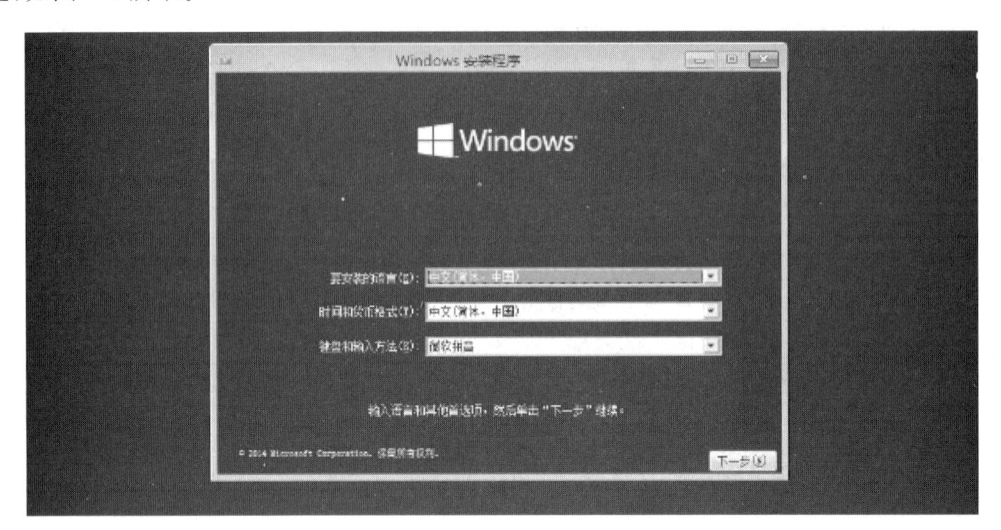

图 2-5　选择设置

(4) 出现许可协议条款，在“我接受许可条款”前面打钩，单击“下一步”按钮，如图 2-6 所示。

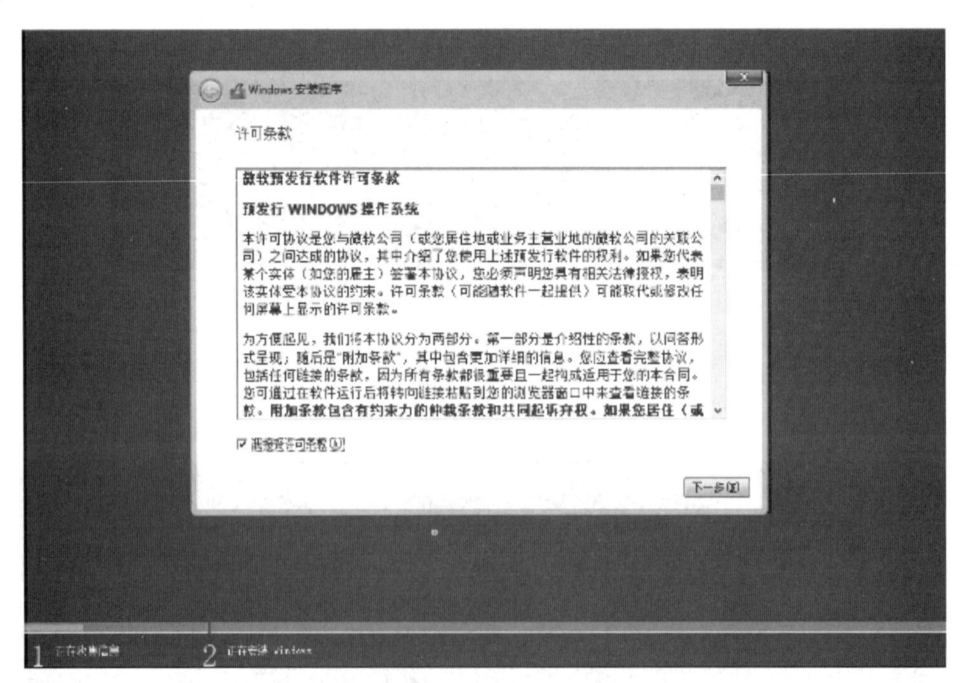

图 2-6　许可协议条款

(5) 在安装类型选择界面，选择“自定义：仅安装 Windows(高级)”选项，如图 2-7 所示。

(6) 在安装位置选择界面选择安装系统的分区，安装程序会在此显示计算机上的硬盘以及分区，磁盘 0 代表第一块硬盘，磁盘 1 代表第二块，以此类推。如果要对硬盘进行分区或格式化操作，单击“驱动器选项(高级)”按钮，如图 2-8 所示。

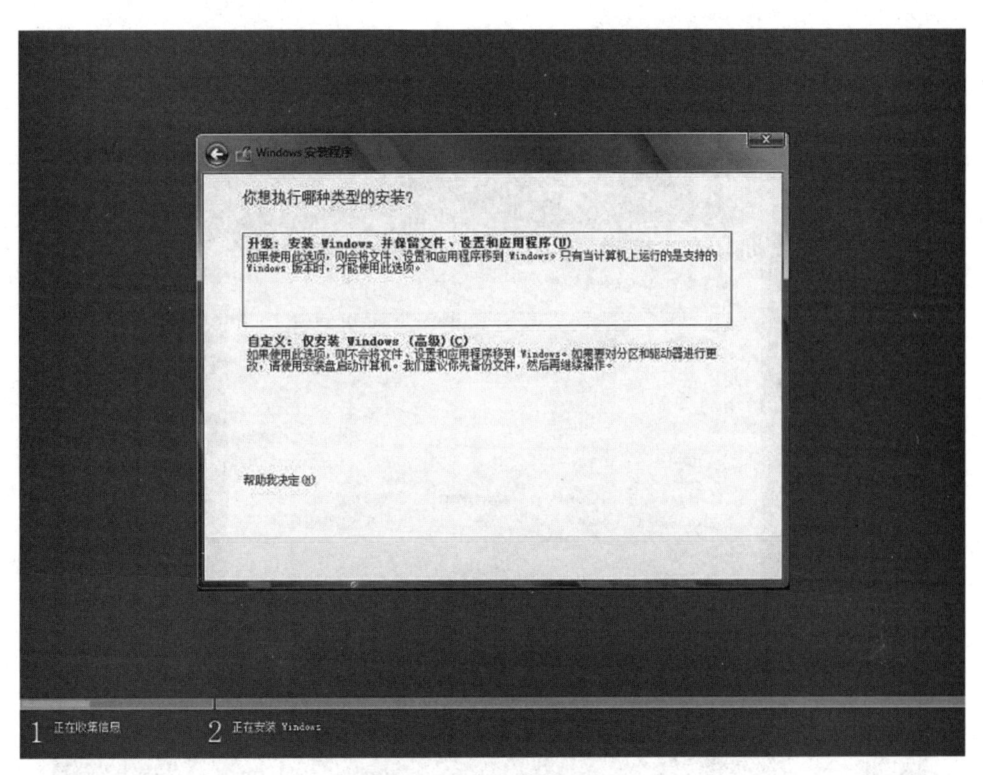

图 2-7 安装类型选择界面

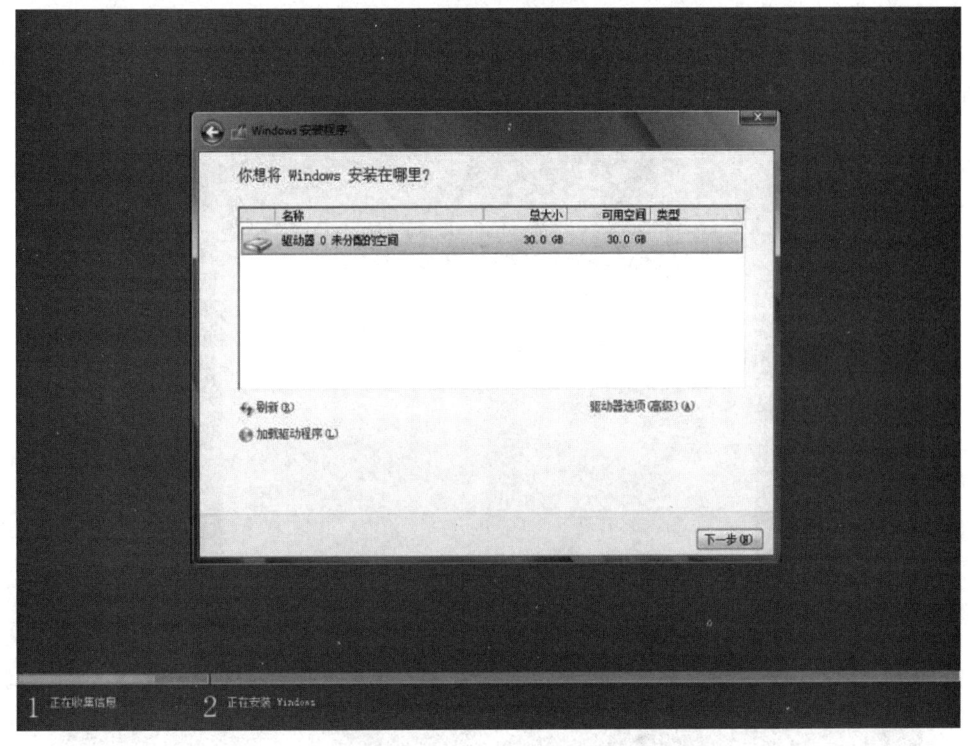

图 2-8 安装位置选择界面

(7) 单击“驱动器选项(高级)”按钮可以对硬盘进行新建分区操作，对分区进行删除、格式化、扩展操作，强烈建议使用 Windows 安装程序进行分区操作，如图 2-9 所示。

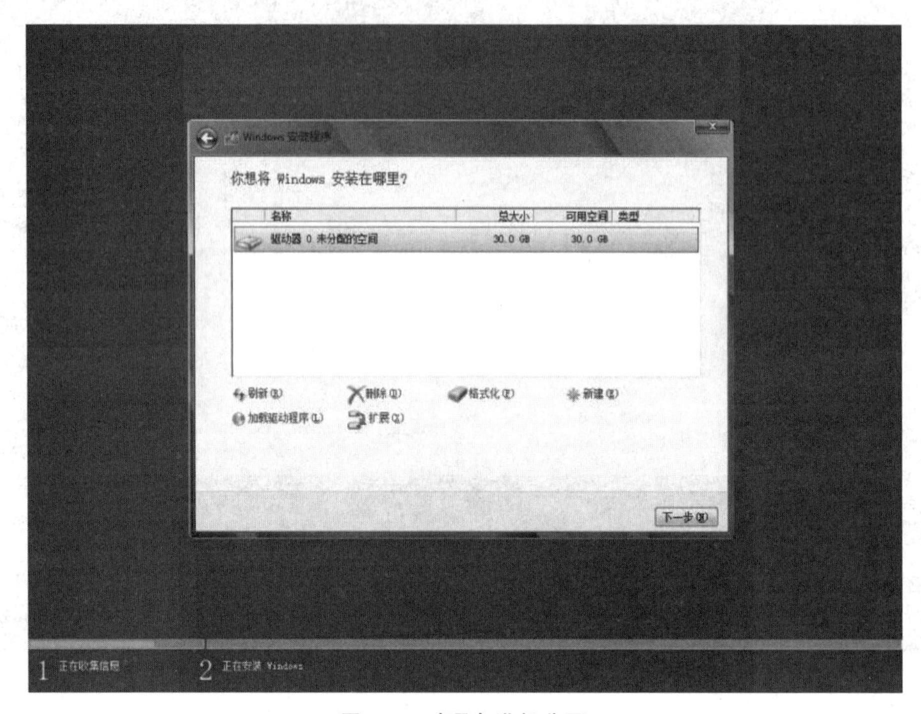

图 2-9　对硬盘进行分区

(8) 做好分区工作并选择安装位置后，单击“下一步”按钮，会显示此安装界面，无须操作，等待即可，Windows 10 开始安装，如图 2-10 所示。

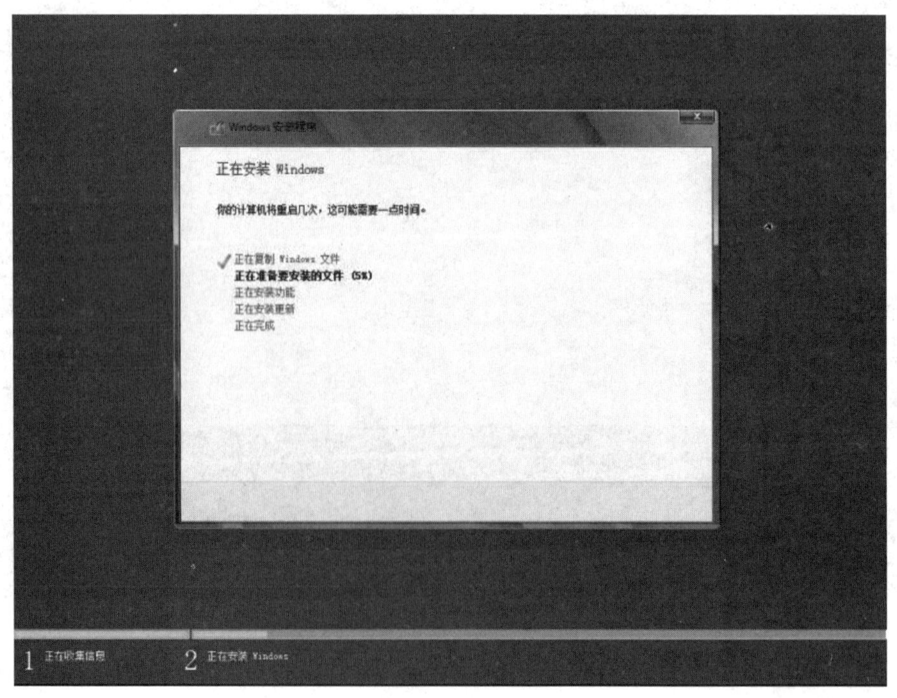

图 2-10　开始安装

（9）安装完成后，计算机需要重新启动，如图 2-11 所示。

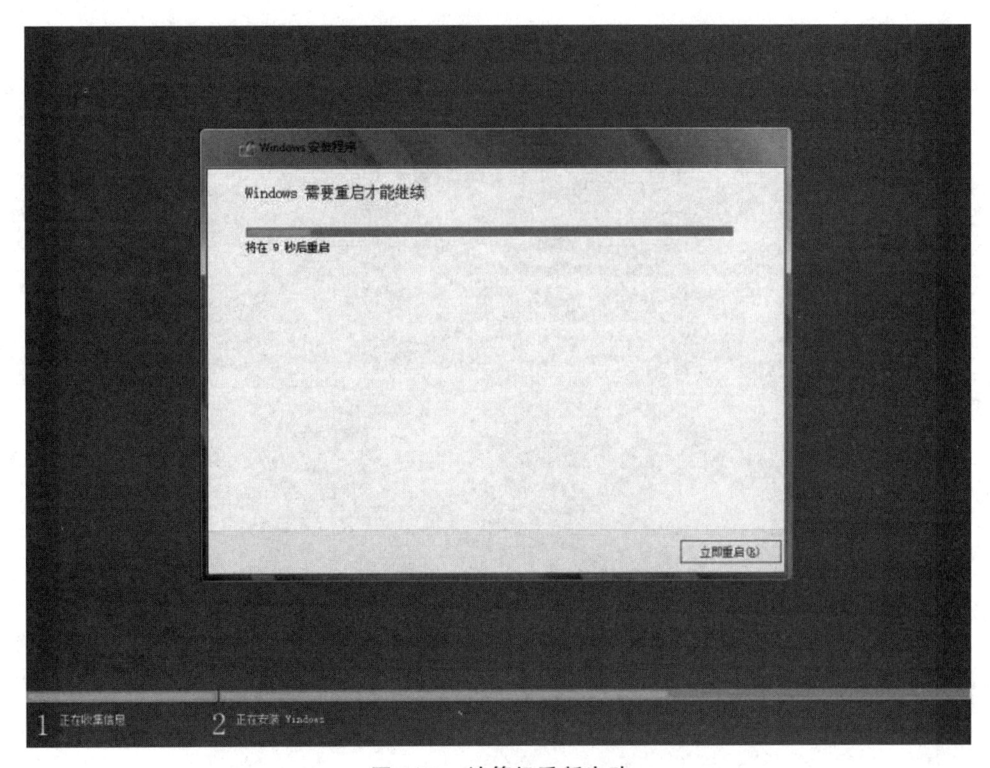

图 2-11　计算机重新启动

（10）计算机重新启动后，安装程序为首次使用计算机做准备，如图 2-12 所示。

图 2-12　安装程序为首次使用计算机做准备

（11）第二次重启后，开始对系统进行设置，如图 2-13 所示。

（12）用户需要输入微软的账户和密码，如图 2-14 所示。如果没有账户，单击左下角创建一个新账户，如图 2-15 所示，选择创建即可；也可以选择不使用微软账户。

（13）可以在系统商店中选择安装应用，如图 2-16 所示，安装好之后系统就算安装完成。

（14）进入 Windows 10 系统桌面，如图 2-17 所示。

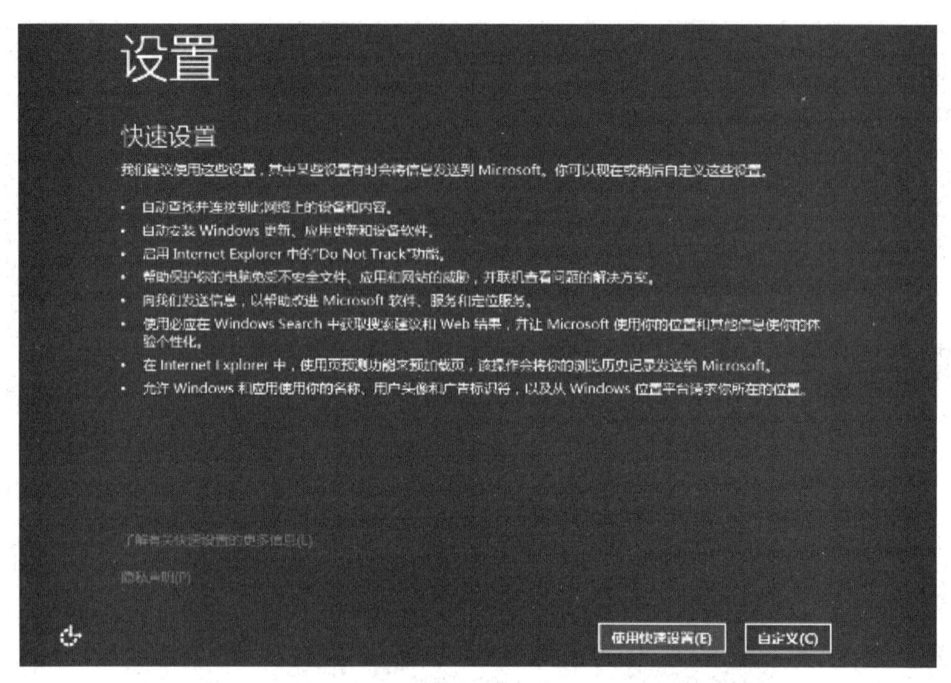

图 2-13　设置系统

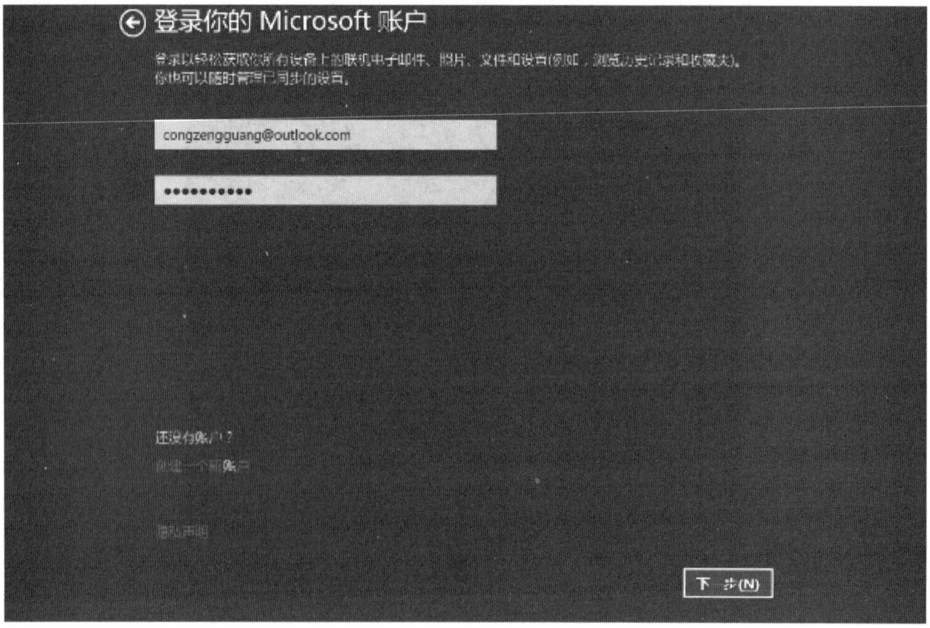

图 2-14　输入微软的账户和密码

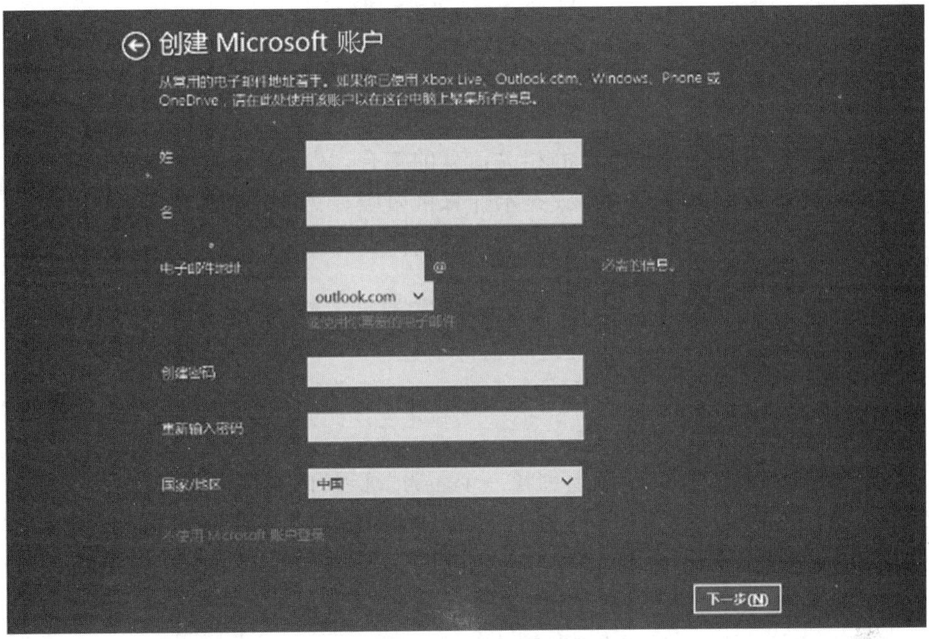

图 2-15 创建一个新账户

图 2-16 准备工作

图 2-17 开始桌面

2.3 案例1 管理文件及文件夹

文件是存储在计算机存储介质上的相关信息的集合，文件夹是系统组织和管理文件的一种形式。资源管理器可以以分层的方式显示计算机内所有文件的详细图表。使用资源管理器可以更方便地实现浏览、查看、移动和复制文件或文件夹等操作，可以不必打开多个窗口，而只在一个窗口中就可以浏览所有的磁盘和文件夹。

2.3.1 案例及分析

1. 案例要求

(1) 打开“此电脑”窗口，在D盘上创建一个名为“练习”的文件夹，在“练习”文件夹内创建3个名为WORD、EXCEL和“工作”的文件夹，在WORD文件夹内新建名为“案例”的Word文档，在“工作”文件夹中创建名为“图片”的文件夹。

(2) 复制名为“案例”的文档到“工作”文件夹中，并将其重命名为“计划”，设置文件属性为只读；将WORD文件夹移动到“工作”文件夹中。

(3) 在C盘查找所有后缀名为.jpg的文件，并将所有文件复制到“图片”文件夹。删除“练习”文件夹中的EXCEL文件夹，并清空回收站。

2. 案例分析

通过本案例的学习，掌握如何管理文件及文件夹，学习对文件及文件夹进行移动、复制、粘贴和删除的方法，能够设置文件夹的属性。

3. 操作步骤

(1) 在开始菜单中找到并单击“此电脑”按钮，打开“Windows资源管理器”对话框，然后双击磁盘D盘。

(2) 在D盘窗口中的空白处右击，在弹出的快捷菜单中，选择“新建”→“文件夹”命令，如图2-18所示，即可在窗口中创建一个名为“新建文件夹”的文件夹，输入“练习”后按回车键。

(3) 双击打开“练习”文件夹，采用第(2)步的方法，再在“练习”文件夹中分别新建名字为WORD、EXCEL和“工作”的文件夹。

(4) 双击打开WORD文件夹，在空白处右击，在弹出的快捷菜单中选择“新建”→“Microsoft Word文档”命令，输入文件名“案例”后按回车键。

(5) 双击打开“工作”文件夹，在空白处右击，在弹出的快捷菜单中选择“新建”→“文件夹”命令，输入“图片”后按回车键。

(6) 双击打开WORD文件夹，右击“案例”文档，在弹出的快捷菜单中选择“复制”命令。打开“工作”文件夹，右击后在弹出的快捷菜单中选择“粘贴”命令。

(7) 右击“案例”文档，在弹出的快捷菜单中选择“重命名”命令，输入“计划”后按回车键。右击“计划”文档，在弹出的快捷菜单中选择“属性”命令，如图2-19所示，选中“只读”复选框，单击“确定”按钮。

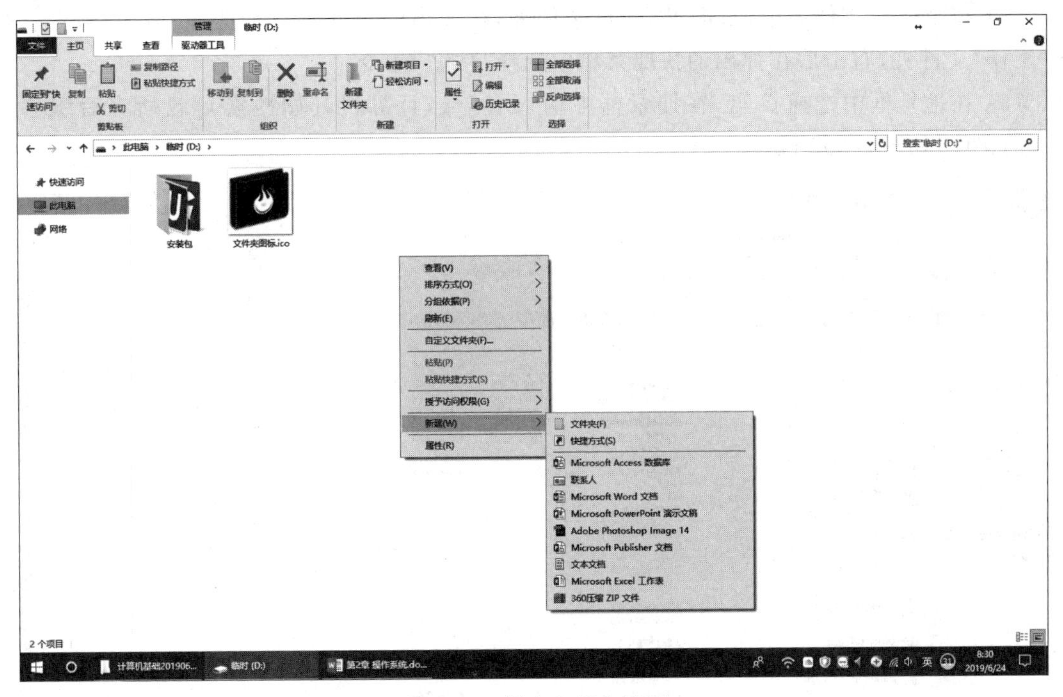

图 2-18 新建文件夹界面

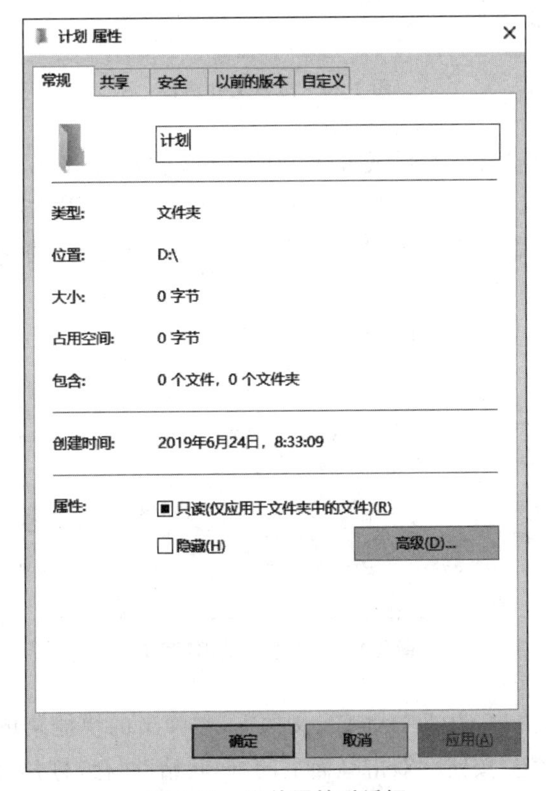

图 2-19 文件属性对话框

(8) 在“练习”文件夹中，右击 WORD 文件夹，在弹出的快捷菜单中选择“剪切”命令。打开“工作”文件夹，右击后在弹出的快捷菜单中选择“粘贴”命令。

(9) 在地址框中选择 C 盘，在搜索框中输入 *.jpg，计算机开始搜索 C 盘所有后缀名为 .jpg 的文件，如图 2-20 所示。

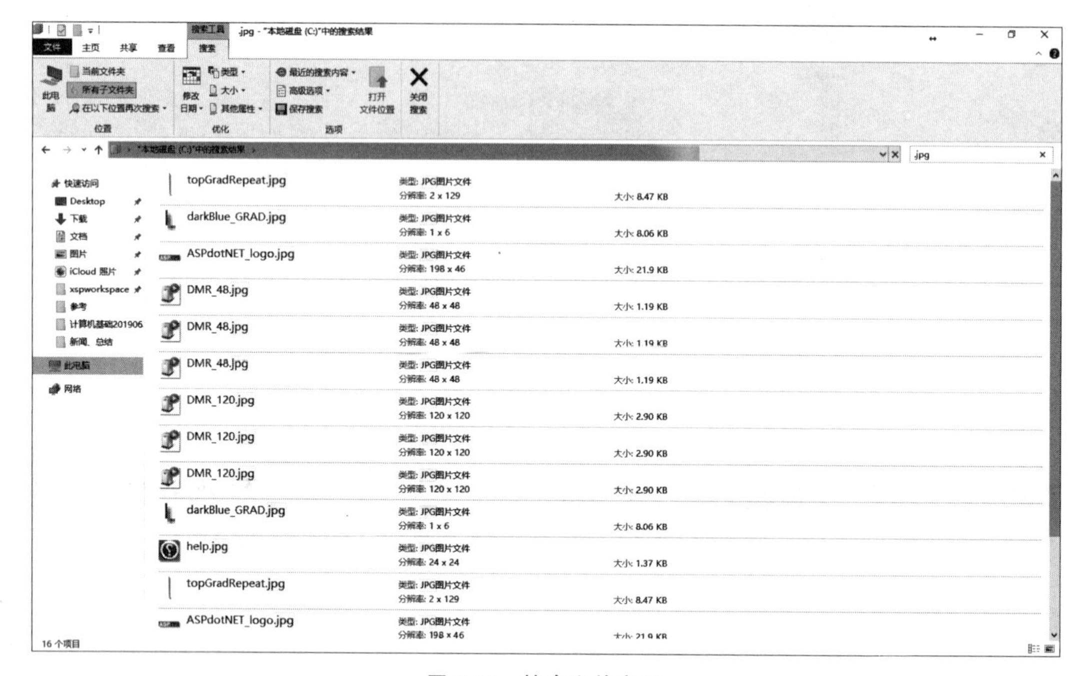

图 2-20 搜索文件窗口

(10) 选择“编辑”→“全选”命令，或者使用 Ctrl+A 快捷键，选择所有文件；选择“编辑”→“复制”命令，或者使用 Ctrl+C 快捷键，复制所有文件；打开“图片”文件夹，在空白处右击，在弹出的快捷菜单中选择“粘贴”命令，或者使用 Ctrl+V 快捷键，将文件复制到“图片”文件夹中。

在搜索文件或文件夹时，单击上方菜单栏中的“搜索”会弹出下拉菜单，如图 2-21 所示，根据需求可按照文件的修改日期或大小进行搜索。

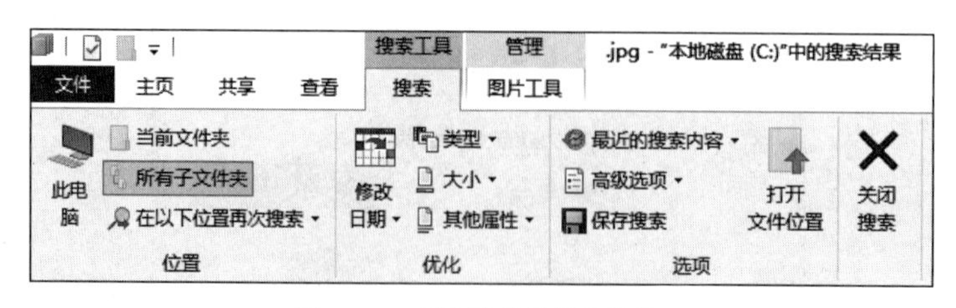

图 2-21 “搜索筛选器”菜单

(11) 在“练习”文件夹中，右击 EXCEL 文件夹，在弹出的快捷菜单中选择“删除”命令，在弹出的对话框中单击“确定”按钮。双击桌面上的“回收站”图标，打开“回收站”窗口，如图 2-22 所示，单击“清空回收站”按钮。

选择文件或文件夹后，按快捷键 Shift+Delete 可以直接将文件或文件夹彻底删除。

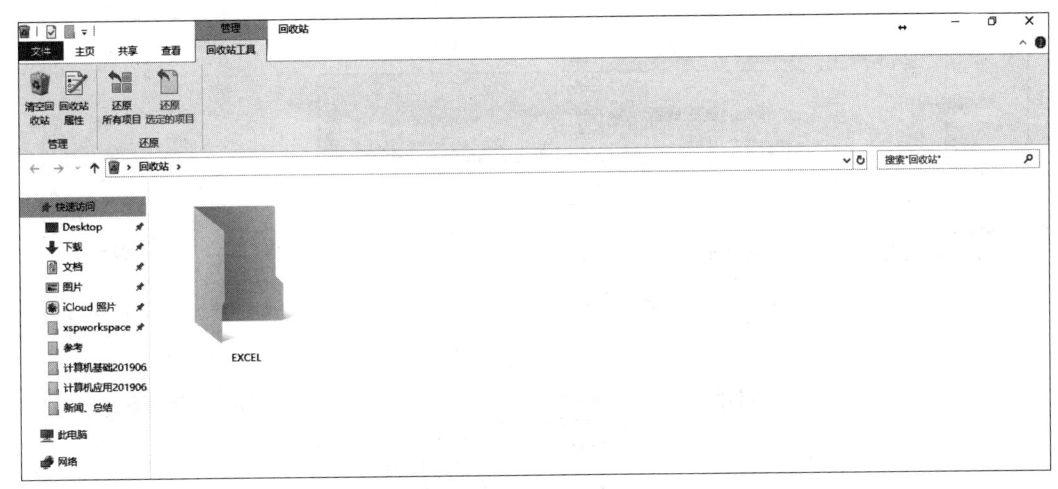

图 2-22 "回收站"窗口

小贴士

复 制 技 巧

在复制文件或文件夹时，若源文件或文件夹与目标文件夹位于同一磁盘中，在拖动时按住Ctrl键即可复制；若源文件或文件夹与目标文件夹不在同一磁盘中，可将源文件或文件夹直接拖动到目标文件夹中。

2.3.2 相关知识点

1. 资源管理器

Windows 10 的资源管理器有了全新的改进，如图 2-23 所示为资源管理器界面，也就是"计算机"或"此电脑"的界面。

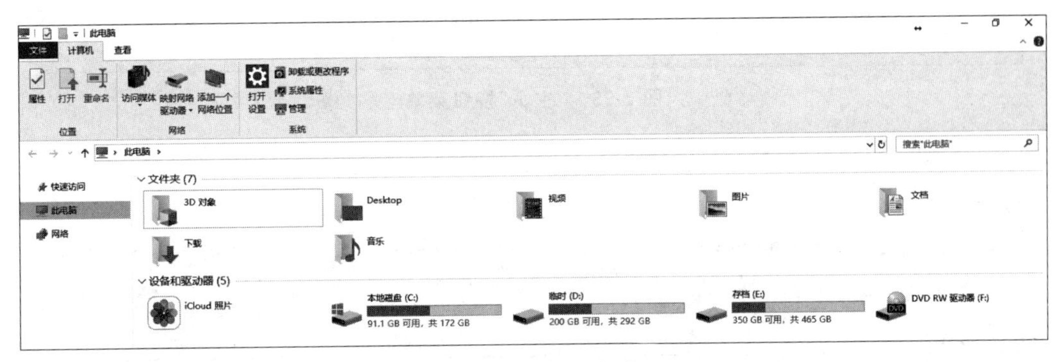

图 2-23 资源管理器窗口

（1）地址栏。Windows 10 默认的地址栏用"按钮"取代了传统的纯文本方式，并且在地址栏周围找不到传统资源管理器中的向上按钮，而仅有前进和后退按钮。

如图 2-24 所示，当前目录为 C:\Windows\Fonts，此时地址栏中有 4 个按钮，依次为"此电脑""本地磁盘(C)"、Windows 和 Fonts。各级文件夹按钮前都有一个小箭头，只需单击小箭头即可实现跳转。

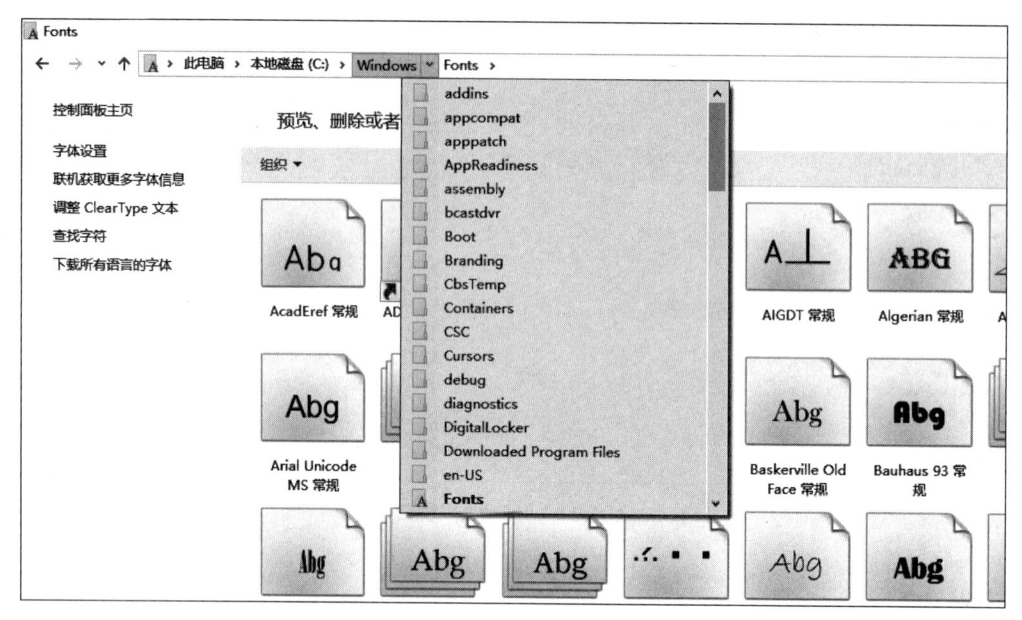

图 2-24 通过地址栏按钮快速实现目录跳转

（2）搜索框。Windows 10 资源管理器的搜索框位置同 Windows 8 一样“搬”到了表面，便于用户使用搜索功能。

（3）工具栏。在 Windows 10 中工具栏有了新的变化，分别为“主页”和“查看”，如图 2-25 和图 2-26 所示。其中“查看”按钮菜单中包含的功能较常用，如果需要改变图标的大小，可以单击“超大图标”“大图标”“小图标”等按钮快速进行切换。

图 2-25 “主页”按钮菜单

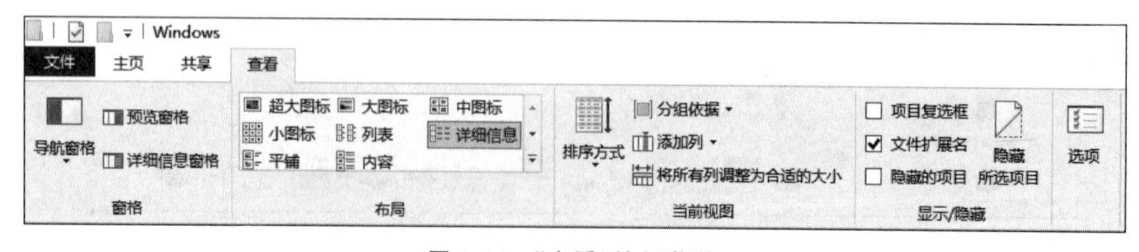

图 2-26 “查看”按钮菜单

（4）导航窗格。在 Windows 10 中，资源管理器左侧导航窗格内提供了“收藏夹”“家庭组”“这台电脑”以及“网络”节点，用户可以通过这些节点快速切换到需要跳转到的目录，如图 2-27 所示。其中“收藏夹”的功能不同于 IE 浏览器的收藏夹，它的作用是允许用户将常用的文件夹以链接的形式加入此节点，方便用户快速访问常用文件夹。

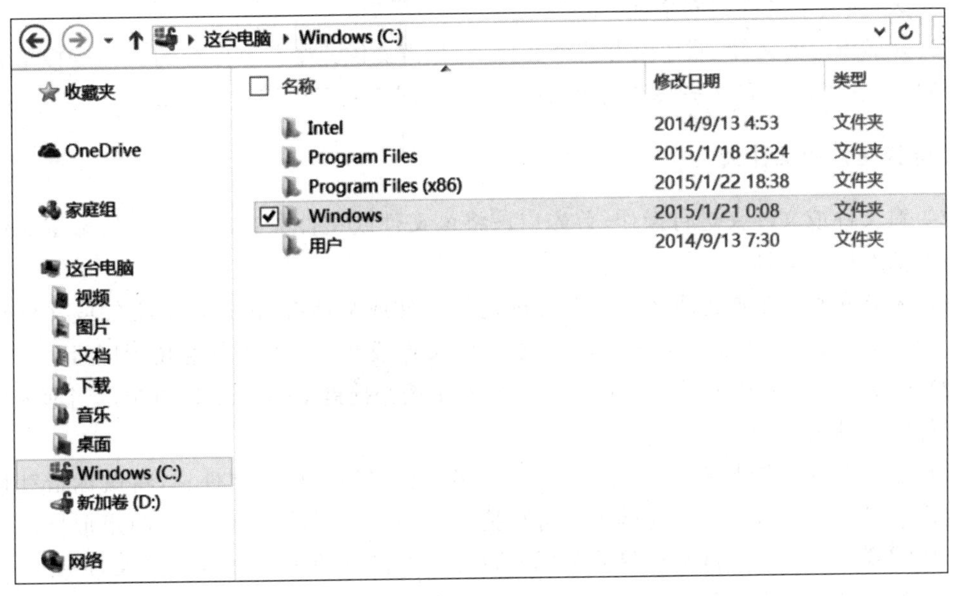

图 2-27 收藏夹窗口

“收藏夹”中预置了几个常用的目录链接，如“下载”“桌面”“最近访问的位置”等。当需要添加自定义文件夹收藏时，只需要将文件夹拖曳到收藏夹的图标上即可。新增的“下载”目录存放的是用户通过 IE 下载的文件，便于用户集中管理。

2. OneDrive

2014 年 2 月 19 日，微软正式宣布 OneDrive 云存储服务上线，支持 100 多种语言，面向全球代替微软 SkyDrive。用户可以访问 OneDrive 进入新的服务，在 Windows 10 资源管理器中的导航窗口中可以直接点击进入，如图 2-28 所示。

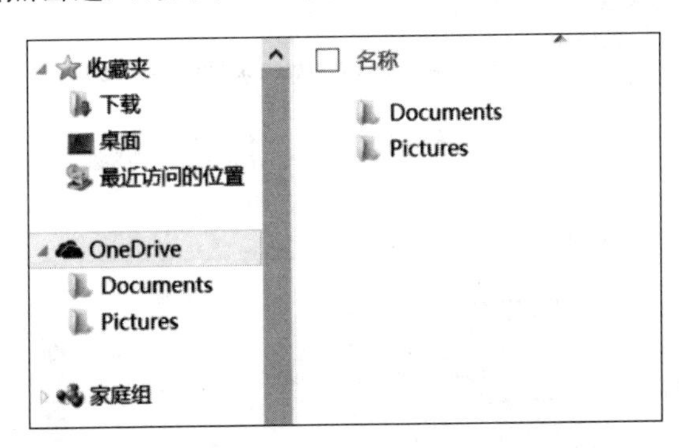

图 2-28 OneDrive 窗口

OneDrive 提供的功能如下。

(1) 相册的自动备份功能，即无须人工干预，OneDrive 自动将设备中的图片上传到云端保存，这样的话即使设备出现故障，用户仍然可以从云端获取和查看图片。

(2) 在线 Office 功能，微软将万千用户使用的办公软件 Office 与 OneDrive 结合，用户可以在线创建、编辑和共享文档，而且可以和本地的文档编辑进行任意的切换，本地编辑在线保存或在线编辑本地保存。在线编辑的文件是实时保存的，可以避免本地编辑时死机造成的文件内容丢失，提高了文件的安全性。

(3) 分享指定的文件、照片或者整个文件夹，只需提供一个共享内容的访问链接给其他用户，其他用户就可以访问这些共享内容，同时无法访问非共享内容。

3. 选择文件或文件夹

想要对文件或文件夹进行操作，首先应该将该文件或文件夹选定。常见的选定文件或文件夹的方法有以下5种。

(1) 选定单个文件或文件夹。单击要选定的文件或文件夹，被选定的文件或文件夹以蓝底白字形式显示，如果想要取消选择，单击被选定文件或文件夹外的任意位置即可。

(2) 选定全部文件或文件夹。在资源管理器中按快捷键Ctrl+A，即可选定当前窗口中的所有文件或文件夹。

(3) 选定相邻的文件或文件夹。要想选择多个相邻的文件或文件夹，将鼠标指针移动到要选定范围的一角。按住鼠标左键不放进行拖动，出现一个浅蓝色的半透明矩形框。用矩形框框选所需要的文件或文件夹后释放鼠标，即可选中所有矩形框内的文件或文件夹。

(4) 选定多个连续的文件或文件夹。要选定多个连续的文件或文件夹，首先单击第一个文件或文件夹，然后按住Shift键不放，再单击要选中的最后一个文件或文件夹即可。

(5) 选定多个不相邻的文件或文件夹。首先选中一个文件或文件夹，其次按住Ctrl键不放，最后依次单击所要选择的文件或文件夹，可以选择多个不相邻的文件或文件夹。

4. 文件夹选项设置

选择“查看”→“选项”命令，弹出“文件夹选项”对话框。单击“查看”选项卡，如图2-29所示。在“高级设置”列表框中，可对文件和文件夹进行多项设置。

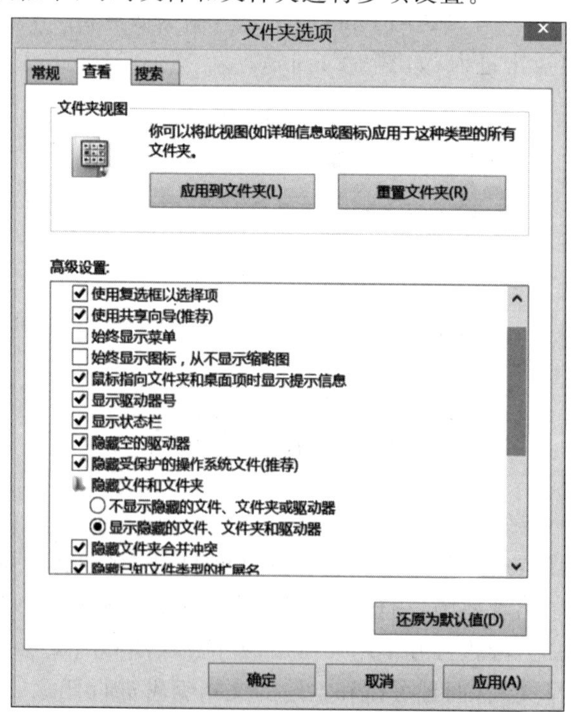

图2-29 “文件夹选项”对话框

2.3.3 上机实训

1. 实训目的

练习管理计算机中的文件和文件夹。通过练习，掌握文件和文件夹的选取、打开、新建、复制、移动、删除以及恢复等操作。

2. 实训内容

(1) 使用“资源管理器”，在D盘建立如图2-30所示的文件夹结构。

(2) 在B1文件夹中新建一个Word文档，起名为“作业.doc”。

(3) 将文件“作业.doc”复制到C1文件夹内。

(4) 将B2文件夹移动到C1文件夹内。

(5) 将B1文件夹的属性设为只读。

(6) 将C1文件夹重命名为lx。

(7) 清空回收站中的所有文件。

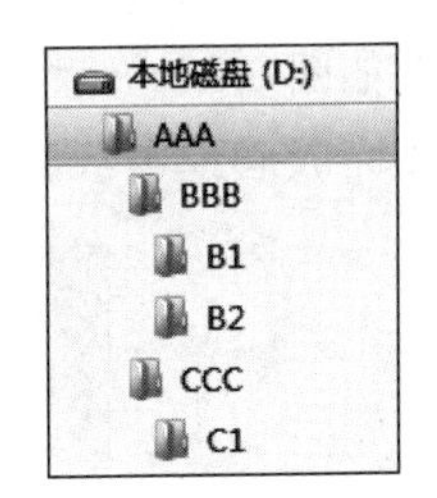

图2-30 要建立的文件夹

(8) 在资源管理器的D盘中创建一个名为MyFile的文件夹，在此文件夹下再建立两个子文件夹“我的文本”和“我的图片”。

(9) 将文本文件“会议通知”移动到MyFile文件夹中。

(10) 删除文本文件“会议通知”，再从回收站将其还原。

(11) 将文本文件“会议通知”更名为“重要通知”。

(12) 将“重要通知”设置为隐藏属性。

2.4 案例2 个性化环境设置

作为新一代的操作系统，Windows 10进行了重大的变革，不仅延续了Windows家族的传统，而且带来了更多新的体验。本节主要讲述调整日期和时间，设置屏幕背景、屏幕保护程序、屏幕分辨率、桌面图标的大小，以及设置账户等。

2.4.1 案例及分析

1. 案例要求

(1) 更改系统时间和日期。

(2) 更改计算机的桌面背景。

(3) 将“计算机”图标显示在桌面上。

(4) 将任务栏中打开程序的显示方式设置为“当任务栏被占满时合并”。

(5) 在任务栏的跳转列表中不显示最近打开过的文件。

(6) 将屏幕保护程序设置为“照片”，显示的图片为“图片”文件夹中的图片，等待时间为10分钟。

2. 案例分析

通过本案例的学习，希望能够对计算机进行个性化环境设置，能够掌握桌面背景及图标的设置，掌握任务和开始菜单的设置及屏幕保护程序的设置。

3. 操作步骤

(1) 用户可以更改 Windows 10 中显示的日期和时间。常见的方法有手动调整和自动更新准确的时间两种。

① 手动调整。单击桌面上的“控制面板”程序图标，选择“日期和时间”→“更改日期和时间”，如图 2-31 所示。在“日期”列表中可以设置年份和月份，在“时间”选项中可以设置时间，设置完成后单击“确定”按钮即可，如图 2-32 所示。

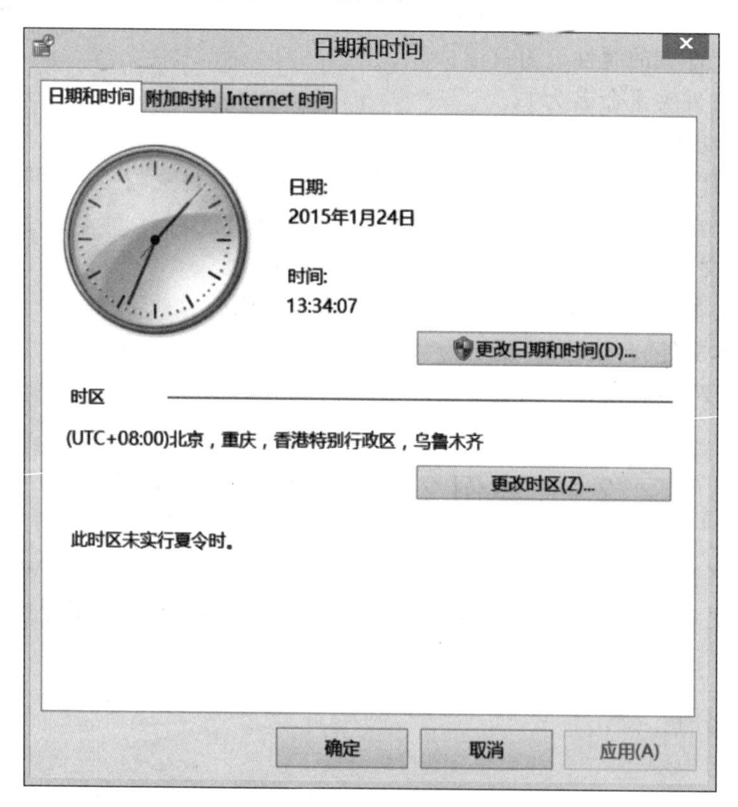

图 2-31 日期和时间

② 自动更新。用户可以使计算机时钟与 Internet 时间服务器同步，这有助于确保系统时间的准确性，但必须保证计算机连接到 Internet。在图 2-31 中选择“Internet 时间”→“更改日历设置”，勾选“与 Internet 时间服务器同步”复选框，选择“time.windows.com”，单击“立即更新”按钮。如图 2-33 所示。

(2) 更改计算机的桌面背景。右击桌面空白处，在弹出的快捷菜单中选择“个性化”命令，或单击“开始”按钮，选择“控制面板”→“个性化”→“桌面背景”命令，打开“桌面背景”对话框，如图 2-34 所示。

(3) 将任务栏中打开程序的显示方式设置为“当任务栏被占满时合并”。在任务栏的空白

图 2-32 日期和时间设置

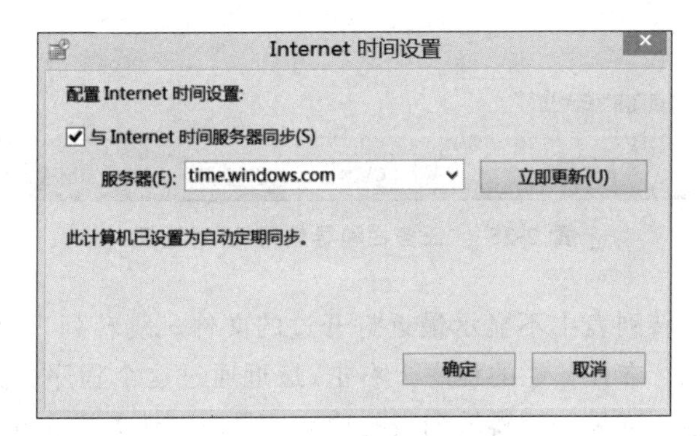

图 2-33 Internet 时间设置

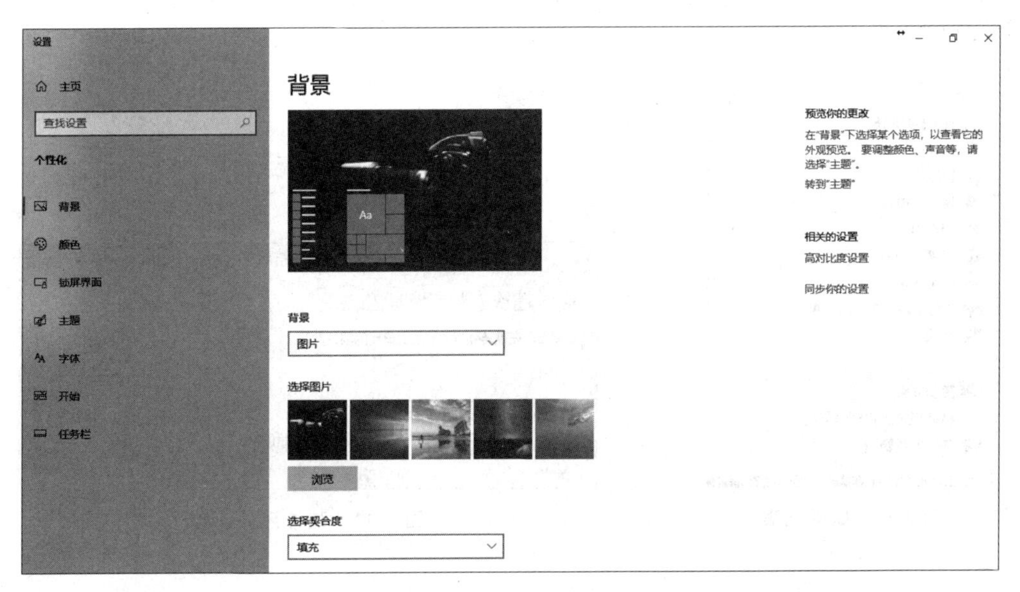

图 2-34 选择桌面背景

处右击选择“属性”命令，或者选择“控制面板”→“个性化”→“任务栏和导航”命令，打开“任务栏和导航属性”对话框，单击任务栏选项卡，将任务栏按钮的选项设置为“当任务栏被占满时合并”，如图 2-35 所示，单击“确定”按钮。

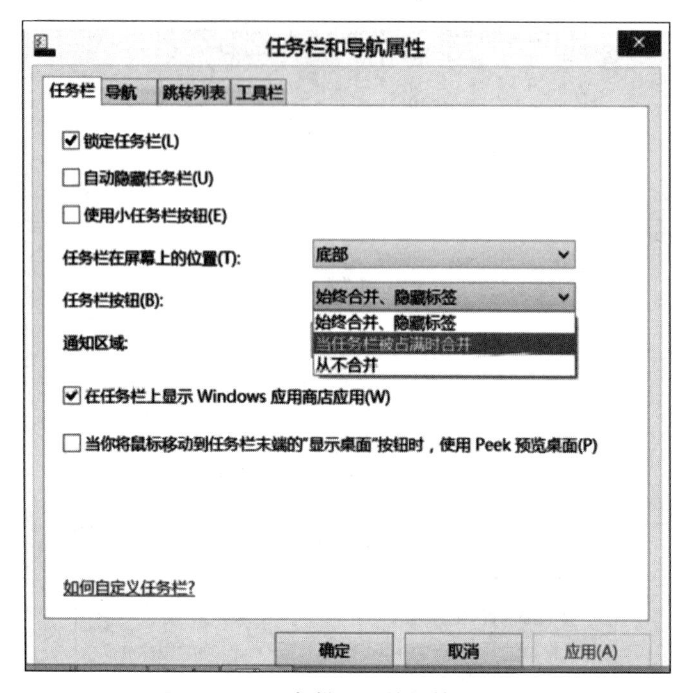

图 2-35 “任务栏和导航属性”对话框

（4）在任务栏的跳转列表中不显示最近打开过的文件。跳转列表就是最近使用的列表，是 Windows 10 的特色。在任务栏的程序上右击，最近通过这个程序打开的文档就会全部显示出来，如图 2-36 所示。如果关闭跳转列表的功能，则打开“任务栏和导航属性”对话框，单击“跳转列表”选项卡，将“要显示在跳转列表中的最近使用的项目数”微调框的数值设为 10，如图 2-37 所示。

图 2-36 跳转列表

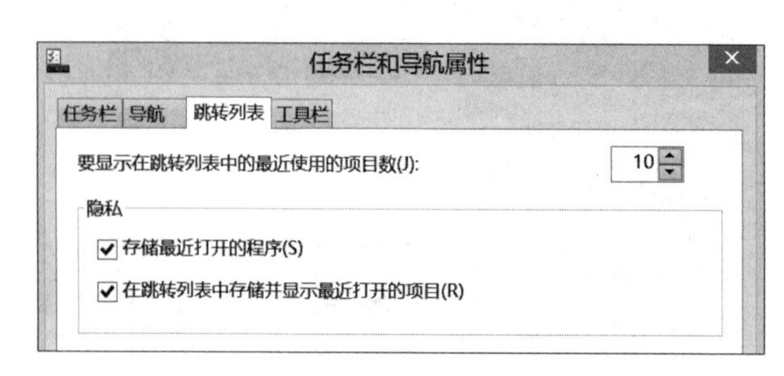

图 2-37 跳转列表设置

2.4.2 相关知识点

1. 控制面板与 Windows 设置的区别

由于微软的 UWP(universal windows platform)计划,微软希望传统的允许用户查看并操作的基本系统设置界面——控制面板退出微软的操作体系,以 Windows 设置来代替。不过,这毕竟是个庞大的工程,并非朝夕可以完成,所以在 Windows 10 中主界面虽然已经替换成了 Windows 设置,如图 2-38 所示,它已完成绝大多数原控制面板的功能。但仍保留了控制面板,以完成对尚未迁移设备管理的支持和对老用户操作习惯的保护。

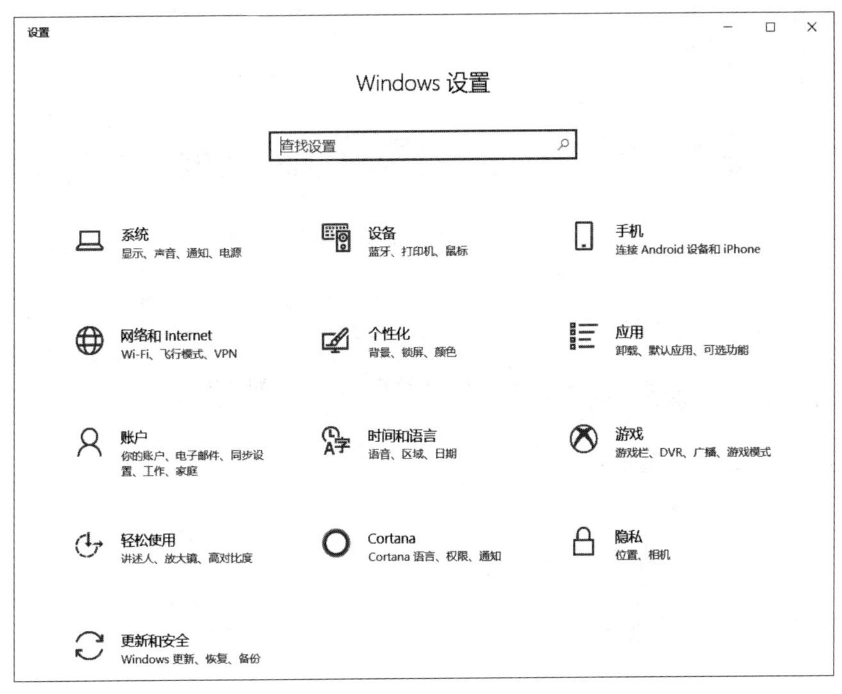

图 2-38　Windows 设置

2. 进入控制面板的方法

(1) 在"此电脑"窗体的地址栏输入控制面板,如图 2-39 所示。回车后即进入控制面板。

(2) 在开始菜单处,右击后选择运行命令。输入 control,如图 4-40 所示,单击"确定"按钮,也可以进入控制面板。

3. Windows 操作系统与用户的接口方式的图形界面的意义

微软在 Windows 操作系统中,将不同的任务放在不同的应用程序中完成,它在图形界面中表现为窗体或其变形形式。

对于数据(以文件和文件夹为载体),使用"此电脑"这一窗体进行管理,如图 2-41 所示。对于系统的基本设置,是通过 Windows 设置或控制面板这两个窗体提供给用户的。而计算机中安装的程序,是通过开始菜单提供给用户的,如图 2-42 所示。

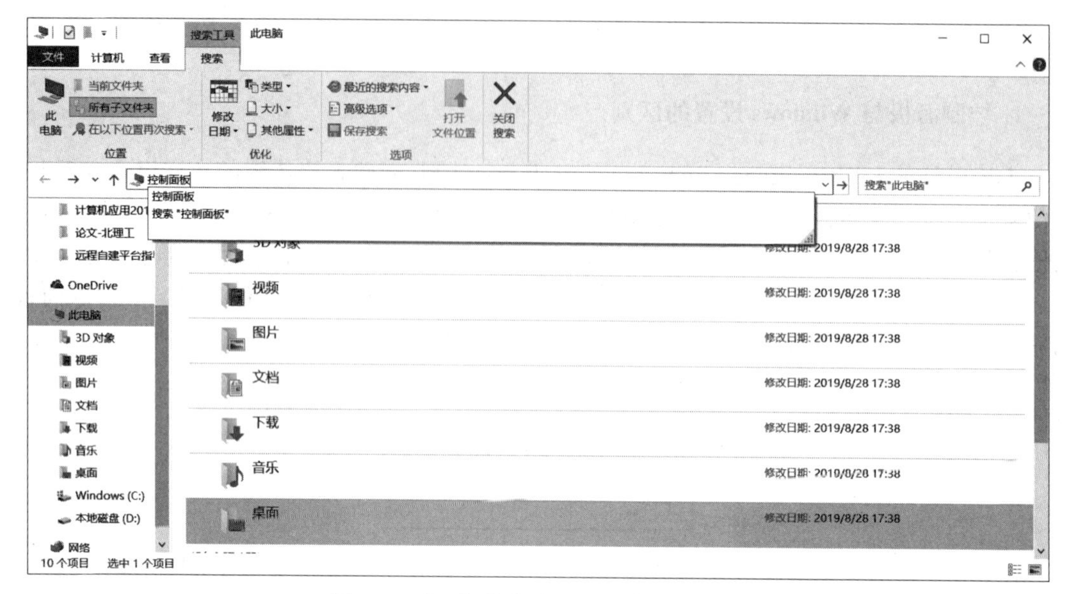

图 2-39 通过“此电脑”进入控制面板界面

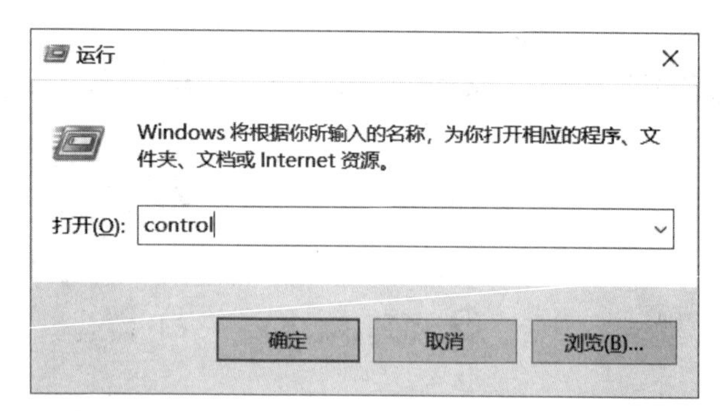

图 2-40 通过“运行”命令进入控制面板界面

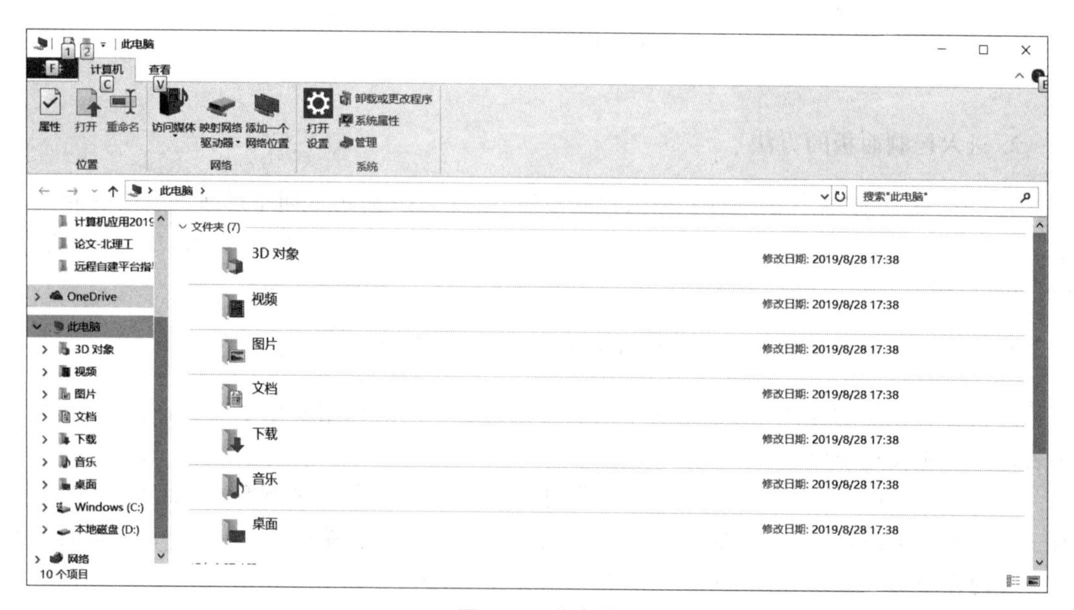

图 2-41 此电脑

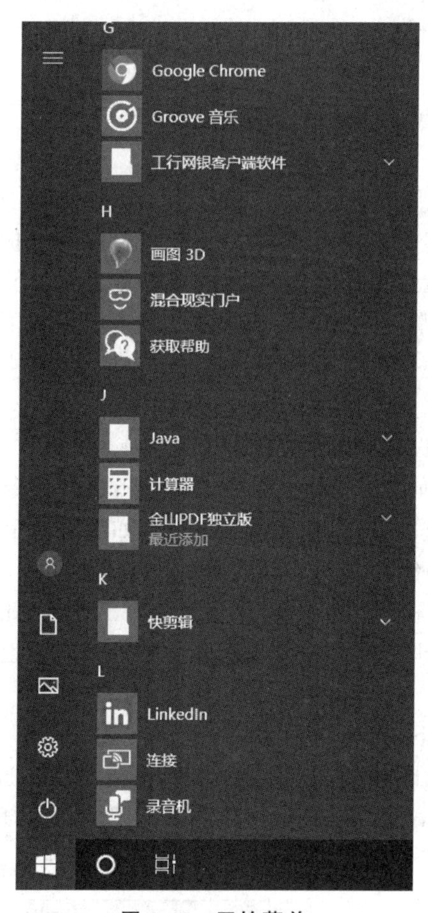

图 2-42 开始菜单

2.4.3 上机实训

1. 实训目的

掌握桌面、任务栏和开始菜单的设置方法。

2. 实训内容

(1) 设置任务栏为自动隐藏。
(2) 将一幅图片设置为桌面背景。
(3) 设置屏幕保护程序为变幻线。

2.5 案例 3 磁盘维护与系统还原

2.5.1 案例及分析

1. 案例要求

(1) 可移动磁盘的空间不足或有病毒且无法删除时,需要对可移动磁盘进行格式化。

（2）计算机经过长期使用，磁盘文件较凌乱，对计算机中的C盘进行清理，再进行碎片整理。

（3）手动创建一个还原点，并进行系统还原。

2. 案例分析

为了保护数据安全，提高磁盘性能，需要对系统进行磁盘维护和系统还原操作。通过本案例的学习，掌握对计算机磁盘进行格式化的方法；掌握如何对计算机的磁盘进行清理和碎片整理，以节省更多的磁盘空间；掌握系统还原的方法。具体要求如下。

3. 操作步骤

（1）格式化可移动磁盘的步骤如下。

① 右击可移动磁盘，在弹出的快捷菜单中选择"格式化"命令，在弹出的"格式化可移动磁盘"对话框中对格式化选项进行设置，如图2-43所示，如果需要全面格式化磁盘，不要选中"快速格式化"复选框。单击"开始"按钮进行格式化。

② 系统开始格式化，出现一个进度条，并且显示着工作进展的进度百分比，待格式化完成后弹出"格式化完毕"的信息框，单击"确定"按钮；可以通过查看已被格式化的可移动磁盘的属性，来查看格式化后的情况。

（2）磁盘清理的步骤如下。

① 选定要清理的磁盘的图标，右击后在弹出的快捷菜单中选择"属性"命令，打开"属性"对话框，如图2-44所示；在"属性"对话框中，显示出已用空间、可用空间及磁盘容量等信息，单击"磁盘清理"按钮，系统计算可清理的磁盘空间，如图2-45所示。

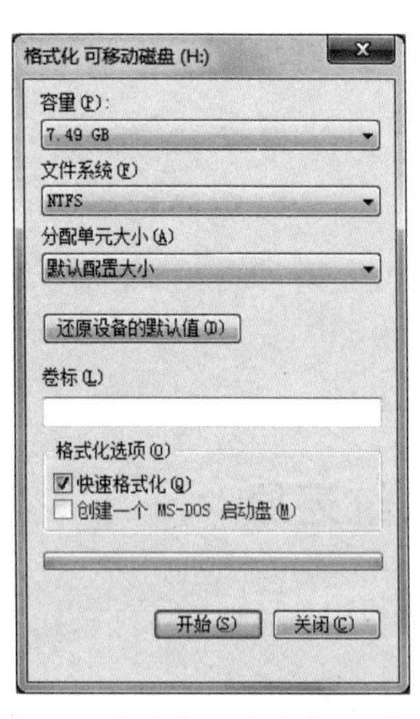

图 2-43 "格式化可移动磁盘"对话框

图 2-44 C盘的"属性"对话框

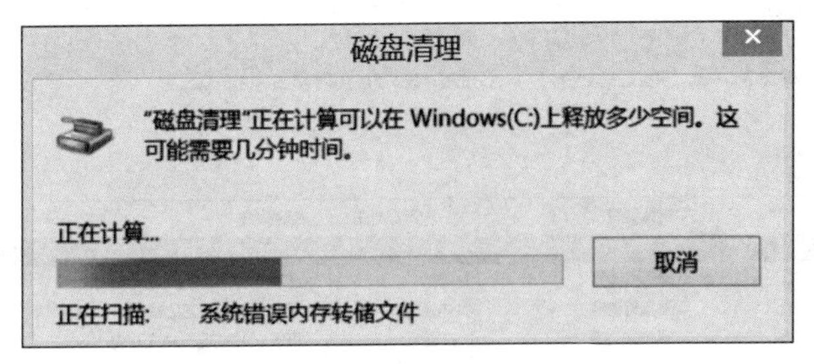

图 2-45 “磁盘清理”窗口

② 磁盘清理计算完成后,打开“磁盘清理”对话框,如图 2-46 所示,在“要删除的文件”列表中,选中要删除文件的复选框,单击“确定”按钮。在打开的“确认删除”对话框中单击“是”按钮,确认删除,系统开始磁盘清理。

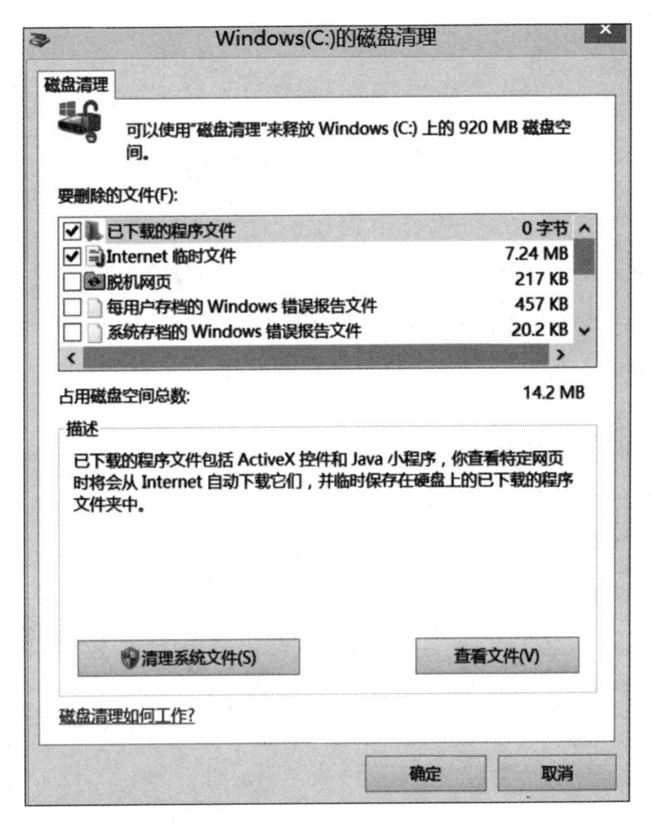

图 2-46 “磁盘清理”对话框

③ 磁盘碎片整理。右击 C 盘,在弹出的快捷菜单中选择“属性”命令,在打开的对话框中选择“工具”选项卡,单击“优化”按钮,打开“优化驱动器”对话框,如图 2-47 所示。在当前状态列表中选择 C 盘,单击“优化”按钮,系统开始对 C 盘进行优化操作,操作完成后,单击“关闭”按钮。

(3) 系统还原。最后将系统还原即可。

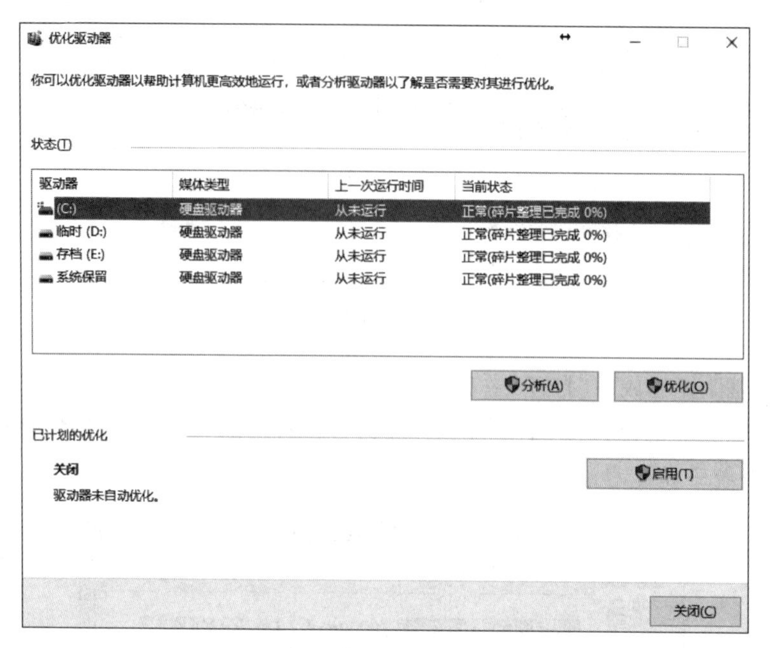

图 2-47 “优化驱动器”对话框

2.5.2 相关知识点

很多原装机、笔记本出厂状态下只有一个可使用的分区，而且预装 Windows 10 系统，使用系统自带硬盘的分区工具可以完成对硬盘分区的操作。

硬盘分区操作步骤如下。

(1) 选择“控制面板”→“管理工具”→“计算机管理”→“磁盘管理”命令，打开“磁盘管理”窗口，如图 2-48 所示。右击 C 盘，选择“压缩卷”命令，如图 2-49 所示。

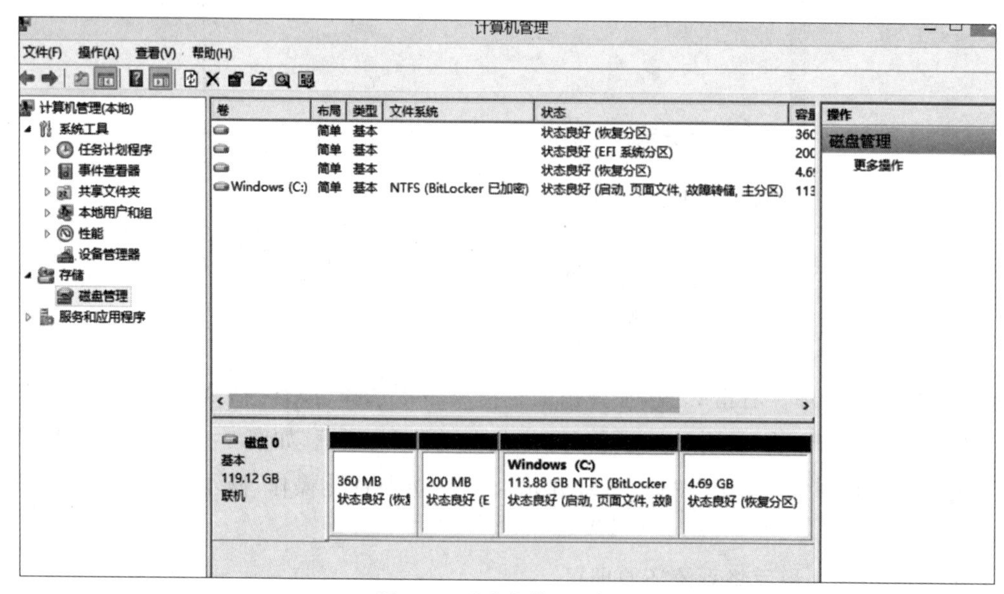

图 2-48 “磁盘管理”窗口

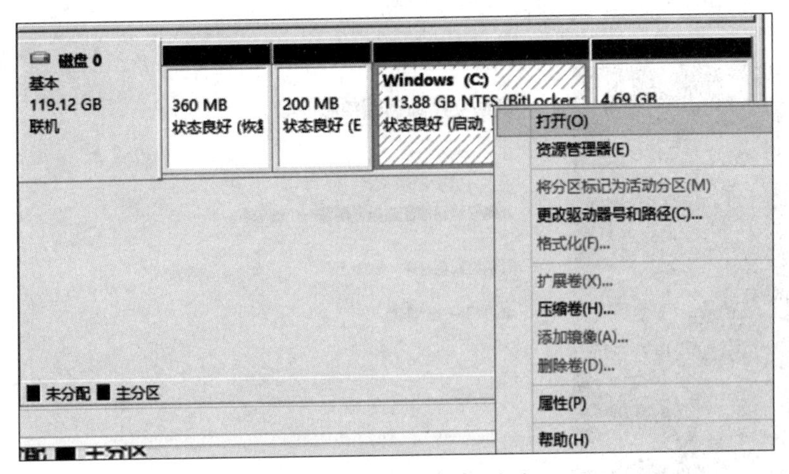

图 2-49 选择“压缩卷”命令

(2) 系统检查可调整的分区大小后显示盘的大小信息,即可以调整 C 盘大小,其中压缩空间量指的是从原先 C 盘空间中去除的空间,如图 2-50 所示。

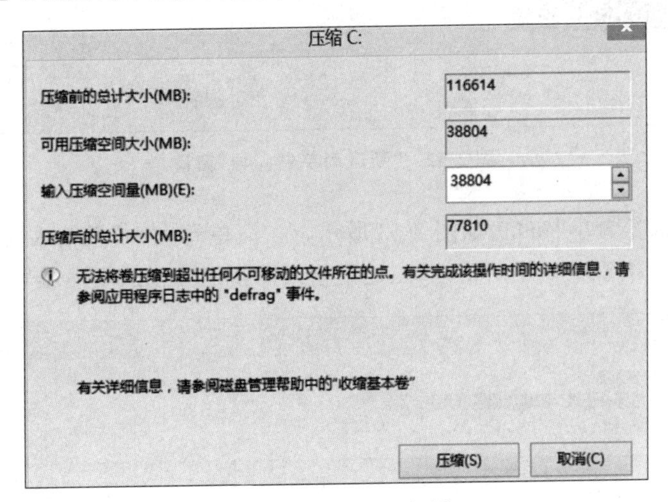

图 2-50 “压缩 C”对话框

(3) 磁盘多出了一个未分配的分区,新分区就是在这个未分配的区域中进行的。右击未分配的分区,选择“新建简单卷”命令,如图 2-51 所示,进入“新建简单卷向导”窗口,如图 2-52 所示。

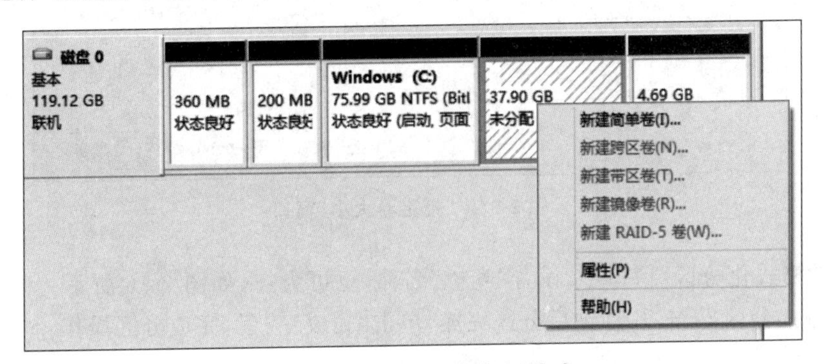

图 2-51 选择“新建简单卷”命令

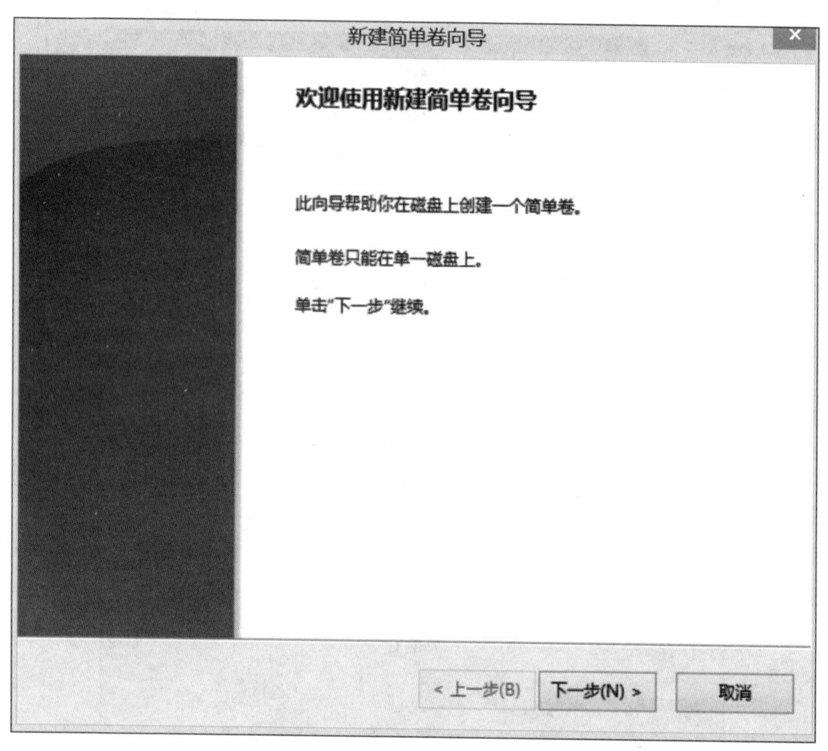

图 2-52 “新建简单卷向导”窗口

（4）出现“指定卷大小”窗口，如图 2-53 所示，在“简单卷大小”里输入要创建的分区大小。单击“下一步”按钮，出现下一个对话框，在这里输入要新建分区的驱动器号，如图 2-54 所示。

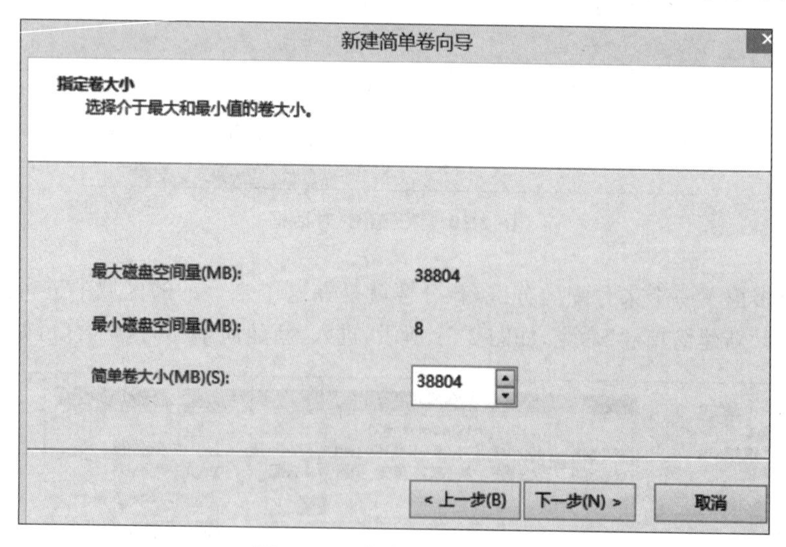

图 2-53 “指定卷大小”窗口

（5）在“格式化分区”窗口中，设置“卷标”名称，也可为空，如图 2-55 所示。单击“下一步”按钮，系统进入分区操作，几秒钟后分区完成，单击“完成”按钮，完成分区操作。

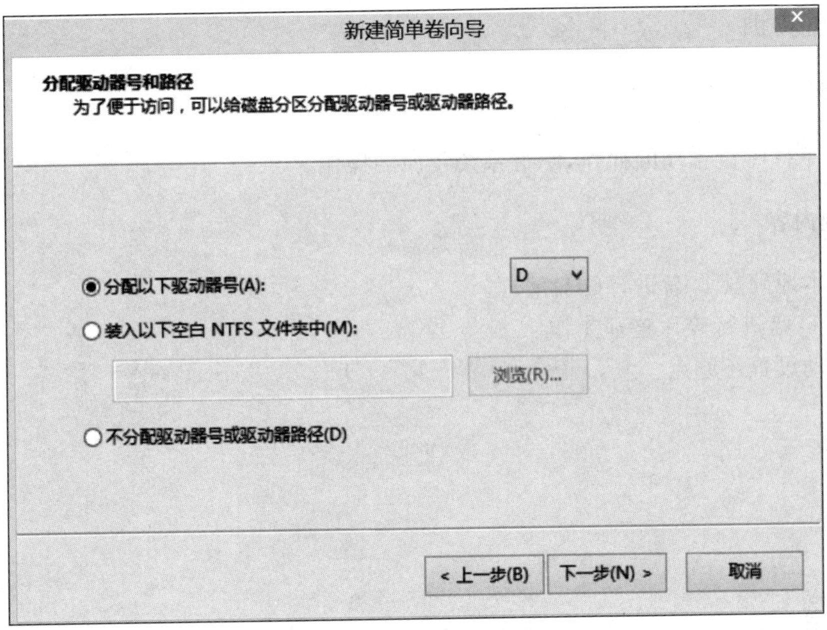

新建简单卷向导

分配驱动器号和路径

为了便于访问，可以给磁盘分区分配驱动器号或驱动器路径。

◉ 分配以下驱动器号(A): D

○ 装入以下空白 NTFS 文件夹中(M):

浏览(R)...

○ 不分配驱动器号或驱动器路径(D)

< 上一步(B) 下一步(N) > 取消

图 2-54 “分配驱动器号和路径”窗口

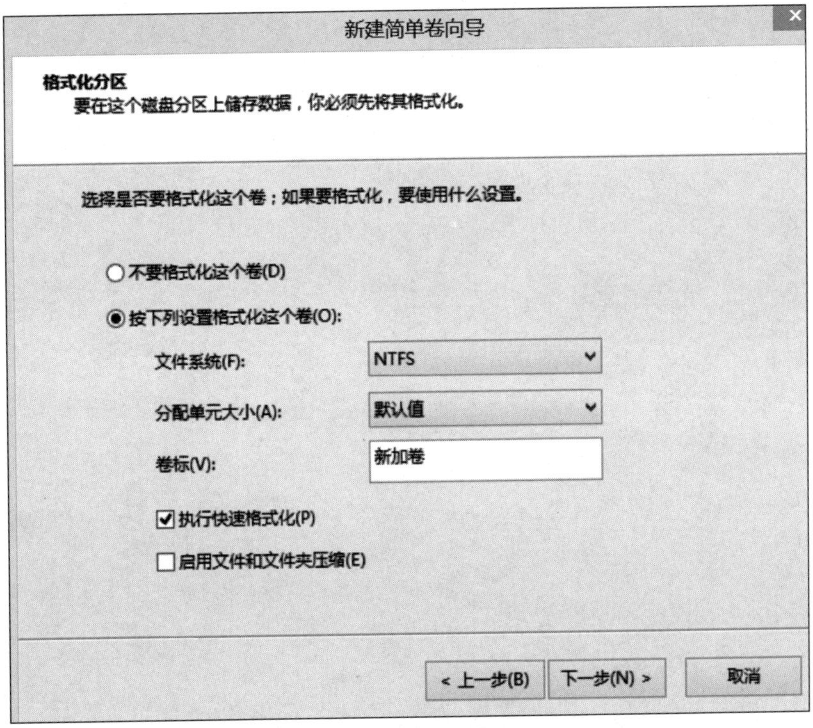

新建简单卷向导

格式化分区

要在这个磁盘分区上储存数据，你必须先将其格式化。

选择是否要格式化这个卷；如果要格式化，要使用什么设置。

○ 不要格式化这个卷(D)

◉ 按下列设置格式化这个卷(O):

文件系统(F): NTFS

分配单元大小(A): 默认值

卷标(V): 新加卷

☑ 执行快速格式化(P)

☐ 启用文件和文件夹压缩(E)

< 上一步(B) 下一步(N) > 取消

图 2-55 “格式化分区”窗口

2.5.3 上机实训

1. 实训目的

使学生掌握磁盘管理的操作，掌握系统还原的操作。

2. 实训内容

（1）对本地硬盘 D 盘进行磁盘清理。
（2）对 U 盘进行碎片整理操作。
（3）手动设置还原点。

第 3 章

文字处理软件 Word 2016

Chapter 3

目 标

了解 Office 2016 的特点及组成，掌握 Word 2016 文档编辑、图文排版的基本操作、表格和长文档编辑操作。

重 点

图文混排、表格、长文档编辑操作。

引 言

目前，办公自动化软件中应用最广泛的是 Microsoft Office 系列软件，本章主要通过实例操作来介绍文字处理软件 Word 2016，从文档编辑和排版的基本操作、表格和图片的处理及输出打印等方面，由浅入深地介绍 Word 的使用与操作方法。

3.1 体验 Word 2016

3.1.1 Office 2016 应用程序介绍

Microsoft Office 是一套运行于 Microsoft Windows 系统下的办公套装软件，自从其面世以来就以其功能强大、操作便捷、与 Windows 系统结合密切并且方便协同办公等特点受到广大用户的欢迎，在当前办公自动化软件领域占据了主导地位。

相对于 Office 2013，Office 2016 版本在操作风格上与其保持统一，在功能上向着更好地支持当前流行的平板电脑和各种触摸设备的方向发展。Office 2013 的操作界面看上去略显冗长，甚至有点过时的感觉，新版的 Office 2016 对此做了极大的改进，将 Office 2013 文件打开起始时的 3D 带状图像取消了，增加了大片的单一图像。Office 216 的改善并非仅做了一些浅表工作，其中的"文件选项卡"已经是一种新的面貌，用户们操作起来更加高效。例如，当用户想创建一个新的文档时，他就能看到许多可用模板的预览图像。Office 2016 的新功能具有以下特色。

1. 第三方应用支持

通过全新的 Office Graph 社交功能，开发者可将自己的应用直接与 Office 数据建立连接，如此一来，Office 套件将可通过插件接入第三方数据。举个例子，用户今后可以通过 Outlook 日历使用 Uber 叫车，或是在 PowerPoint 中导入来自"必应"的照片。

2. 多彩新主题

Office 2016 的主题也得到了更新，更多色彩丰富的选择加入其中。这种新的界面设计名叫 Colorful，风格与 Modern 应用类似。用户可在文件→账户→Office 主题当中选择自己偏好的主题风格，如图 3-1 所示。

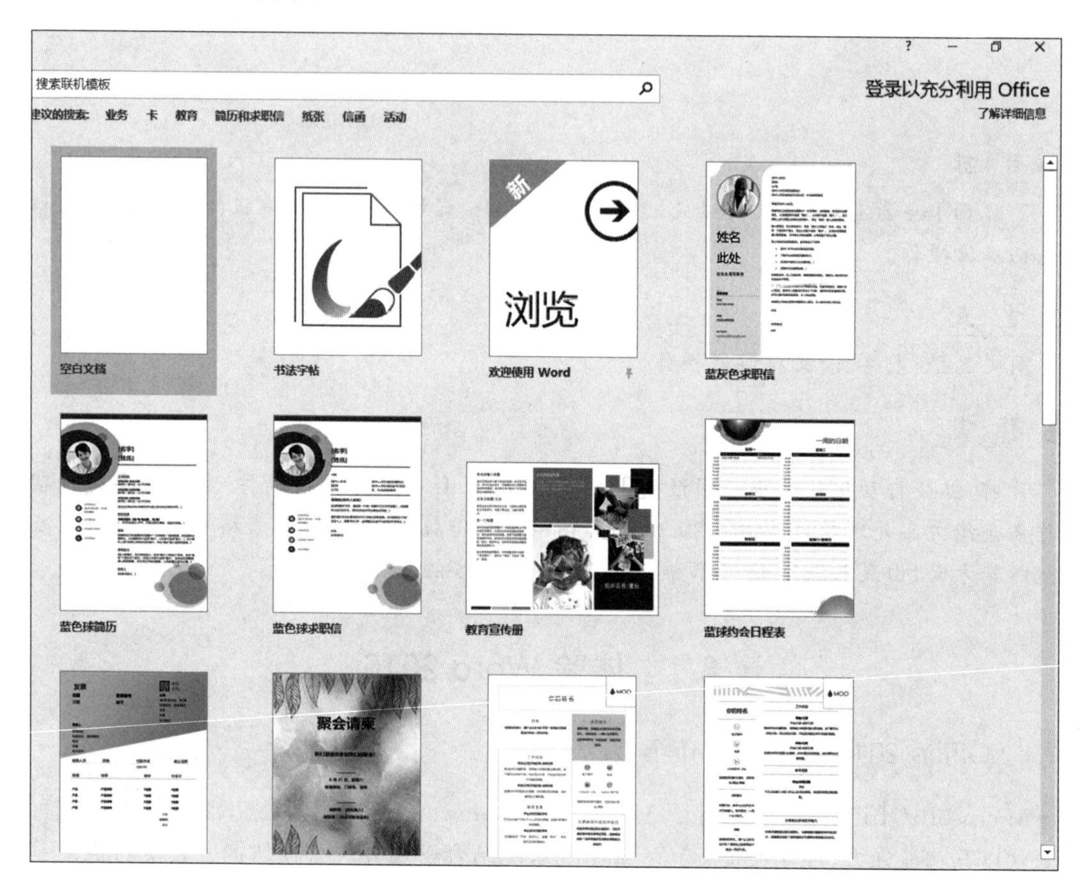

图 3-1 多彩新主题

3. 跨平台的通用应用

在新版 Outlook、Word、Excel、PowerPoint 和 OneNote 发布之后，用户在不同平台和设备之间都能获得非常相似的体验，如图 3-2 所示，无论他们使用的是 Android 手机或平板、iPad、iPhone、Windows 笔记本或台式机。

4. Clippy 助手回归

在 Office 2016 当中，微软将带来 Clippy 的升级版——Tell Me。Tell Me 是全新的 Office 助手，如图 3-3 所示，可在用户使用 Office 的过程中提供帮助，比如将图片添加至文档，或是解决其他故障问题等。这一功能并没有虚拟形象，只会如传统搜索栏一样置于文档表面。

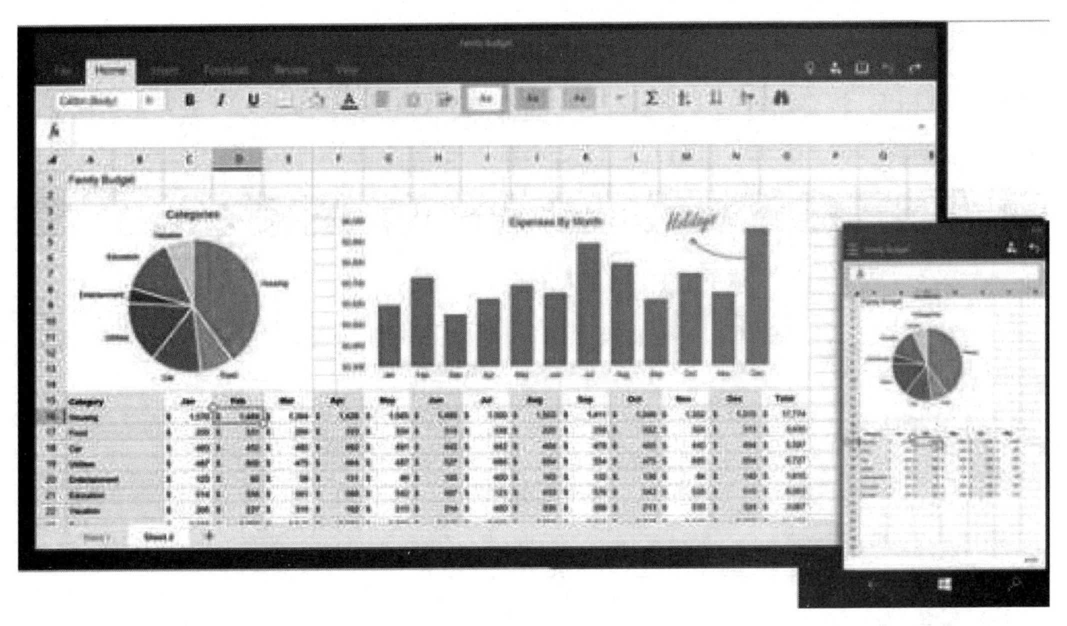

图 3-2 跨平台的通用应用

图 3-3 Tell Me 助手

5. Insights 引擎

新的 Insights 引擎可借助必应的能力为 Office 带来在线资源，让用户可直接在 Word 文档当中使用在线图片或文字定义。当你选定某个字词时，侧边栏中会出现更多的相关信息，如图 3-4 所示。

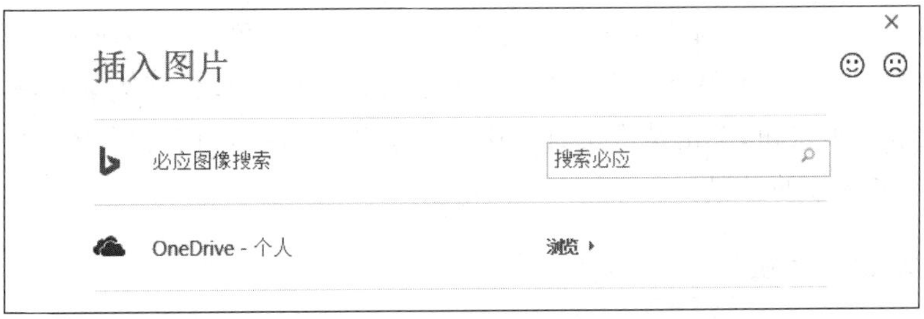

插入图片
必应图像搜索
搜索必应
OneDrive - 个人
浏览

图 3-4 PowerPoint 中的 Insights 引擎

3.1.2 Word 2016 工作窗口简介

启动 Word 后，屏幕出现一个 Word 2016 工作窗口，如图 3-5 所示。其主要包括以下几个部分。

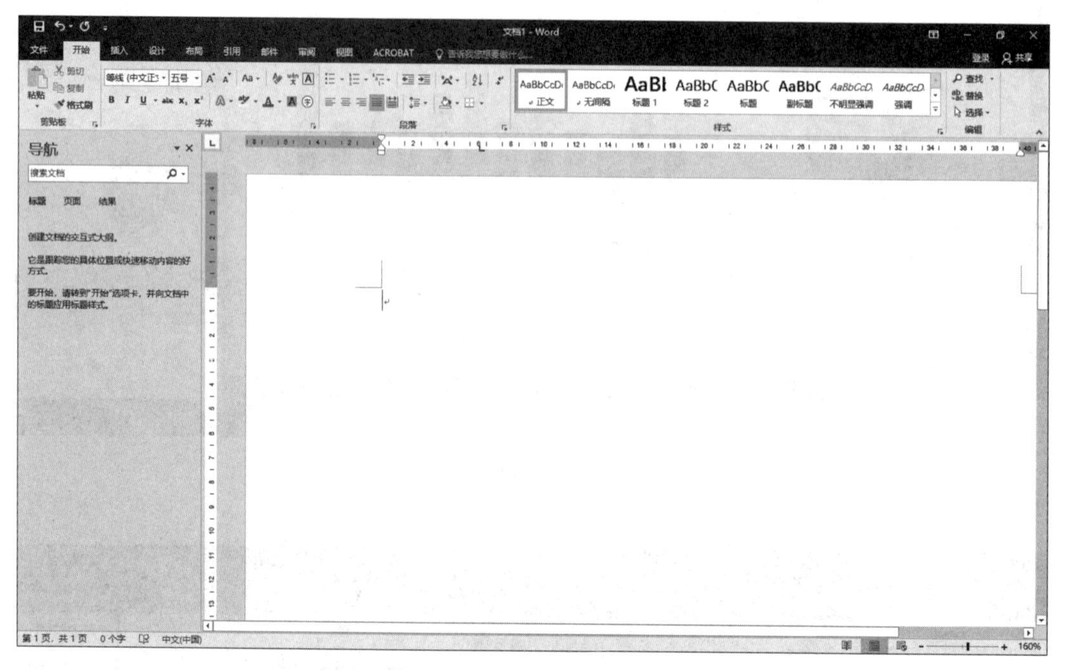

图 3-5 Word 2016 工作窗口

1. 快速访问工具栏

在默认情况下，快速访问工具栏位于 Word 窗口的顶部，单击快速访问工具栏右侧的下三角按钮，在弹出的下拉菜单中可以将频繁使用的工具添加到快速访问工具栏中。也可以选择“其他命令”选项，在打开的“Word 选项”对话框中自定义快速访问工具栏。

2. 标题栏

位于快速访问工具栏的右侧，用于显示正在操作的文档和程序的名称等信息。右侧有 3 个窗口控制按钮，分别为“最小化”“最大化”和“关闭”按钮，单击它们可以执行相应的操作。

3. 功能选项卡和功能区

功能选项卡和功能区是对应的关系。打开某个选项卡即可打开相应的功能区，在功能区中有许多自动适应窗口大小的工具栏，其中提供了常用的命令按钮或列表。有的工具栏右下角会有一个功能扩展按钮，单击某个工具栏中的功能扩展按钮可以打开相关的对话框或任务窗格，从而进行更详细的设置。

4. “折叠功能区”按钮

它在功能选项卡的右侧，单击该按钮，可显示或隐藏功能区，功能区被隐藏时仅显示功能选项卡名称。

5. 文档编辑区

文档编辑区是Word中最大也是最重要的部分，所有的关于文本编辑的操作都在该区域中完成。文档编辑区中闪烁的光标叫作文本插入点，用于定位文本的输入位置。在文档编辑区的左侧和上侧都有标尺，其作用是确定文档在屏幕及纸张上的位置。在文档编辑区的右侧和底部都有滚动条，当文档在编辑区内只显示了部分内容时，可以通过拖动滚动条来显示其他内容。

在默认情况下文档编辑区中是不会有标尺的，在功能选项卡中打开“视图”选项卡，并在该选项卡的“显示”功能区中选中“标尺”复选框，才能将其显示出来。

6. 状态栏和视图栏

位于操作界面的最下方，状态栏主要用于显示与当前工作有关的信息。视图栏主要用于切换文档视图的版式。

7. 缩放比例工具

位于视图栏的右侧(右下角)，通过它可以缩放文档的显示比例。

3.2 案例1 编写“专业介绍”

3.2.1 案例及分析

1. 案例要求

制作专业介绍，如图3-6所示。具体要求如下。

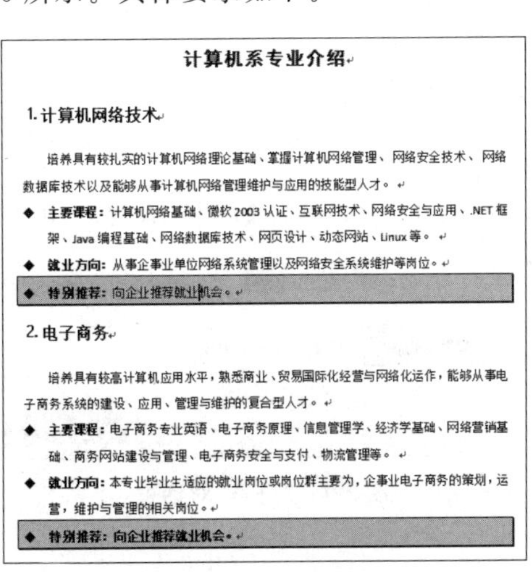

计算机系专业介绍

1. 计算机网络技术

培养具有较扎实的计算机网络理论基础、掌握计算机网络管理、网络安全技术、网络数据库技术以及能够从事计算机网络管理维护与应用的技能型人才。

- **主要课程：** 计算机网络基础、微软2003认证、互联网技术、网络安全与应用、.NET框架、Java编程基础、网络数据库技术、网页设计、动态网站、Linux等。
- **就业方向：** 从事企事业单位网络系统管理以及网络安全系统维护等岗位。
- **特别推荐：** 向企业推荐就业机会。

2. 电子商务

培养具有较高计算机应用水平，熟悉商业、贸易国际化经营与网络化运作，能够从事电子商务系统的建设、应用、管理与维护的复合型人才。

- **主要课程：** 电子商务专业英语、电子商务原理、信息管理学、经济学基础、网络营销基础、商务网站建设与管理、电子商务安全与支付、物流管理等。
- **就业方向：** 本专业毕业生适应的就业岗位或岗位群主要为，企事业电子商务的策划，运营，维护与管理的相关岗位。
- **特别推荐：** **向企业推荐就业机会。**

图3-6 “专业介绍”案例

(1) 将标题设置为黑体三号，加粗，居中，段前、段后各1行。

(2) 将“1.计算机网络技术”和“2.电子商务”设置为宋体四号，加粗，段前、段后各0.5行。

（3）将所有段落的行间距设置为22磅，“培养具有……”的两段设置为首行缩进2个字符。正文段落的字体设置为宋体五号，“主要课程”“就业方向”和“特别推荐”加粗。

（4）“主要课程”“就业方向”和“特别推荐”6个段落设置项目符号，悬挂缩进2个字符。

（5）“特别推荐”2段加阴影边框和灰色底纹。

2. 案例分析

通过编写“专业介绍”，要求学生掌握以下操作：掌握文字录入技巧；掌握对文档中的文字格式设置及段落格式设置；设置项目符号及底纹。

3. 操作步骤

（1）新建文档。选择“文件”选项卡中的“新建”命令，选择空文档，单击“空白文档”按钮建立一个新文档。

（2）输入文档。输入文档包括输入文字和输入标点符号。

① 输入文字。首先将案例中的文字内容输入新建的文档中。在文字的输入过程中需要注意：每个段落顶头输入，以后用格式设置的“首行缩进”功能来处理首行两个汉字的空格；一个段落输入完毕后按一次回车键作为段落结束，系统将插入一个“段落标记”并换行，对于组成这个段落的各行由系统自动完成换行。

② 输入标点符号。案例中的“1.”“2.”有两种输入方法：利用中文输入状态栏所提供的“标点符号”软键盘来输入；选择“插入”→“符号”→“符号”→“其他符号”命令，在“符号”对话框中选择所需要的符号，如图3-7所示。

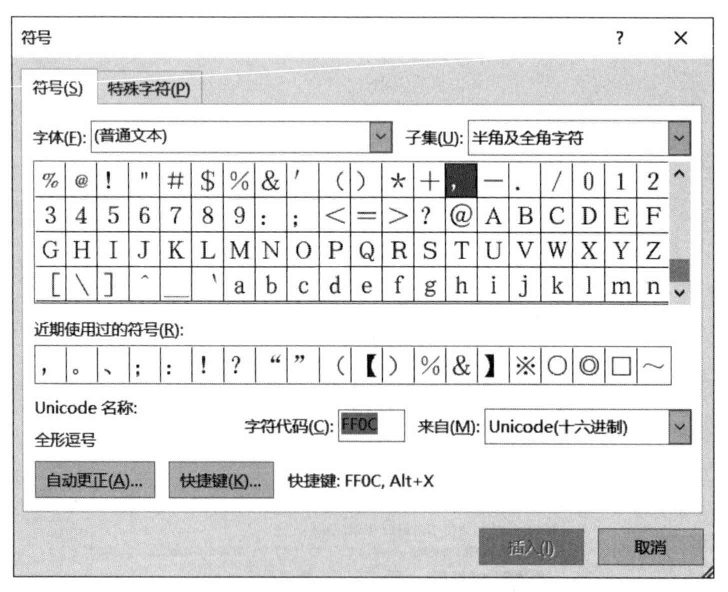

图3-7 “符号”对话框

（3）文字格式设置如下。

① 将标题文字选中，在“开始”选项卡的“字体”工具组中选择“黑体”，“字号”选择“三号”，单击加粗按钮 **B** 。

② 用Ctrl键选中“1.计算机网络技术”和“2.电子商务”，在“开始”选项卡的“字体”工具组

中选择“宋体”,“字号”选择“四号”,单击“加粗”按钮 **B** 。

③ 选中正文第一段文字,在“开始”选项卡的“字体”工具组中选择“宋体”,“字号”选择“五号”。双击“剪贴板”工具组中格式刷按钮,对格式相同的段落复制格式。

(4) 用 Ctrl 键选中“主要课程”“就业方向”和“特别推荐”文字,单击“加粗”按钮 **B** 。

小贴士

格 式 刷

利用“开始”选项卡的“剪贴板”工具组中的“格式刷”按钮可以复制字符格式。双击格式刷按钮可重复使用多次,而单击格式刷只可使用一次。如果其他段落格式与第一段相同,可以使用格式刷。

选定设置好格式的第一段,双击“开始”→“剪贴板”→“格式刷”按钮;用刷子形状的鼠标指针在其他需要设置段落格式的文本处拖过,该文本即被新的格式所设置。结束时应再单击一次“格式刷”按钮,将其关闭。

(5) 段落格式设置如下。

① 将标题选中,单击“开始”→“段落”→“居中”按钮,使中文标题位于文档的中间。单击“段落”工具组中的“段落”按钮 段落 下拉箭头,弹出“段落”对话框,将“段前”“段后”设置为 1 行。

② 选中“1.计算机网络技术”和“2.电子商务”,单击“段落”工具组中的“段落”按钮 段落 下拉箭头,弹出“段落”对话框,将“段前”“段后”设置为 0.5 行。

③ 选中所有正文段落,单击“段落”工具组中的“段落”按钮 段落 右侧的下拉箭头,弹出“段落”对话框,在“特殊格式”处设置为“首行缩进”2 个字符,在“行距”处设置为固定值 22 磅,如图 3-8 所示。

(6) 项目符号和编号的设置如下。

① 选择正文需要加项目符号的段落。

② 选择“开始”选项卡,在“段落”工具组中单击“项目符号”按钮右侧的下拉按钮,在弹出的列表框中选择“项目符号库”,如图 3-9 所示。也可在列表框中单击“定义新项目符号”按钮,在打开的“定义新项目符号”对话框中选择项目符号的类型,如图 3-10 所示,再选择需要的符号。

(7) 设置底纹如下。

① 选中文字“特别推荐”两段文字,在“开始”选项卡的“段落”工具组中单击下框线按钮右侧的下拉按钮,在下拉菜单中选择“边框和底纹”命令。

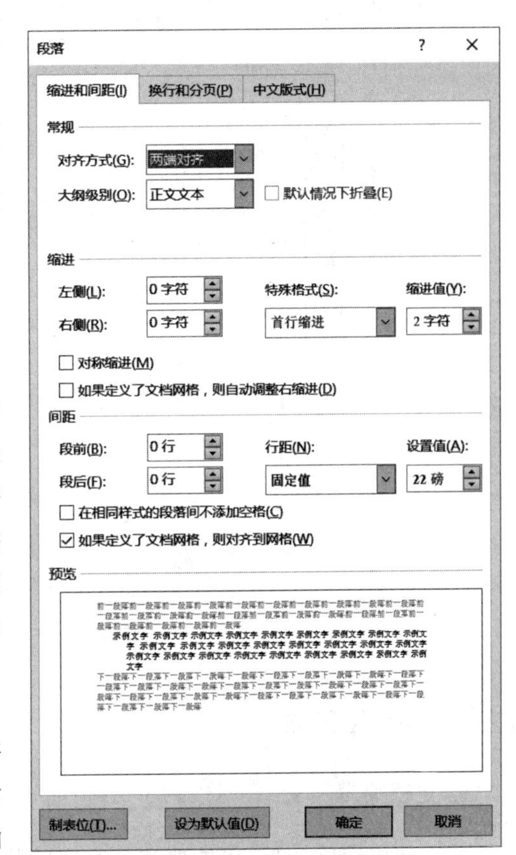

图 3-8 正文的段落设置

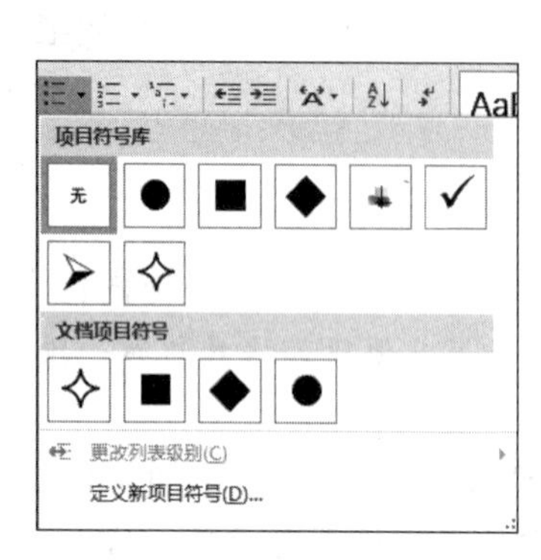

图 3-9 “项目符号库”对话框

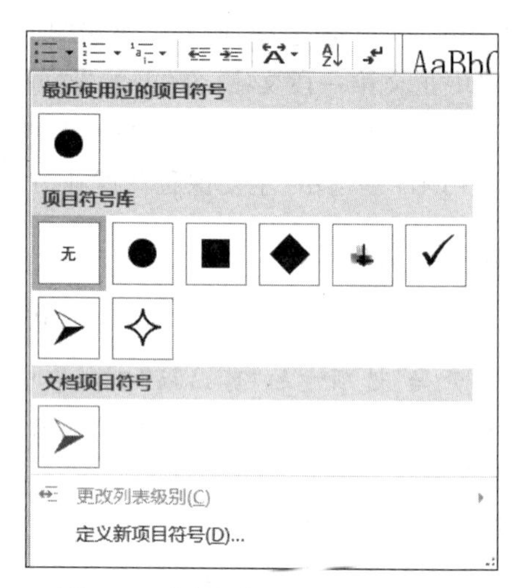

图 3-10 “定义新项目符号”对话框

② 弹出“边框和底纹”对话框，如图 3-11 所示，在边框选项中，选择“阴影”边框，应用于选择“段落”；在底纹选项中，填充选择 15％的底纹，应用于选择“段落”。

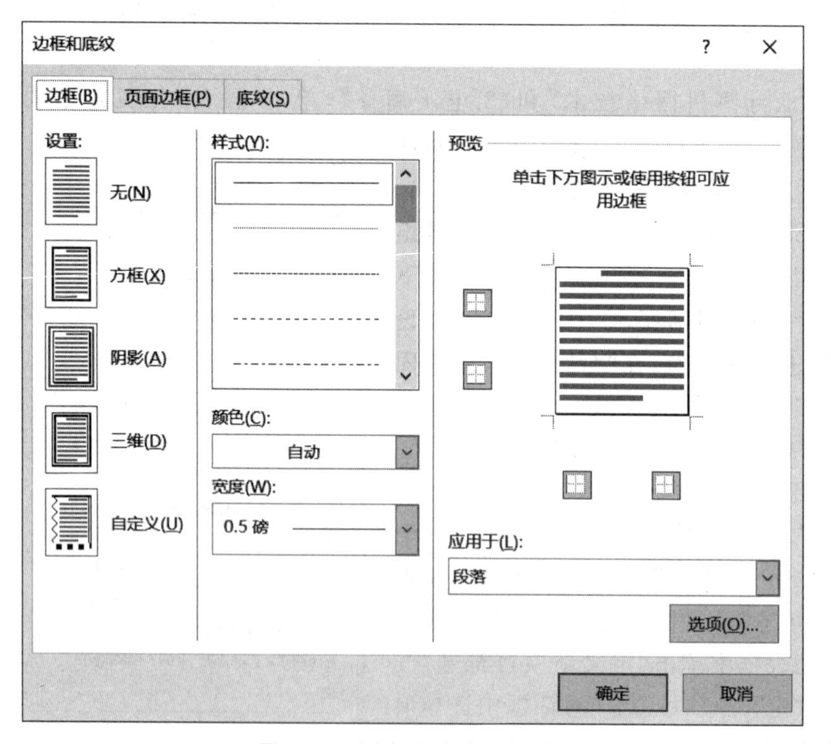

图 3-11 “边框和底纹”对话框

3.2.2 相关知识点

1. 文档编辑

在文档内容输入后，可能要移动文字的位置、删除或增加一些内容、查找或替换一些文字和符号等，这些操作称为文档的编辑。

(1) 选定文本。选定文本的基本方法是从待选文本的一端、按住鼠标左键并拖动鼠标到文本的另一端。此时，这段文本呈反相显示，表示已被选定。

关于文本选定，还有如下一些操作技巧。

① 选定一个英文单词或一个汉字词汇时，可双击该单词或词汇。

② 选定大块文本时，先将插入点移到待选文本的一端，再利用滚动条将待选文本的另一端显示在文本区，按住 Shift 键单击该端点。

③ 选定一整行时，可在选定区单击该行。

④ 选定连续多个整行时，可在选定区拖动。

⑤ 选定一个段落时，可在该段落中三击任意字符，或在选定区双击该段落，也可按住 Ctrl 键并单击此句子。

⑥ 选定一个矩形文本块时，按住 Alt 键后用鼠标拖动。

⑦ 选定全文时，可在选定区中三击，或按 Ctrl＋A 组合键，或选择“编辑”→“全选”菜单命令。

(2) 插入文本。移动插入点到插入位置处直接输入要插入的内容。

(3) 修改文本。先选定要修改的字符，再输入新的内容，即可覆盖原来的字符内容。

(4) 删除文本。删除文本的方法有以下两种。

① 将插入点移到要修改的字符处，使用 BackSpace 键(退格键)删除插入点前的文字。

② 将插入点移到要修改的字符处，使用 Delete 键删除插入点后面的文字。

(5) 移动文本。移动文本的方法有以下两种。

① 首先选定要移动的文本，再用鼠标拖到新位置处，即可完成所选定文本的移动。

② 首先选定要移动的文本，再选择“开始”选项卡剪贴板工具组中“剪切”按钮将其剪切到剪贴板，移动光标到所需要的位置上，选择“粘贴”命令即可。

(6) 复制文本。复制文本的方法有以下两种。

① 首先选定要复制的文本，按住 Ctrl 键的同时用鼠标拖到新位置处，即可完成所选定文本的复制。

② 用“复制”命令将其复制到剪贴板。

(7) 撤销与重复操作。

① 撤销一次或多次操作。如果执行了错误的编辑等操作，可以立即通过选择“撤销”按钮恢复此前被错误操作的内容。

② 重复操作。重复操作可以提高工作效率。当要重复进行此前的同一操作时，可选择“重复”按钮。

2. 文字格式设置

文字格式的设置可以使用“开始”选项卡的“字体”工具组中的命令按钮，也可以通过单击“字体”工具组中的“字体”按钮，打开“字体”对话框进行设置，如图 3-12 所示。

3. 段落格式设置

进行段落格式化主要使用“段落”工具组中的命令按钮，或单击“段落”工具组中的“段落”按钮，在“段落”对话框中进行设置，如图 3-13 所示。

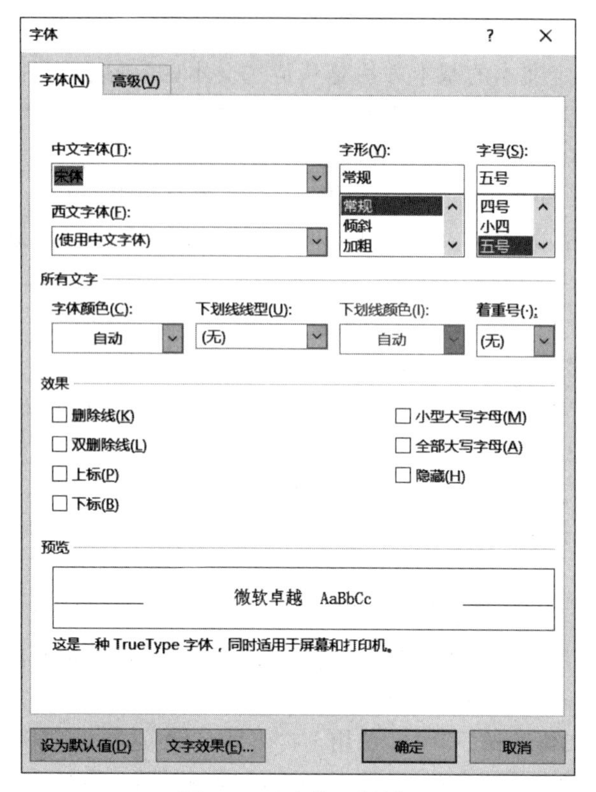

图 3-12 “字体”对话框

图 3-13 “段落”对话框

在“视图”选项卡中选中“标尺”复选框，将标尺显示出来，由刻度标记、左右边界缩进标记和首行缩进标记组成，用来标记水平位置、边界位置、首行位置等，如图3-14所示。

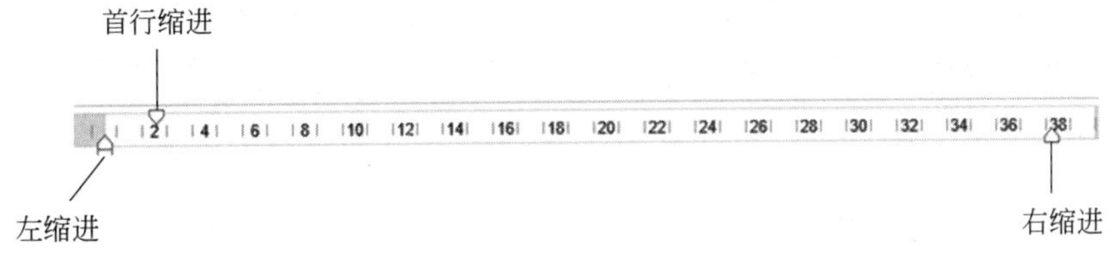

图 3-14　标尺

4. 查找与替换

查找与替换是进行文字处理的基本技能和技巧之一。使用查找可以快速定位到指定字符处，使用替换可以快速修改指定的文字，甚至完成对某些指定文字的删除。

替换的操作步骤如下。

（1）在“开始”选项卡的“编辑”工具组中选择“替换”命令，如图3-15所示。

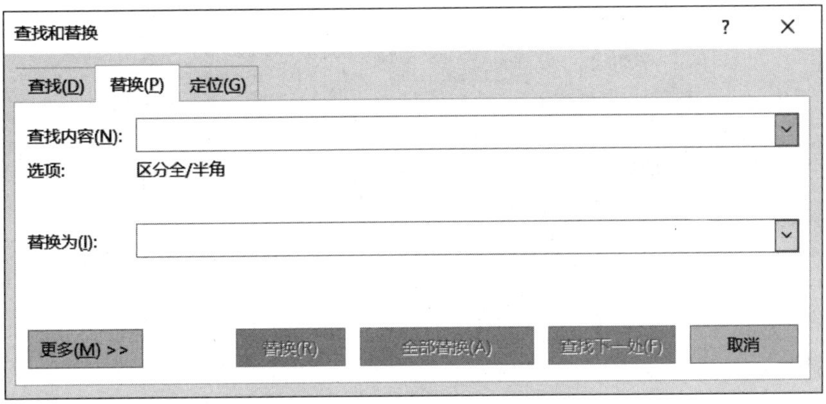

查找和替换　?　×
查找(D)　替换(P)　定位(G)
查找内容(N):
选项:　区分全/半角
替换为(I):
更多(M) >>　替换(R)　全部替换(A)　查找下一处(F)　取消

图 3-15　“查找和替换”对话框

（2）选择或输入对话框选项。

① 查找内容：输入要查找的内容，即被替换的对象（例如“电脑”）。

② 替换为：输入替换内容（例如“计算机”），如果此框内不输入内容，则操作结果为删除文档中的被替换对象。

③ 查找与替换：当单击“查找下一处”按钮后，系统往下开始查找，若找到一个后将插入点停留在该处，并反相显示该对象，此时可以使用以下按钮进行替换、全部替换或跳过“替换”按钮使当前对象被替换；“全部替换”按钮使其后所有的查找对象均被替换；“查找下一处”按钮跳过当前查找到的对象，继续向下查找。

查找功能的操作与替换类似，但只进行单一的查找定位操作，并不进行替换。

5. 设置页面格式

页面格式主要包括：页中分栏，添加页眉、页脚、页码，设置纸张尺寸、页边距等版面格式设置，用以美化页面外观，直接影响文档最后的打印效果。页面格式设置的主要工具在“页面设置”选项卡。

（1）定义纸张规格。在“布局”选项卡的“页面设置”工具组中选择“纸张大小”命令，在下拉菜单中选择纸张大小(A4、A5、B4、B5、16K、8K、32K、自定义纸张等)，选择“纸张方向”命令，选择输出文本的方向(纵向、横向)，也可单击“页面设置”按钮，在“页面设置”对话框中进行设置，如图3-16所示。

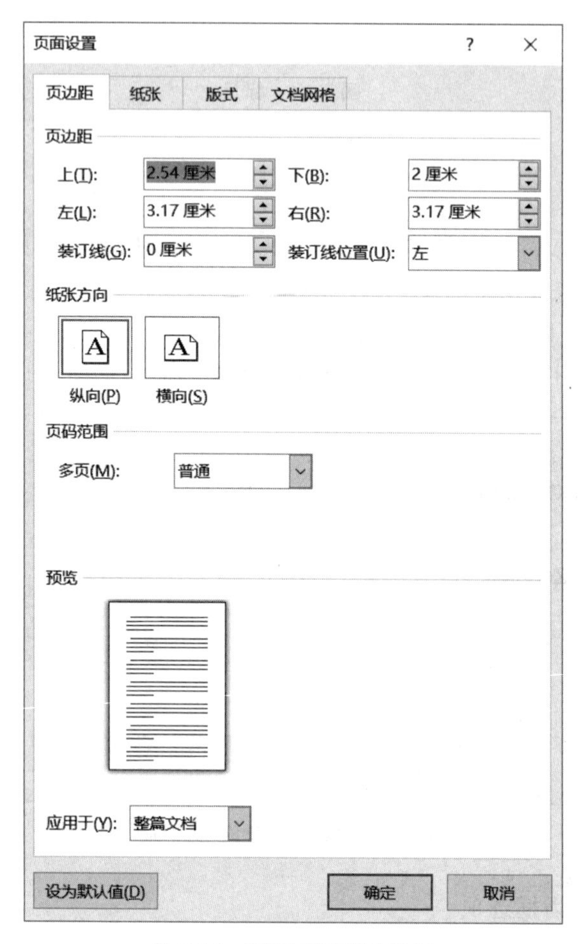

图 3-16 “页面设置”对话框

（2）设置页边距。一般地，文档打印时的边界与所选页的外缘是有一定距离的，称为页边距。页边距分上、下、左、右4种。设置合适的页边距，既可规范输出格式，合理地使用纸张，便于阅读和装订，也可美化页面。

选择“布局”选项卡的“页面设置”工具组中的“页边距”命令，在下拉菜单中选择需要的命令。

6. 设置分栏

所谓多栏文本，是指在一个页面上，文本被安排为自左至右并排排列的续栏形式。

在“布局”选项卡的“页面设置”工具组中选择“分栏”命令，在下拉菜单中选择栏数，或选择“更多分栏”命令，在“分栏”对话框中设置栏数、各栏的宽度及间距、分隔线等，如图3-17所示。

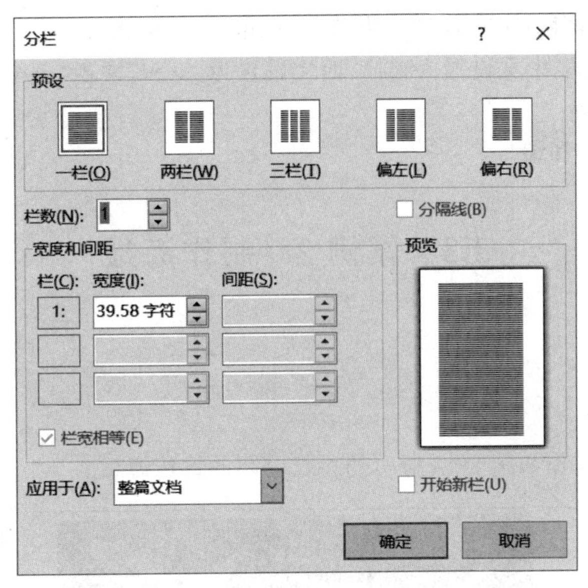

图 3-17 “分栏”对话框

3.2.3 上机实训

1. 实训目的

掌握文字及段落的格式设置。

2. 实训内容

文档排版后效果如图 3-18 所示。

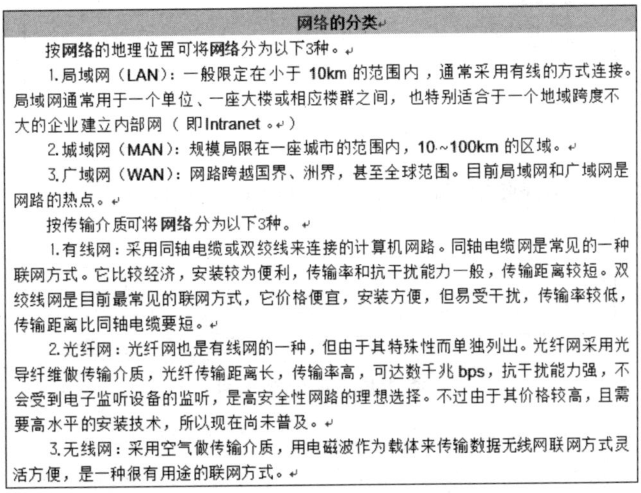

网络的分类

按**网络**的地理位置可将**网络**分为以下3种。

1.局域网（LAN）：一般限定在小于 10km 的范围内，通常采用有线的方式连接。局域网通常用于一个单位、一座大楼或相应楼群之间，也特别适合于一个地域跨度不大的企业建立内部网（即Intranet。）

2.城域网（MAN）：规模局限在一座城市的范围内，10～100km 的区域。

3.广域网（WAN）：网路跨越国界、洲界，甚至全球范围。目前局域网和广域网是网路的热点。

按传输介质可将**网络**分为以下3种。

1.有线网：采用同轴电缆或双绞线来连接的计算机网路。同轴电缆网是常见的一种联网方式。它比较经济，安装较为便利，传输率和抗干扰能力一般，传输距离较短。双绞线网是目前最常见的联网方式，它价格便宜，安装方便，但易受干扰，传输率较低，传输距离比同轴电缆要短。

2.光纤网：光纤网也是有线网的一种，但由于其特殊性而单独列出。光纤网采用光导纤维做传输介质，光纤传输距离长，传输率高，可达数千兆 bps，抗干扰能力强，不会受到电子监听设备的监听，是高安全性网路的理想选择。不过由于其价格较高，且需要高水平的安装技术，所以现在尚未普及。

3.无线网：采用空气做传输介质，用电磁波作为载体来传输数据无线网联网方式灵活方便，是一种很有用途的联网方式。

图 3-18 练习样例

按下列要求完成对文档的编辑和排版，并以文件名“网络的分类”保存结果。

（1）在正文前加标题“网络的分类”，字体设置为宋体、三号、加粗，段后间隔 1 行，标题段居中并加“灰色 15％”底纹。

（2）将正文中所有“网路”一词替换为蓝色、加粗格式“网络”。

（3）正文文字字体：中文设置为宋体，西文设置为 Arial，常规，五号；首行缩进 2 字符，行距间距 24 磅，两端对齐。

（4）增加项目符号和编号。

3.3 案例 2 制作海报

3.3.1 案例及分析

1. 案例要求

本案例的要求为制作如图 3-19 所示的科技公园的宣传海报。

图 3-19 海报效果图

2. 案例分析

在整个版面上，包含了图片、艺术字、自定义图形等，并运用图形图片边框，界定不同的区域；线条的添加，起到分割版面、强调主题的作用。制作海报、请柬等要做如下准备。

（1）制作之前应有一个规划，要明确这个作品的作用和主题。

（2）制作产品之前要将所需的素材全部搜集整理完毕。

(3) 制作过程中要先设置好版面。版面安排的好坏决定着作品的好坏，一张组织混乱的作品是不会有人喜欢看的。

(4) 要使作品看起来更美观，就要充分利用有限的空间去装饰，使图片、图形与文字结合得更美观。

3. 操作步骤

1) 设置海报版面

海报版面与一般公文在版面安排上有所不同，所以在制作之前应做好页面设置，以便图片和其他版面元素的安排和编辑。

选择“布局”选项卡的“页面设置”工具组中的“纸张大小”命令，在下拉菜单中选择“16 开”纸型，其余保持默认状态。

2) 添加图片

(1) 插入联机图片。

① 选择“插入”选项卡的“插图”工具组中的“联机图片”命令，打开“联机图片”任务窗格，如图 3-20 所示。

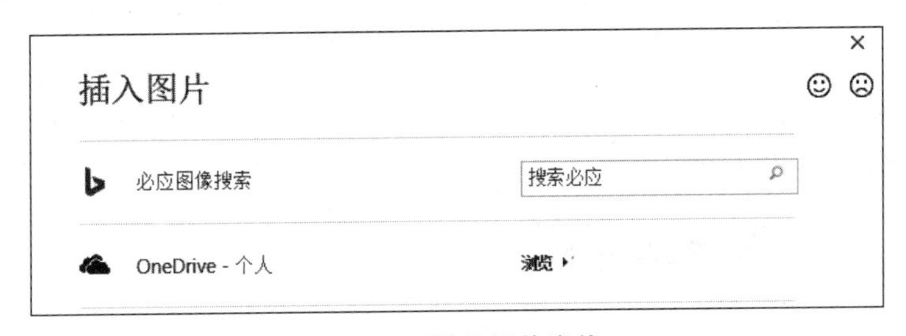

图 3-20 联机图片窗格

② 在“联机图片”任务窗格的“搜索文字”文本框中输入搜索关键字(如“航天”)，单击搜索。则在“联机图片”任务窗格下端列表中显示出搜索到的与搜索关键字相关的联机图片。单击搜索结果中的联机图片，就添加到光标所在位置。

(2) 插入图片。

① 单击要插入图片的位置。

② 选择“插入”选项卡的“插图”工具组中的“图片”命令，定位到已有素材中“儿童.jpg”图片，单击“插入”按钮，即可在文档中插入图片。

(3) 图片格式设置。在插入图片后，两个图片是并列的。通过“格式”选项卡中的命令，对图片进行设置。

① 单击图片“儿童.jpg”，选择“格式”选项卡的“排列”工具组中的“环绕文字”命令，选择“四周型”环绕命令，再调整图片到合适大小。

② 选择“航天”，同样设置为“四周型”环绕，移动到合适位置。

3) 添加艺术字

在海报中插入一些艺术字体，可以使文档的内容更丰富。下面介绍艺术字的插入和设置的方法。

(1) 单击要插入艺术字的位置，选择“插入”选项卡的“文本”工具组中的“艺术字”命令，在弹出的对话框中选择需要的样式，如图 3-21 所示。

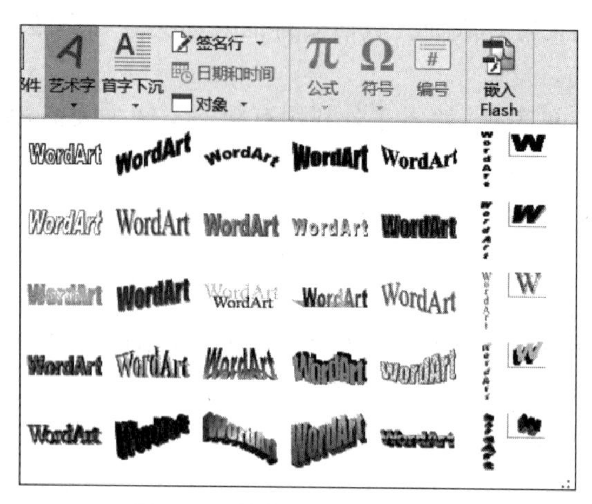

图 3-21　艺术字样式对话框图

(2) 在“文字”文本框中输入“欢迎来到科技园!”,在“字体”菜单中选择字体“华文彩云”;在“字号”下拉列表框中选择“小初”,选择“加粗”。

(3) 双击选中艺术字,选择“格式”选项卡的“艺术字样式”工具组中的“艺术字样式 3”效果。

(4) 选中艺术字,选择“格式”选项卡的“排列”工具组中的“自动换行”命令,选择“上下型环绕”命令,效果如图 3-22 所示。

图 3-22　编辑图片和艺术字效果

4) 文本框与图形对象的排版

在 Word 文档中,可以通过对各种对象的组合生成图形,这些对象包括:自选图形、任意形状、图表、曲线、直线、箭头、艺术字等。

(1) 添加文本框。文本框是独立对象,可以在其中独立进行文字数字和编辑,在文档中适当的使用文本框,可以实现一些特殊的编辑功能,利用文本框可以重排文字和向图形添加文字。

在文档中添加文本框的操作步骤如下。

① 在需要插入文本框的文档中,选择“插入”选项卡的“文本”工具组中的“文本框”命令,在子菜单中选择“绘制文本框”命令。

② 用鼠标拖曳绘制出一个文本框,拖动文本框四周控制点,适当调整文本框的大小,在其中输入文字。用同样方法在版面左右侧再插入一个文本框,输入文字。

③ 设置文本框中文字的格式,设置为宋体五号字,适当调整行间距。

(2) 改变文本框的外框线条。将鼠标置于文本框的边框上,选中文本框,可设置文本框格式,调整文本框的边框样式。具体步骤如下。

① 将鼠标指针置于文本框的边框处,鼠标指针变成✥,单击选定文本框。

② 选择“格式”选项卡的“文本框样式”工具组,在菜单中选择“形状轮廓”“主题颜色”,“虚

线”中选择“方点”形线条样式，“粗细”设置为“1.5 磅”，如图 3-23 所示。

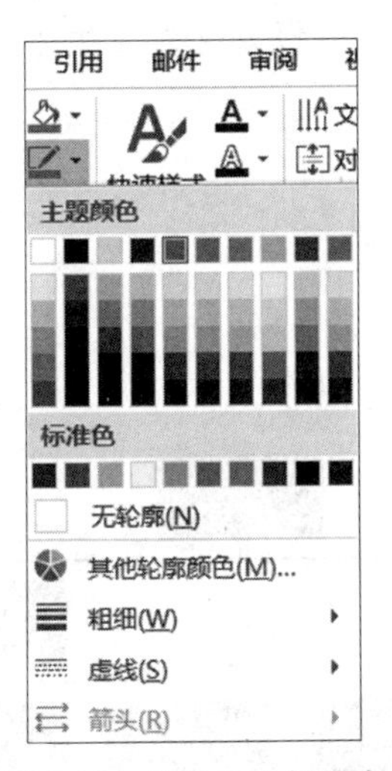

图 3-23　设置文本框线条

(3) 绘制直线及编辑。海报中需要添加上一些线条和图形来分割区域、指示位置，利用绘图功能来实现这种操作。操作步骤如下，结果如图 3-24 所示。

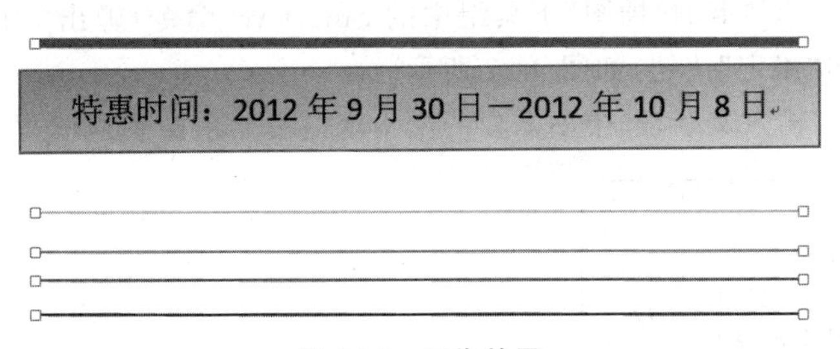

图 3-24　图像效果

① 选择“插入”选项卡的“插图”工具组中的“形状”命令，选择“直线”，在屏幕上拖动鼠标绘制一根直线。选择“格式”选项卡的“形状样式”工具组中的“形状轮廓”命令，在下拉菜单“主题颜色”中选择“深蓝深色 50%”，“粗细”设置为“4.5 磅”，在“大小”工具组中将长度设置为“13.4 厘米”。

② 选择“插入”选项卡的“文本”工具组中的“文本框”命令，在子菜单中选择“绘制文本框”命令，绘制出一个文本框，调整文本框的大小。在文本框中输入文字“特惠时间：2012 年 9 月 30 日—2012 年 10 月 8 日”，根据需要设置文字的字号为“三号”并居中。选中文本框，在“格式”选项卡的“文本框样式”工具组中选择文本框样式，如图 3-25 所示。

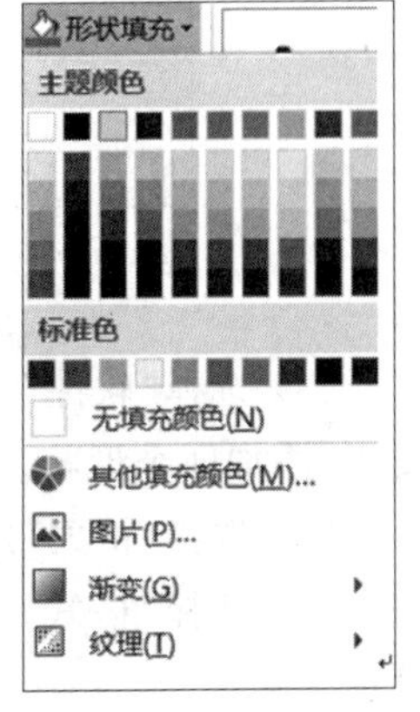

图 3-25　文本框样式

③ 在文本框之下再绘制一条直线，在“大小”工具组中将长度设置为“13.4 厘米”，颜色设置为“深蓝淡色 80%”。选中做好的直线，按住 Ctrl 键拖曳，复制出三条直线，并分别将颜色设置为从浅到深。

④ 按住 Shift 键选中这四条直线，在“格式”选项卡的“排列”工具组中选择“对齐”命令中的“纵向分布”命令，使四条直线间隔相等。再按住 Shift 键选中图 3-24 中的五条直线，在“格式”选项卡的“排列”工具组中选择“对齐”命令中的“左对齐”命令，使五条直

线对齐。

至此，本案例制作完成，一份宣传海报就这样诞生了。综合运用图片、剪贴画和绘图工具栏，可以制作出大量丰富的图文版面。

3.3.2 相关知识点

1. SmartArt 图形

插入如图 3-26 所示的 SmartArt 图形。

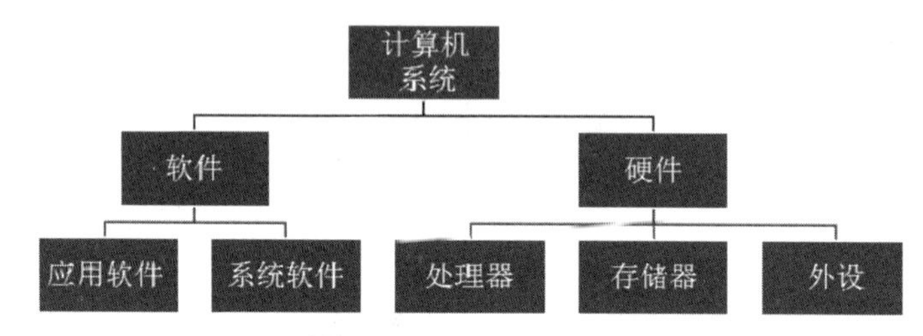

图 3-26 SmartArt 图形

操作步骤如下。

(1) 选择“插入”选项卡的“插图”工具组中的 SmartArt 命令，弹出“图示库”对话框，选择“组织结构图”，单击“确定”按钮，如图 3-27 所示。

(2) 文本窗格中输入文字，选中不需要的文本窗格按 Delete 键删除，如图 3-28 所示。

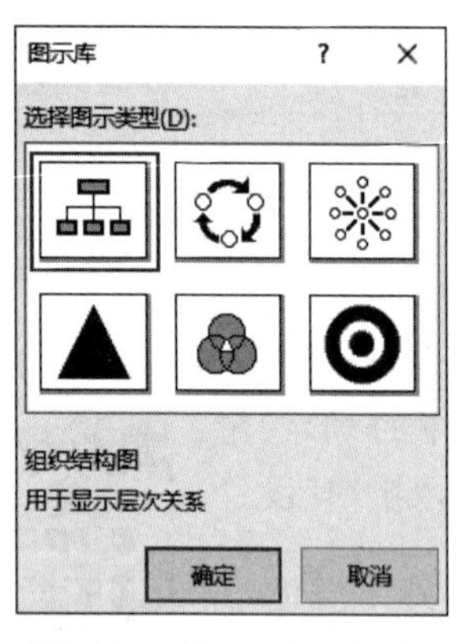

图 3-27 “图示库”对话框

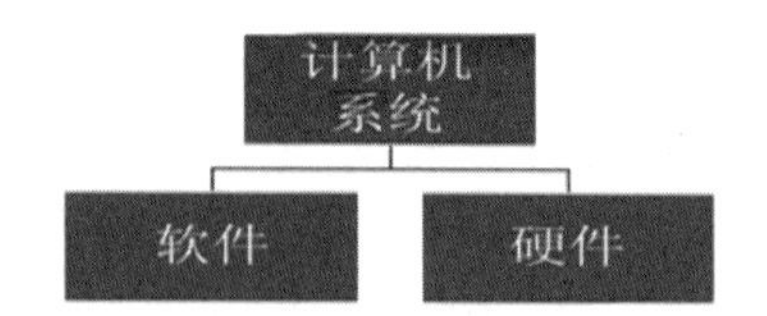

图 3-28 插入组织结构图

(3) 选择“软件”文本窗格，选择“格式”选项卡的“插入”工具组，单击“下属”按钮及“同事”按钮，添加两个形状。再用同样的方式在“硬件”文本窗格下方添加三个文本窗格。

(4) 选择“格式”选项卡的“样式”工具组中的命令，可改变 SmartArt 图形的颜色和样式。

(5) 选择“格式”选项卡的“版式”工具组，可对 SmartArt 图形中的文本窗格进行版式设置。

2. 首字下沉

段落的首字下沉，可以使段落第一个字放大数倍，以增强文章的可读性。

设置段落首字下沉的方法是：将插入点移至指定段落，选择“插入”选项卡的“文本”工具组中的“首字下沉”命令，打开“首字下沉”对话框，如图 3-29 所示，在其对话框的“位置”处进行“无”“下沉”“悬挂” 3 种选择。选择“无”，则不进行首字下沉；若该段落已设置首字下沉，即取消首字下沉功能。选择“下沉”，首字后的文字围绕在首字的右下方。选择“悬挂”，首字下面不排文字。

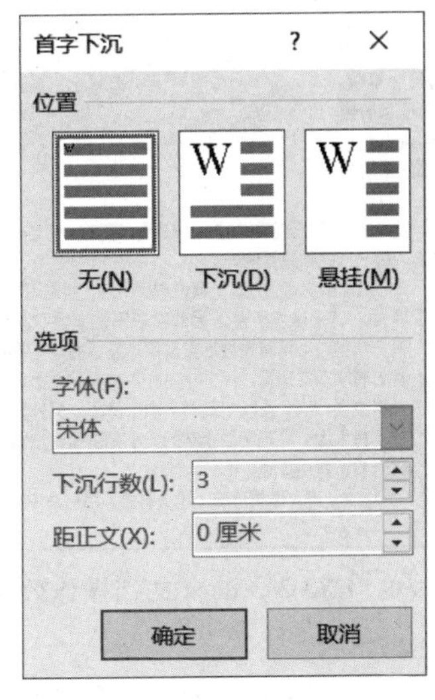

图 3-29 “首字下沉”对话框

3.3.3 上机实训

实训 1

1. 实训目的

学习 SmartArt 图形的使用。

2. 实训内容

“针对不同类型的流动人口群体确定了三大课程板块：在工地开设的课程板块(法律维权常识、安全生产、城市生活适应、生命救护与自救等)、在市场开设的课程板块(文明经商、诚信经营、消防知识、食品安全、城市文明礼仪等)、在社区开设的课程板块(城市文明礼仪、生活法律常识、应急安全知识、身心健康课堂等)。”以上这段话可以用哪种类型的 SmartArt 图形表现这段文字的内容，请制作出来。

实训 2

1. 实训目的

掌握图片、艺术字、文本框的设置，熟练图文混排操作。

2. 实训内容

对 LX3-3-3.docx 文档进行如下操作，效果如图 3-30 所示。

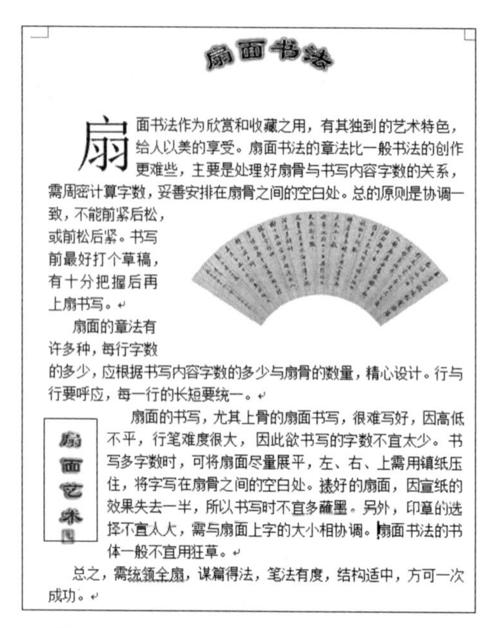

扇面书法

扇面书法作为欣赏和收藏之用，有其独到的艺术特色，给人以美的享受。扇面书法的章法比一般书法的创作更难些，主要是处理好扇骨与书写内容字数的关系，需周密计算字数，妥善安排在扇骨之间的空白处。总的原则是协调一致，不能前紧后松，或前松后紧。书写前最好打个草稿，有十分把握后再上扇书写。

扇面的章法有许多种，每行字数的多少，应根据书写内容字数的多少与扇骨的数量，精心设计。行与行要呼应，每一行的长短要统一。

扇面艺术

扇面的书写，尤其上骨的扇面书写，很难写好，因高低不平，行笔难度很大，因此欲书写的字数不宜太少。书写多字数时，可将扇面尽量展平，左、右、上需用镇纸压住，将字写在扇骨之间的空白处。裱好的扇面，因宣纸的效果失去一半，所以书写时不宜多蘸墨。另外，印章的选择不宜太大，需与扇面上字的大小相协调。扇面书法的书体一般不宜用狂草。

总之，需统领全扇，谋篇得法，笔法有度，结构适中，方可一次成功。

图 3-30　LX3-3-3.docx 文档操作效果图

（1）将标题设置为艺术字，隶书、初号、加粗，上下型环绕方式，上弯弧型。

（2）将文档文字设置为楷体、四号字、两端对齐。为文档段落设置首行缩进 2 个字符，行间距 25 磅。

（3）将第一段文字设置成首字下沉 3 行。

（4）在文档中插入“扇面书法.jpg”图片。将图像的文字环绕设置为“四周型环绕”，图像高度 80%、宽度 80%的缩放操作。

（5）插入竖排文本框，输入“扇面艺术”，设置为“四周型环绕”，字体为隶书、二号。

3.4　案例 3　制作会议日程表格

3.4.1　案例及分析

1. 案例要求

制作某高校一周内的会议日程表格，如图 3-31 所示。

2. 案例分析

本案例需要完成的是某高校的一个一周内的会议日程安排表，一般涉及的项目有时间、地点、活动内容、主持人或发言人、参加人员和申请的经费等几项。根据不同的需求可以创建出不同类型的表格。通过学习要求掌握表格的创建、编辑、调整、美化。

3. 操作步骤

1）创建表格

选择“插入”选项卡的“表格”工具组中的“插入表格”命令，弹出“插入表格”对话框，如

安排 / 星期	时间	地点	内容	主持人	申请经费	参加人员
星期一	9：00	1号楼第三会议室	校国家社科基金项目管理工作座谈会	李校长	150	廖副书记，外联办、科研处、文科、分管科研工作副院长
	14：30	1号楼第三会议室	软件高职人才培养基地调研	刘主任	260	黄副校长，校办、教务处、软件学院党政领导，软件高职人才培养基地负责人
星期五	9：30	综合体育馆工会会议室	第十三次工会、教代会两委扩大会议	副书记	380	校工会、教代会两委委员，部门工会主席等
	14：00	校门球场	老年节门球友谊赛	副书记	450	副校长，离退休处、校老体协各门球队
经费总数					1240	
备注：请有关人员准时参加活动或会议，如果有特殊情况不能参加，请找办公室李主任说明情况（电话：××××××××）。经费的单位为：元						

图 3-31　会议日程表

图 3-32 所示。根据需要输入行数 7 行、列数 7 列，“固定列宽”设置为“自动”，如图 3-32 所示。

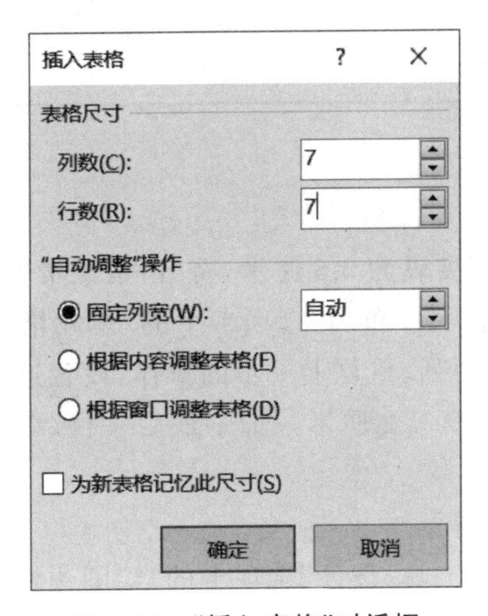

图 3-32　“插入表格”对话框

2）编辑与调整表格结构

选中需要合并的单元格，右击并在快捷菜单中选择“合并单元格”命令，或者在“表格工具/布局”选项卡中的“合并”工具组中选择“合并单元格”命令，合并后表格如表 3-1 所示。

表 3-1　合并单元格后的表格

<table>
<tr><td></td><td></td><td></td><td></td><td></td><td></td><td></td></tr>
<tr><td rowspan="2"></td><td></td><td></td><td></td><td></td><td></td><td></td></tr>
<tr><td></td><td></td><td></td><td></td><td></td><td></td></tr>
<tr><td rowspan="2"></td><td></td><td></td><td></td><td></td><td></td><td></td></tr>
<tr><td></td><td></td><td></td><td></td><td></td><td></td></tr>
<tr><td></td><td></td><td></td><td></td><td></td><td></td><td></td></tr>
<tr><td colspan="7"></td></tr>
</table>

3）输入表格文字

在表格中输入案例中的文字，如表 3-2 所示。

表 3-2 表格中输入文字

安排星期	时间	地 点	内 容	主持人	申请经费	参 加 人 员
星期一	9:00	1号楼第三会议室	校国家社科基金项目管理工作座谈会	李校长	150	廖副书记，外联办、科研处、文科、分管科研工作副院长
	14:30	1号楼第三会议室	软件高职人才培养基地调研	刘主任	260	黄副校长，校办、教务处、软件学院党政领导，软件高职人才培养基地负责人
星期五	9:30	综合体育馆工会会议室	第十三次工会、教代会两委扩大会议	副书记	380	校工会、教代会两委委员，部门工会主席等
	14:00	校门球场	老年节门球友谊赛	副书记	450	副校长，离退休处、校老体协各门球队
经费总数						
备注：请有关人员准时参加活动或会议，如果有特殊情况不能参加，请找办公室李主任说明情况（电话：××××××××）。经费的单位为：元						

4）表格修饰

（1）设置行高列宽。

① 将“参加人员”一列的宽度设为 3.8 厘米，将“申请经费”一列的宽度设为 1.26 厘米。选中“参加人员”一列，选择“表格工具/布局”选项卡下的“单元格大小”工具组，在“宽度”框中输入 3.8 厘米。选中“申请经费”一列，重复上一步的操作，设置这一列的宽度为 1.26 厘米。

② 将最后一行的行高设置为 1.2 厘米。选中最后一行，在“单元格大小”工具组的“高度”框中输入 1.2 厘米。

（2）给表格添加内外边框。

① 选择整个表格，在“表格工具/设计”选项卡的“绘图边框”工具组中选择线型为“双线”，宽度为 0.75 磅，如图 3-33 所示。

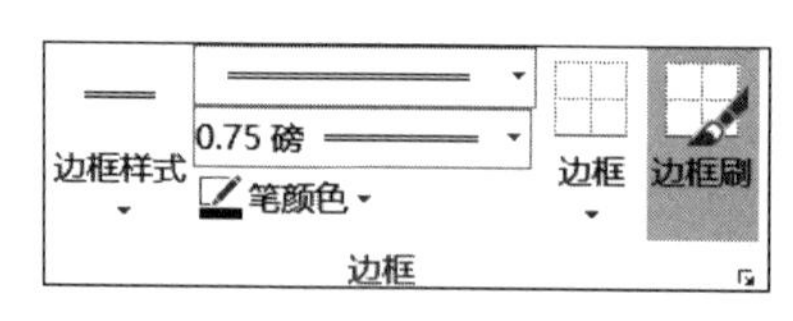

图 3-33 绘图边框工具组

② 选择“表格工具/设计”选项卡的“表格样式”工具组中的“边框”命令，在下拉菜单中选择“外侧框线”命令。

③ 按照步骤①将内边框的线型设置为“单实线”，颜色设置为“黑色”，宽度设置为 0.5 磅。

④ 选择“表格工具/设计”选项卡的“表格样式”工具组下的“边框”命令，在下拉菜单中选择“内部框线”命令。

⑤ 表格边框线的设置也可以选择“表格工具/设计”选项卡的“表格样式”工具组中的“边框”命令，在下拉菜单中选择“边框和底纹”命令，在“边框和底纹”对话框中进行设置，如

图 3-34 所示。

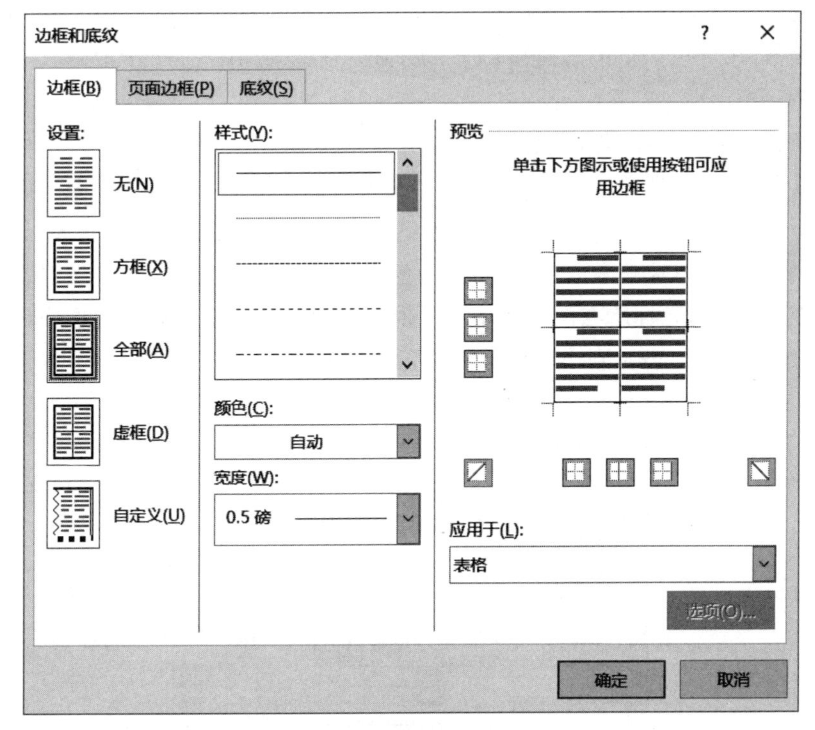

图 3-34 “边框和底纹”对话框

(3) 单独设置行列的边框。为了在日程表中显示出第一行和最后一行内容与其中间内容的区别,可以给表格第一行的下边框和最后一行的上边框单独设置边框样式为粗实线。

① 选择第一行,在“表格工具/设计”选项卡的“边框”工具组中选择线型为“实线”,宽度为 3 磅,颜色为“黑色”。

② 选择“表格工具/设计”选项卡的“边框”工具组中的“边框”命令,在下拉菜单中选择“下框线”命令。

③ 选择最后一行,按照步骤 1 进行设置,选择“表格工具/设计”选项卡的“边框”工具组中的“边框”命令,在下拉菜单中选择“上框线”命令。

(4) 设置表格底纹。在表格中可以用不同的颜色作为单元格的背景颜色来区分不同的内容区域。选中单元格,选择“表格工具/设计”选项卡的“表格样式”工具组中的“底纹”命令,在下拉菜单中选择需要的颜色。

(5) 单元格中文字格式的设置。为了使表格显示更加美观,通常还要设置表格中文字在单元格中的对齐方式。

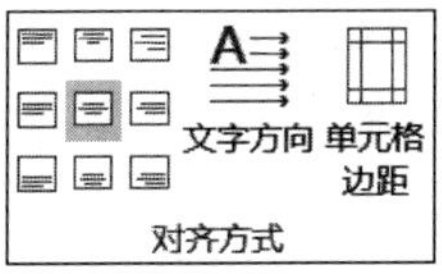

选中整个表格,在“表格工具/布局”选项卡的“对齐方式”工具组中选择“水平居中”按钮,如图 3-35 所示。

文字方向 单元格边距
对齐方式

图 3-35 对齐方式工具组

单元格内容对齐方式的设置还可以通过右击单元格,在快捷菜单中选择“单元格对齐方式”,在下级菜单中选择对齐方式中的一种。

(6) 文字方向。在表格中为了显示的需要,有时需要更改文字的方向,如案例中“星期一”和“星期五”单元格。操作方法为选择操作的单元格,在“表格工具/布局”选项卡的“对齐方式”工具组中选择“文字方向”命令,文字方向变为竖向。

（7）设置斜线表头。在斜表头单元格中输入“安排”，回车后再输入“星期”，将“安排”设置为右对齐，“星期”设置为左对齐。选中单元格，选择“表格工具/设计”选项卡的“边框”工具组中的“边框”命令，在下拉菜单中选择“斜下框线”命令。结果如图3-31所示。

5）计算

案例中需要把申请的经费数汇总后放到经费总数对应单元格中。

把插入点定位在“经费总数”和“申请经费”交叉的单元格中，在“表格工具/布局”选项卡的“数据”工具组中选择“公式”命令，弹出公式对话框，在公式栏中会自动出现“=SUM(ABOVE)”。SUM()为求和函数，对括号中的参数进行加法运算，单击“确定”按钮。

ABOVE参数指对光标所在的单元格上面所有的数字单元格。此对话框中的“数据格式”列表框中如果选定0.00，表示到小数位数两位。通过“粘贴函数”列表框还可以选择不同的函数命令，如图3-36所示。

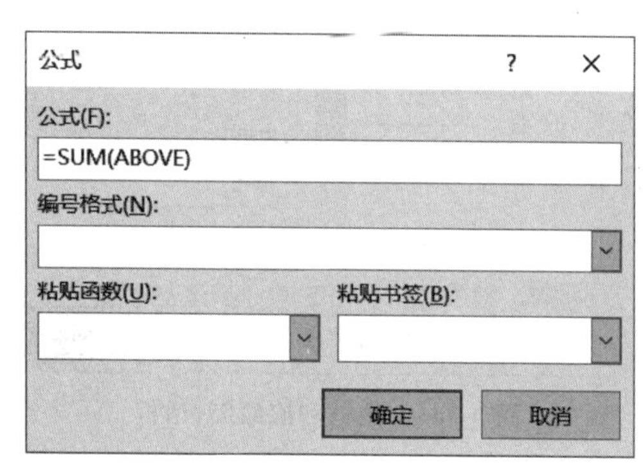

图3-36 “公式”对话框

3.4.2 相关知识点

1. 编辑与调整表格结构

表格创建后，通常要对它进行编辑与调整。主要涉及表格的选定，调整行高和列宽，插入或删除行、列和单元格，单元格的合并与拆分，通过这些操作可以创建出较为复杂的表格结构。

（1）插入行和列。在“表格工具/布局”选项卡的“行和列”工具组中选择需要的命令，也可以单击“行和列”工具组中的按钮，弹出“插入单元格”对话框，进行插入操作，如图3-37所示。

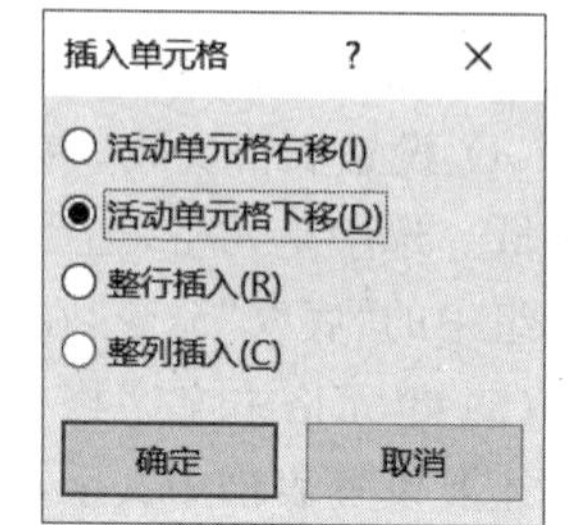

图3-37 “插入单元格”对话框

当插入点在表行末尾时，可以直接按回车键在本表行下面插入一个新的空表行。插入点在表格最后一个单元格时，按Tab键可以在本表格最下面插入一个新的空表行。

（2）删除表格中的行、列或删除表格。在“表格工具/布局”选项卡的“行和列”工具组中选择“删除”命令。当选择了表格后按Delete键，删除的是表格中的内容。

（3）调整表格的列宽和行高。如果表格中不确定每行每列的参数，最便捷的方式就是使用鼠标拖曳。将鼠标移到表格的竖框线上，鼠标指针变为垂直分隔箭头，拖动框线到新位置，松开鼠标后该竖线即移至新位置，该竖线右边各表列的框线不动。若拖动的是当前被选定的单元格的左右框线，则将仅调整当前单元格宽度。同样的方法也可以调整表行的高度。

在“表格工具/布局”选项卡的“单元格大小”工具组中选择“分布行”和“分布列”命令，平均分布表格中选定的行(列)的高(宽)度。

用户也可以利用标尺调整列宽和行高。当把插入点移到表格中时，Word 在标尺上用交叉槽标识出表格的列分隔线。用鼠标拖动列分隔线，与使用表格框线一样可以调整列宽，所不同的是使用标尺调整列宽时，其右边的框线作相应的移动。还可以在使用标尺调整列宽时，在拖动鼠标时按住 Alt 键，在标尺上会显示出行高或列宽的具体数值，供在调整时参考。

(4) 单元格的合并和拆分。合并单元格操作可以在“表格工具/布局”选项卡的“合并”工具组中选择“合并单元格”命令，或快捷菜单中的“合并单元格”命令，也可以使用“表格工具/设计”选项卡的“绘图”工具栏中的“橡皮擦”按钮擦除相邻单元格的分隔线，实现单元格的合并。

单元格拆分操作可以通过在“表格工具/布局”选项卡的“合并”工具组中选择“拆分单元格”菜单命令来实现。同样，也可以使用“表格工具/设计”选项卡的“绘制表格”工具栏中的“绘制表格”按钮在单元格中绘制水平或垂直直线，实现单元格的拆分。

小贴士

表格调整

要对表格进行编辑与调整，需要掌握的基本操作是选择所要操作的对象，如单元格、表行、表列或整个表格。具体操作是：

(1) 鼠标在单元格中(鼠标为右上空箭头)单击或拖动选定多个单元格。

(2) 在选定栏中单击选定一行或拖动选定连续多行。

(3) 鼠标在表格上方，鼠标指针变为向下的粗体箭头时，单击或拖动选定一列或多列。

(4) 在“表格工具/布局”选项卡的“表”工具组中选择“选择”命令可以选定当前插入点所在表格、列、行或单元格。

(5) 当鼠标指针在表格内时，表格左上角出现一个十字方框，单击该十字方框即可选定整个表格。

2. 表格中的计算功能

Word 可以对表格中的数字进行一些运算，如求和、求平均等。除了使用计算机单独计算结果后把文字输入表格外，Word 还提供了表格计算功能。

1) 常见的函数

SUM()函数用于求和，AVERAGE()函数用于求平均数，COUNT()函数用于计数，MAX()函数用于求最大值、MIN()函数用于求最小值。

2) 常见的函数参数

ABOVE 对应表格上面所有数字的单元格，LEFT 对应表格左边所有数字的单元格，RIGHT 对应表格右边所有数字的单元格。

使用公式进行表格数据计算，当表格中的数据变化时，只要在含有公式的单元格中右击，在弹出快捷菜单中执行“更新域”命令，或使用快捷键 F9，即可将计算结果进行更新。

3.4.3 上机实训

实训 1

1. 实训目的

能够熟练创建和编辑表格。

2. 实训内容

制作如图 3-38 所示的课程表。

<table>
<tr><td rowspan="8">课程表</td><td colspan="2">星期
节课</td><td>星期一</td><td>星期二</td><td>星期三</td><td>星期四</td><td>星期五</td></tr>
<tr><td rowspan="4">上午</td><td>1</td><td>数学</td><td>英语</td><td>英语</td><td>语文</td><td>语文</td></tr>
<tr><td>2</td><td>计算机</td><td>数学</td><td>英语</td><td>语文</td><td>英语</td></tr>
<tr><td>3</td><td>语文</td><td>企管</td><td>礼仪</td><td>英语</td><td>数学</td></tr>
<tr><td>4</td><td>数学</td><td>数据库</td><td>语文</td><td>体育</td><td>餐饮</td></tr>
<tr><td rowspan="3">下午</td><td>5</td><td>政治</td><td>餐饮</td><td>企管</td><td>数据库</td><td>计算机</td></tr>
<tr><td>6</td><td>英口</td><td>体育</td><td>政治</td><td>英口</td><td>计算机</td></tr>
<tr><td>7</td><td>班会</td><td>自习</td><td>自习</td><td>自习</td><td>自习</td></tr>
<tr><td>信息一班</td><td colspan="7"></td></tr>
</table>

图 3-38 课程表

实训 2

1. 实训目的

会修改表格。

2. 实训内容

(1) 请在 Word 中输入下面的内容，每个文字之间用制表符分隔。利用表格中的转换菜单把它转换成一个三行三列的表格。

姓名 语文 数学
王晓佳 88 65
赵京宁 72 90
王盟 66 85

(2) 插入行后再输入内容，采用"表格自动套用格式"生成如图 3-39 所示的表格格式。

姓名	语文	数学
王晓佳	88	65
赵京宁	72	90
王盟	66	85
求各科的平均分	75.33	80.00

图 3-39 实训 2 完成结果

3.5 案例4 论文排版技巧

在日常的工作和学习中,有时会遇到长文档的编辑,由于长文档内容多,目录结构复杂,如果不使用正确的方法,整篇文档的编辑可能会事倍功半,最终效果也不尽如人意。下面就以论文撰写为例说明 Word 2016 提供的一些长文档编辑常用的方法和技巧,包括论文格式的设置、公式的使用、目录的生成、页眉页脚的高级设置、快速定位文档、特殊符号的插入等。

3.5.1 案例及分析

1. 案例要求

将论文素材按如下要求进行排版。

1) 将论文各级标题进行样式设置

(1) 章标题设置为"标题 1"样式,黑体三号,加粗,居中,段前、段后各 1 行,3 倍行距。

(2) 节标题设置为"标题 2"样式,宋体四号,加粗,居左,段前、段后各 0.5 行。

(3) 小节标题设置为"标题 3"样式,宋体小四号,居左,段前、段后各 0.5 行。

(4) 正文设置为"正文"样式,宋体五号,首行缩进 2 个字符,单倍行距。

2) 在封面页后插入空白页,生成三级目录

3) 添加页眉、页码

(1) 封面页没有页眉和页码;目录页页码为Ⅰ,Ⅱ,Ⅲ,…,从内容摘要页起页码为 1,2,3,…;正文的页码为 1,2,3,…,起始页码为 1;所有页码位于页脚处居中。

(2) 目录页页眉为"目录";内容摘要页页眉为"摘要";正文奇数页页眉为本章标题,偶数页页眉为"毕业设计论文";所有页眉宋体小五,居中。

图 3-40 所示为样式窗格。

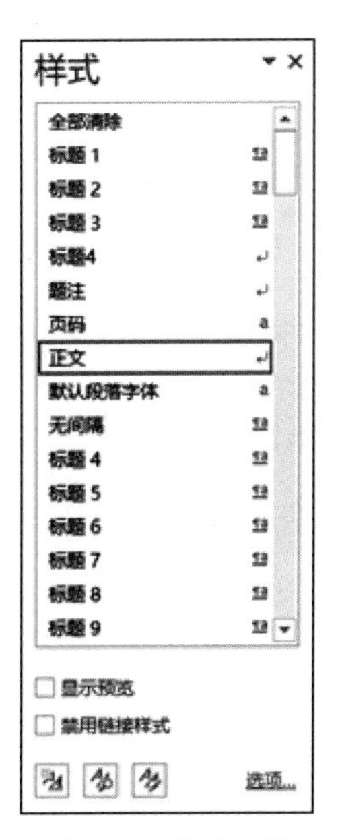

图 3-40 样式窗格

2. 案例分析

论文撰写使用的主要知识点包括样式和格式、索引和目录命令、页眉页脚的高级使用等。

3. 操作步骤

每一份论文都有一定的格式要求，一般是章、节、目三级标题，下面以章标题样式设置为例，进行论文格式的设置。

1）章标题样式设置

（1）单击“开始”选项卡的“样式”工具组中的样式按钮，弹出“修改样式”对话框，如图 3-41 所示，选择“选项”命令，在弹出的“样式窗格选项”中将“选择要显示的样式”设置为“所有样式”。

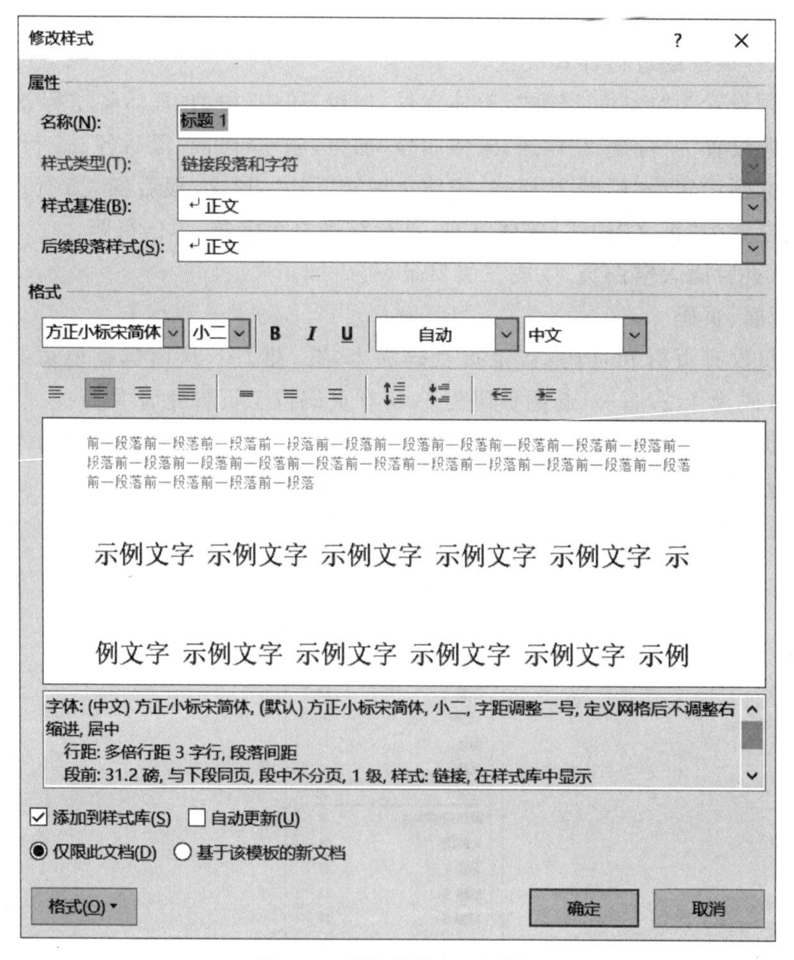

图 3-41 “修改样式”对话框

（2）在“样式”窗格中，鼠标移动到“标题 1”，单击右边的下拉箭头，在下拉菜单中选择“修改”命令，弹出“修改样式”对话框，设置为黑体、三号、加粗、居中。单击“格式”按钮选择“段落”命令，在“段落”对话框中设置段前、段后各 1 行，3 倍行距。采用同样的方法将“标题 2”样式、“标题 3”样式和“正文”样式按要求修改。

(3) 选中章标题,在“样式”窗格中单击“标题 1”样式;选中节标题,在“样式”窗格中单击“标题 2”样式;选中小节标题,在“样式”窗格中单击“标题 3”样式;选中正文段落,在“样式”窗格中单击“正文”样式。

2) 生成目录

目录是论文中不可缺少的重要部分,有了目录就能很容易地知道文档中有什么内容。当论文中正确应用了标题、章节、正文等样式后,就可以非常方便应用自动创建目录的功能来创建论文的目录。

(1) 光标位于内容摘要页的最后,在“布局”选项卡的“页面设置”工具组中选择“分隔符”命令,在下拉菜单中选择“下一页”命令,如图 3-42 所示,插入一空白页。

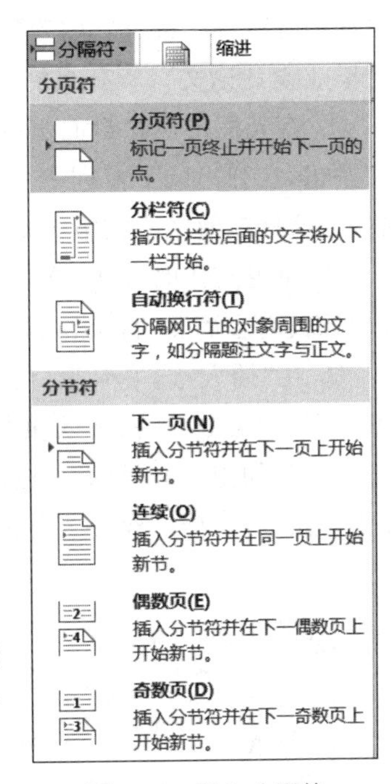

图 3-42 插入分隔符

(2) 插入点定位在插入的空白页,输入文字“目录”并回车。在“引用”选项卡的“目录”工具组中选择“目录”命令,在下拉菜单中选择“自定义目录”命令,打开如图 3-43 所示的“目录”对话框,默认设置,单击“确定”按钮,插入自动生成的目录。

(3) 更新目录。如果生成目录后,对论文又做了修改,需要选中已生成的目录,右击并在弹出的菜单中执行“更新域”命令,弹出“更新目录”对话框,如图 3-44 所示,选中“更新整个目录”单选按钮,单击“确定”按钮。

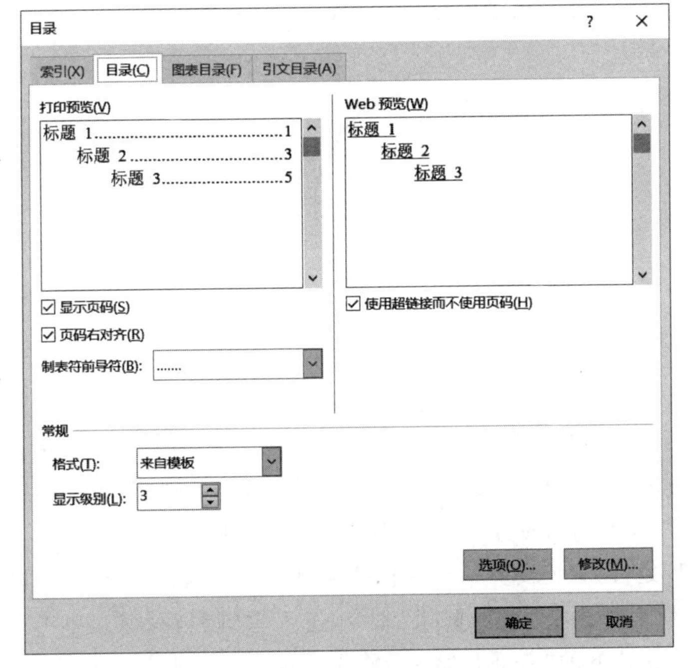

图 3-43 “目录”对话框

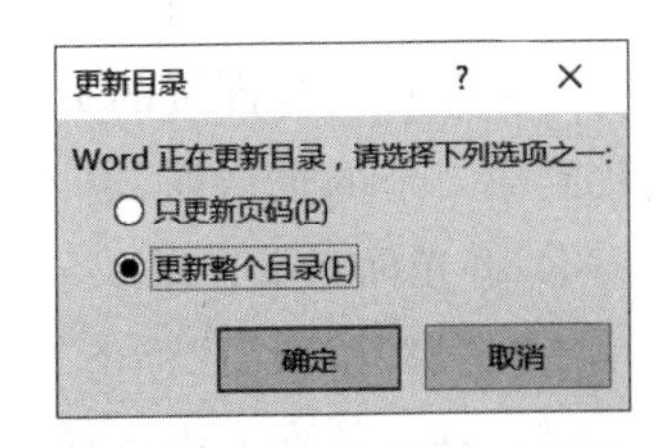

图 3-44 “更新目录”对话框

3) 论文添加自动更新章节的页眉

(1) 封面页没有页眉和页码;目录页页码为“Ⅰ,Ⅱ,Ⅲ,…”,从内容摘要页起页码为“1,2,3,…”;正文的页码为“1,2,3,…”,起始页码为 1;所有页码位于页脚处居中。

（2）目录页“目录”；内容摘要页页眉为“摘要”；正文奇数页页眉为本章标题，偶数页页眉为“毕业设计论文”；所有页眉宋体小五、居中。

① 将光标定位在封面页的最后，在“页面布局”选项卡的“页面设置”工具组中单击“分隔符”按钮，在弹出的下拉列表中选择“下一页”。此时光标自动跳转到第二页（内容摘要页）的最前端。这样就使文本按节分成了两个部分，这两部分文档可以插入不同的页眉页脚。

② 使用同样的方法，在目录页的最后面插入“下一页”分隔符，此时文档按节分成了四部分（封面、内容摘要、目录、正文）。

③ 在“插入”选项卡的“页眉和页脚”工具组中单击“页眉”按钮，在弹出的下拉列表中选择“编辑页眉”命令，文档进入页眉页脚编辑状态。这时，可以看到在封面的页眉和页脚处多了“第一节”，如图 3-45 所示。在内容摘要页的页眉和页脚处多了“第二节”，目录页为第三节，正文为第四节，文档已经按节分成了四部分。

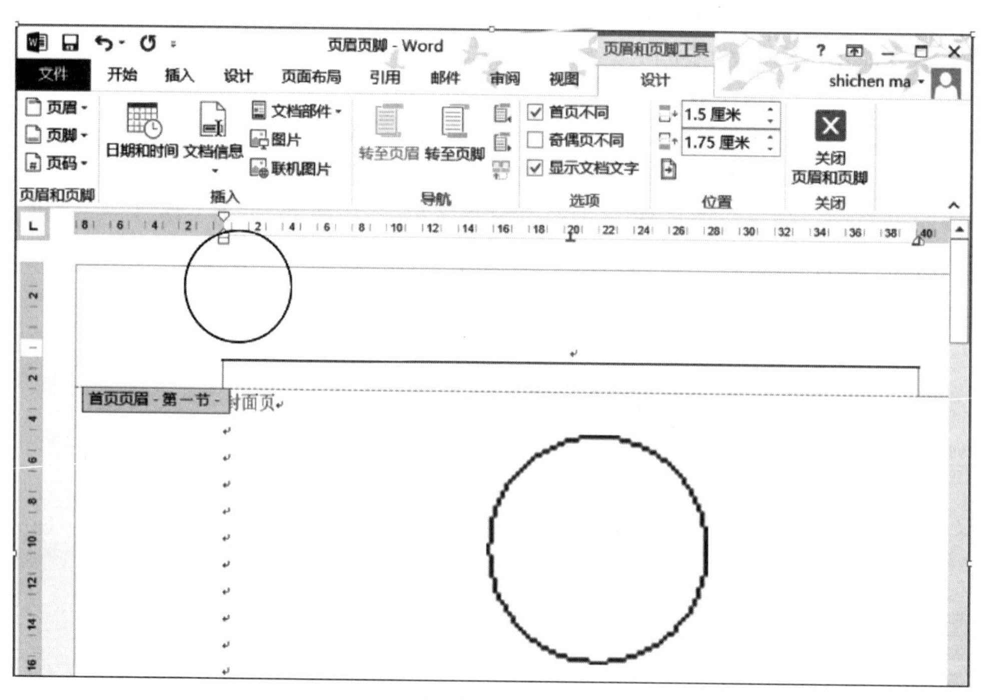

图 3-45 “页眉和页脚工具”选项卡

④ 由于首页与其他页的页眉页脚都不同，所以首先选中“首页不同”，如图 3-46 所示，此时光标位置跳到封面页的页眉处，等待编辑，由于首页没有页眉的设置，因此选择“下一节”直接跳到第二节的页眉处，输入“摘要”，并将字体设置为宋体小五号字，居中对齐。

⑤ 将光标定义在第二节的页脚处（内容摘要页），在“插入”选项卡的“页眉和页脚”工具组中单击“页脚”按钮，在弹出的下拉列表中选择“编辑页脚”命令，进入页脚编辑状态，单击“页码”按钮，在下拉列表中选择“页面底端”下的“普通数字 2”，将页码插入。这时插入的页面号码为 2，再单击“页码”按钮，在下拉列表中选择“页码格式”，在弹出的“页码格式”对话框中设置“起始页码 1”，如图 3-47 所示，这时内容摘要页的页码显示为 1。内容摘要页（第二节）页码设置完毕。

⑥ 将光标定义到第三节页眉处（目录页），这时“链接到前一条页眉”显示为选中状态，单

击“链接到前一条页眉”按钮，取消链接，如图3-48所示，这样本节就与前一节没有联系了，可以设置独立的页眉页脚。在页眉处输入“目录”，设置为宋体小五号，居中。光标移动到页脚，选择“插入”→“页码”→“设置页码格式”命令，将页码格式设置为“Ⅰ，Ⅱ，Ⅲ，…”，起始页码设置为Ⅰ。第三节页码设置完毕。

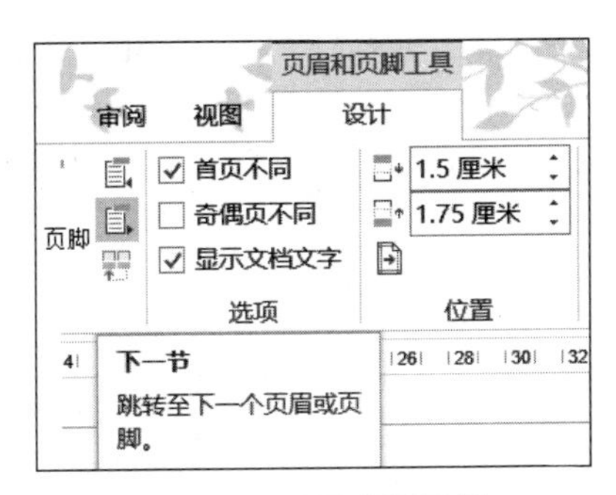

图 3-46　设置首页不同

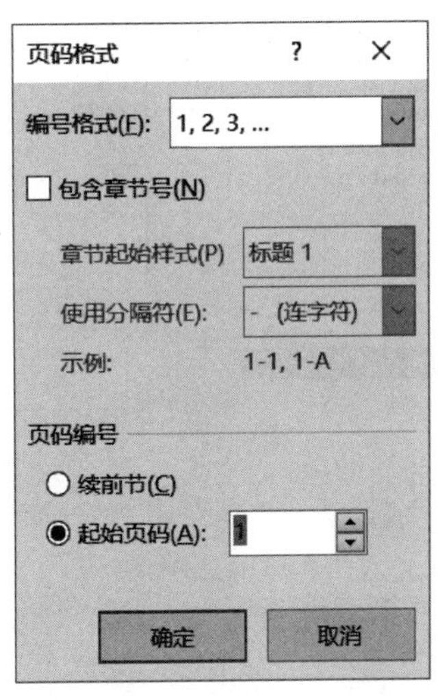

图 3-47　“页码格式”对话框

⑦ 将光标定义到第四节页眉处（正文），单击“链接到前一条页眉”按钮，取消链接，选中“首页不同”和“奇偶页不同”前的复选框，如图3-49所示。

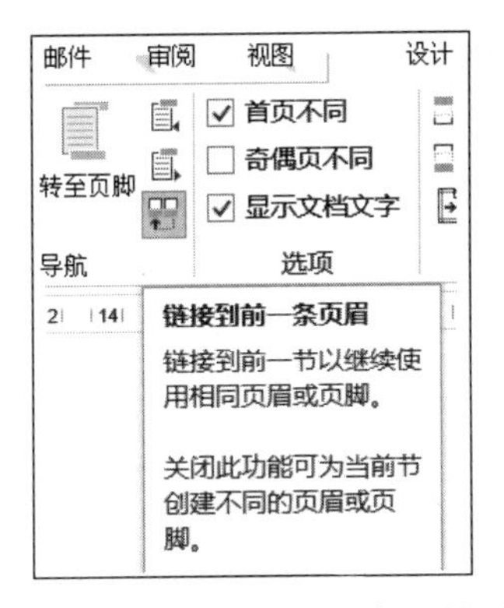

图 3-48　取消“链接到前一条页眉”设置

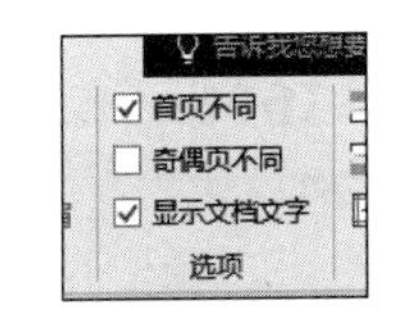

图 3-49　选中“奇偶页不同”

将光标移动到正文奇数页页眉，在“插入”选项卡的“文本”工具组中选择“文本部件”命令，在下拉菜单中选择“域”命令，打开“域”对话框，如图3-50所示。

⑧ 使用“域”对话框设置页眉。在“类别”下拉列表中选择“链接和引用”；在“域名”列表框中选中StyleRef；在“样式名”列表框中选择“标题1”；单击“确定”按钮，在所有的奇数页就添加了“章名称”的页眉，如图3-51所示。

⑨ 在偶数页页眉处输入“毕业设计论文”，如图3-52所示。

⑩ 将光标移动到正文页页脚处，选择“插入”→“页码”→“设置页码格式”命令，将页码格式设置为“1，2，3，…”，起始页码设置为1。此时全文档页码按要求设置完毕。

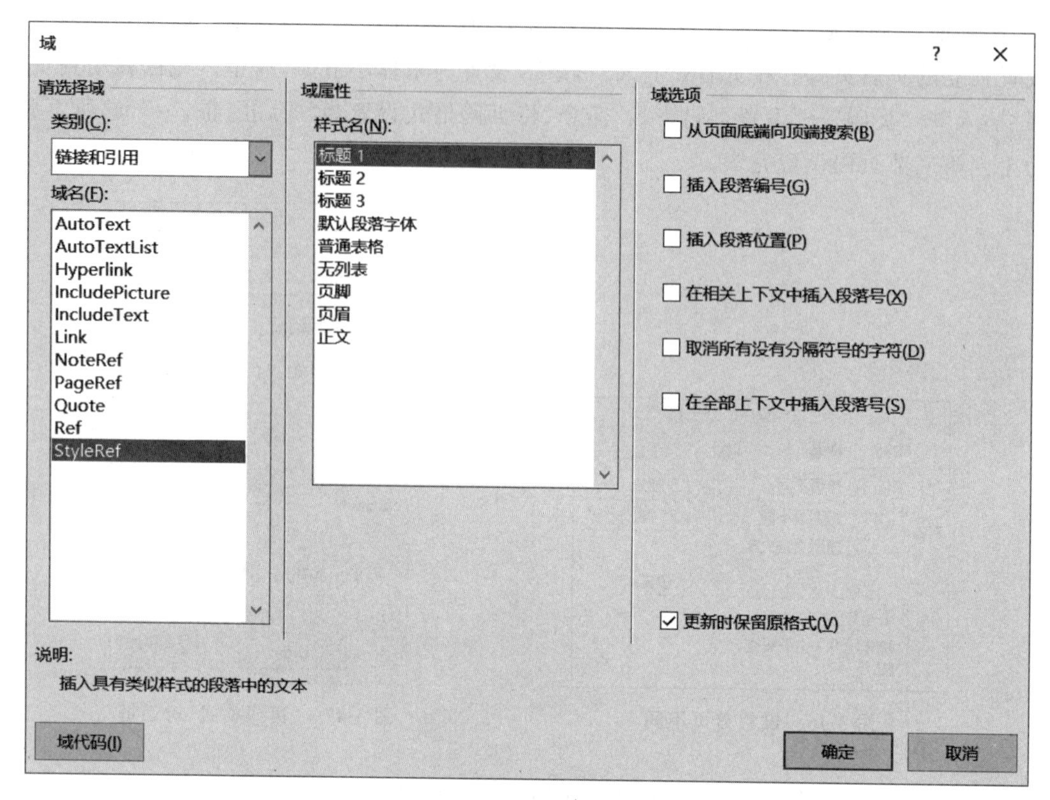

图 3-50 “域”对话框

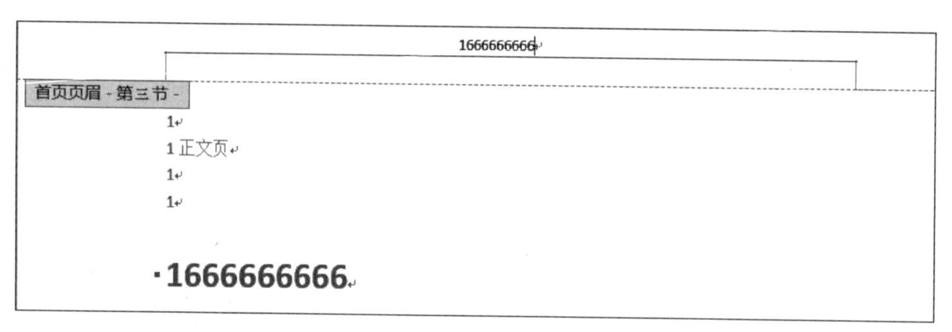

图 3-51 使用域添加页眉

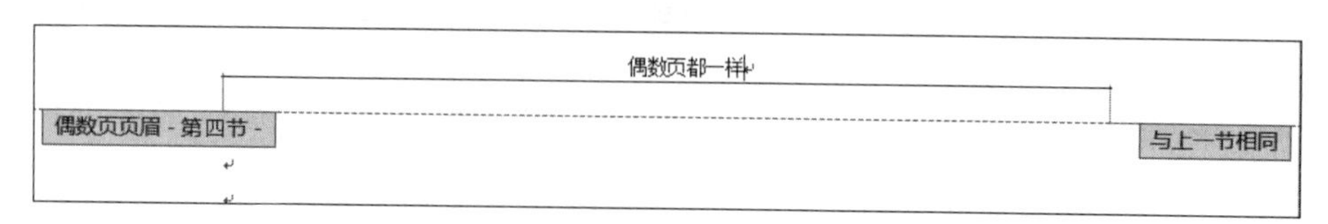

图 3-52 偶数页页眉

如果想在 Word 2016 中设置不同的页眉与页脚，关键的步骤就是将需要设置不同页眉页脚的页分成不同的节，这样文档就按节分为了不同的部分，页眉页脚自然也就可以设置为不同内容了。

3.5.2 相关知识点

1. 为插图添加题注

题注是可以添加到表格、图表、公式或其他项目上的编号标签，例如图表 1。可为不同类型的项目设置不同的题注标签和编号格式。例如，表格Ⅱ和公式 1-A。

交叉引用是对文档中其他位置的内容的引用，可为标题、脚注、题注、编号段落等创建交叉引用。如果创建的是联机文档，则可在交叉引用中使用超链接，这样读者就可以跳转到相应的引用内容。如果后来添加、删除或移动了交叉引用所引用的内容，可以方便地更新所有的交叉引用。

这里以为插图添加题注和交叉引用为例。

在一般的长文档编写过程中，总是会有大量的图片、公式或表格，而图片、公式或表格往往都要进行顺序的编号，如果每一项都用手工的方法逐一定位编号，势必会给论文编辑者带来极大的困扰和麻烦，我们可以使用题注功能来简化这一工作。

使用题注功能可以保证长文档中的图片、表格或图表等项目能够顺序地自动编号，如果移动、插入或删除带题注的项目时，Word 可以自动更新题注的编号。而且一旦某一项目带有题注，还可以对其进行交叉引用。

要给文档中已有的图片、表格、公式加上题注，步骤如下。

(1) 在“引用”选项卡的“题注”工具组中选择“插入题注”命令，弹出“题注”对话框，如图 3-53 所示。

(2) 在“题注”对话框中显示用于所选项的题注标签和编号，用户只要在后面直接输入题注即可。例如，在图 3-53 中，输入的“图表 1”即是题注，“图表”是标签，1 为编号。

(3) 如果没有合适的标签，可以单击“新建标签”按钮，在弹出的“新建标签”对话框中输入新的标签名即可，如图 3-54 所示。修改题注后，选中整篇文档，按 F9 键可以更新整篇文档的题注。

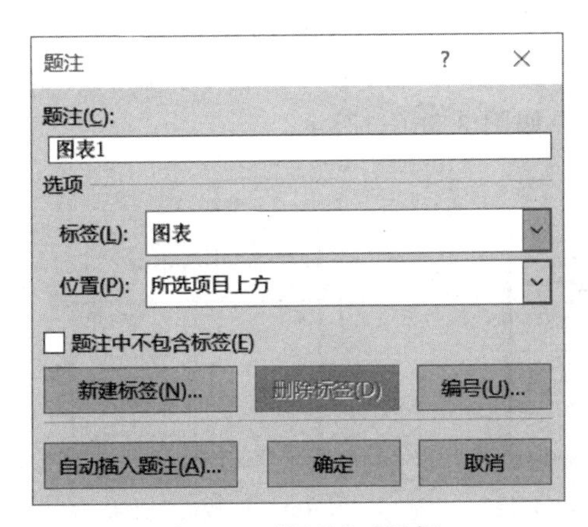

图 3-53 “题注”对话框

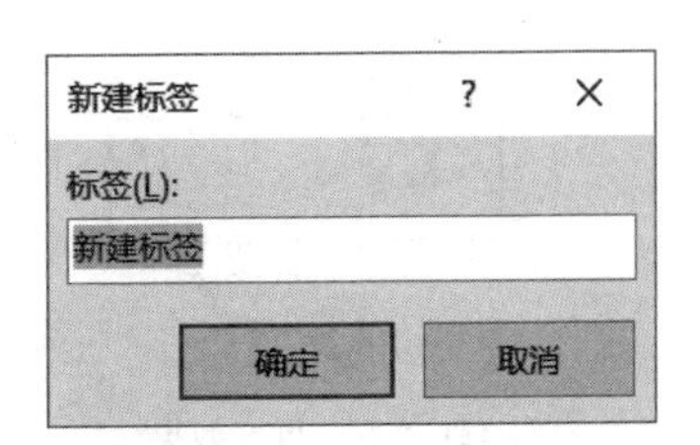

图 3-54 “新建标签”对话框

2. 分隔符

在“页面布局”选项卡的“页面设置”工具组中选择“分隔符”命令，弹出下拉菜单，如图 3-55

所示。分页符中有分页符、分栏符和自动换行符，它们的作用如下。

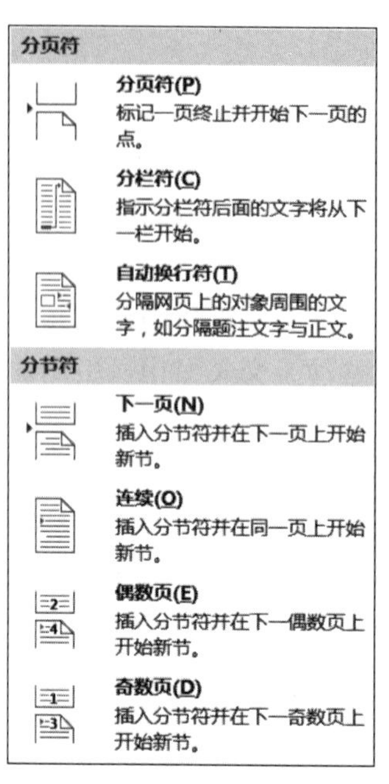

图 3-55 “分隔符”下拉菜单

（1）分页符：当到达页面末尾时，Word 会自动插入分页符。如果想要在其他位置分页，可以手动插入分页符。

（2）分栏符：在不同页中选用不同的分栏排版。

（3）自动换行符：换行符只是把东西放到了另外的一行中，并没有分段，行与行之间还是只有行距在起作用，这样就不用再设置段落格式了。

分节符类型的命令可以改变文档中一个或多个页面的版式或格式。例如，可以将单列页面的一部分设置为双列页面。你可以分隔文档中的各章，以便每一章的页码编号都从 1 开始。也可以为文档的某节创建不同的页眉或页脚。分节符类型的命令作用如下。

（1）下一页："下一页"命令插入一个分节符，并在下一页上开始新节。此类分节符对于在文档中开始新的一章尤其有用。"下一页"效果如图 3-56(a)所示。

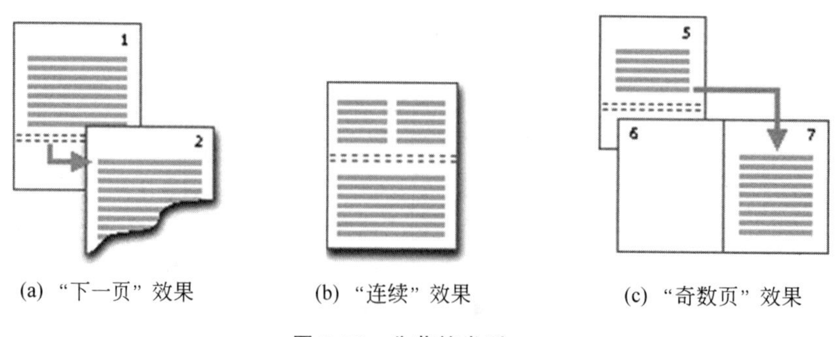

(a) "下一页" 效果　(b) "连续" 效果　(c) "奇数页" 效果

图 3-56 分节符类型

（2）连续："连续"命令插入一个分节符，新节从同一页开始。连续分节符对于在同一页上更改格式（如不同数量的列）很有用。"连续"效果如图 3-56(b)所示。

(3) 偶数页/奇数页："奇数页"或"偶数页"命令插入一个分节符，新节从下一个奇数页或偶数页开始。如果希望文档各章始终从奇数页或偶数页开始，则使用"奇数页"或"偶数页"分节符选项。"奇数页"效果如图 3-56(c)所示。

3.5.3　上机实训

1. 实训目的

掌握长文档编辑技巧，掌握分隔符、页眉页脚、样式的设置。

2. 实训内容

对文档进行以下操作。

(1) 将论文各级标题进行样式设置。

① 章标题设置为"标题 1"样式，黑体二号，加粗，居中，段前、段后各 1 行，2 倍行距。

② 节标题设置为"标题 2"样式，宋体四号，加粗，居左，段前、段后各 0.5 行。

③ 小节标题设置为"标题 3"样式，宋体小四号，居左，首行缩进 2 个字符，段前、段后各 0.5 行。

④ 正文设置为"正文"样式，宋体五号，首行缩进 2 个字符，单倍行距。

(2) 在封面页后插入空白页，生成三级目录。

(3) 添加页眉、页码。

① 封面页没有页眉和页码；目录页页码为"Ⅰ，Ⅱ，Ⅲ，…"，从内容摘要页起页码为"1，2，3，…"；正文的页码为"1，2，3，…"，起始页码为 1；所有页码位于页脚处居中。

② 目录页页眉为"目录"；内容摘要页页眉为"摘要"；正文奇数页页眉为本章标题，偶数页页眉为"毕业设计论文"；所有页眉宋体小五，居中。

3.6　案例 5　制作信函合并打印分发

3.6.1　案例及分析

1. 案例要求

某公司为员工制作工作证，现需要使用 Word 2016 的邮件合并功能，根据员工名单批量制作胸牌，如图 3-57 所示。

<table>
<tr><td colspan="3">吉顺快递公司</td></tr>
<tr><td rowspan="3"></td><td>姓名</td><td>李玉</td></tr>
<tr><td>部门</td><td>办公室</td></tr>
<tr><td>职务</td><td>主任</td></tr>
</table>

图 3-57　邮件合并任务案例

2. 案例分析

体验使用邮件合并功能进行文档批量制作及打印分发的过程。

3. 操作步骤

1）创建邮件合并用的主文档

在 Word 2016 中创建名为“工作证”的新文档。

操作步骤如下。

（1）插入 4 行 3 列的表格，行高 1.5 厘米，列宽 3.5 厘米，所有文字居中显示。

（2）在文档中输入必要的文字，变化的文字部分不输入，并设置文字格式，第一行文字宋体三号加粗，其他行文字宋体四号，如图 3-58 所示。

吉顺快递公司		
	姓名	李玉
	部门	办公室
	职务	主任

图 3-58 创建主文档

2）创建邮件合并用的数据文档

在 Word 中，用于进行邮件合并的数据文档可以是下述任何一种类型的文档。

- Microsoft Outlook 联系人列表。
- Microsoft Office 地址列表。
- Microsoft Excel 工作表或 Microsoft Access 数据库。
- 其他数据库文件。
- 只包含一个表格的 HTML 文件。
- 不同类型的电子通讯簿。
- Microsoft Word 数据源或域名源。
- 文本文件数据列表。

本案例使用 Excel 表格建立员工信息表，在表中要分别包括员工的姓名、部门、职务和照片，姓名、部门、职务直接输入，照片一栏不需要插入真实的图片，而是要输入此照片的磁盘地址和文件名，比如“D:\\员工照片\\李玉.jpg”，制作完成后把该工作簿重命名为“员工信息表”，如图 3-59 所示。

	A	B	C	D
1	姓名	部门	职务	照片
2	李玉	办公室	主任	D:\\员工照片\\李玉.jpg
3	张一	快递一组	职员	D: \\员工照片\\张一.jpg
4	王强	快递二组	职员	D:\\员工照片\\王强.jpg

图 3-59 “邮件合并”的数据源

操作步骤如下。

（1）创建名为“员工信息表”的 Excel 新文档。

(2) 在新文档中插入一个5列9行的表格，输入必要的文字，对标题行文字进行加粗。

3) 进行邮件合并

下面需要将数据源中的数据插入主文档中，并生成一个包含8页奖状的新文档。

操作步骤如下。

(1) 打开邮件合并的主文档，在“邮件”选项卡的“开始邮件合并”组中单击“选择收件人”按钮，在弹出的下拉列表中选择“使用现有列表”命令，如图3-60所示。

(2) 在“选取数据源”对话框中设置数据源所在的位置和文件名，然后单击“打开”按钮，弹出“选择表格”对话框。选择 Sheet1 $，单击“确定”按钮，如图3-61所示。

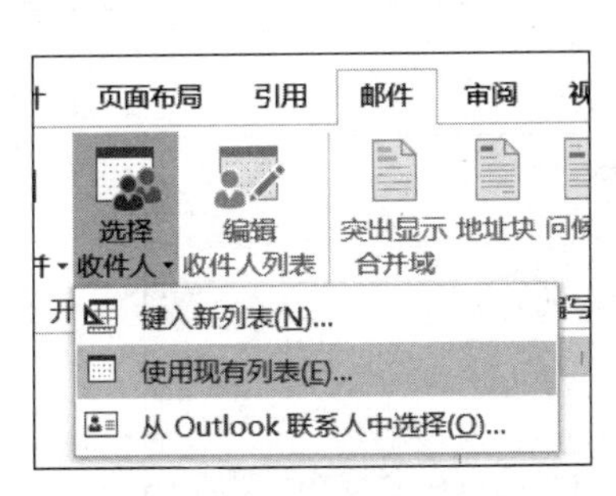

图3-60　“使用现有列表”命令界面

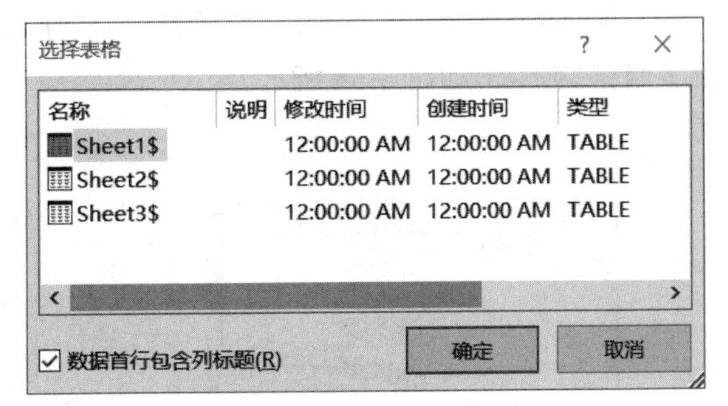

图3-61　“选择表格”对话框

(3) 返回主文档，此时“编写和插入域”工具组被激活。

(4) 将插入点定位到要插入标签的位置“姓名”，单击“编写和插入域”工具组中的“插入合并域”按钮，在弹出的下拉列表中选择要插入的“姓名”标签，如图3-62所示。以相同的方法，将“部门”“职务”域分别插入主文档中相应的位置，如图3-63所示。

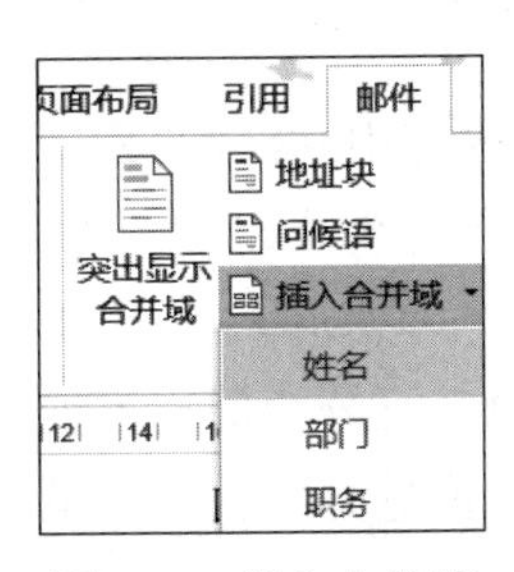

图3-62　插入合并域

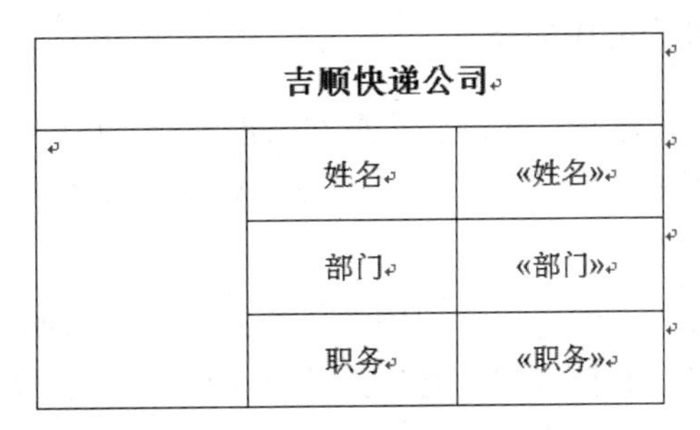

图3-63　插入合并域后的表格

(5) 将插入点定位到要插入照片的位置，按Ctrl+F9组合键来插入域，此时单元格内会出现一对大括号，在其中输入“INCLUDEPICTURE"{MERGEFIELD"照片"}""(不含外边引号)，注意其中的大括号也是按Ctrl+F9组合键来插入的，另外，代码中出现的双引号为英文双引号，如图3-64所示。

(6) 单击“预览结果”组中的“预览结果”按钮，表格中则显示出职工信息表中的第1位职工的信息及照片。

如果在预览结果时没有看到照片，则选中未显示的照片，按F9键则可刷新出照片。

(7) 最后，单击“邮件合并”工具栏中的“完成并合并”按钮，在弹出的下拉列表中选择“编辑单个文档”命令，如图3-65所示。

吉顺快递公司		
INCLUDEPICTURE"{MERGEFIELD" 照片"}"	姓名	«姓名»
	部门	«部门»
	职务	«职务»

图 3-64　插入照片域

(8) 在弹出的“合并到新文档”对话框中，选择“全部”，则可以根据职工信息表中的记录数来批量制作“胸卡”，如图 3-66 所示。

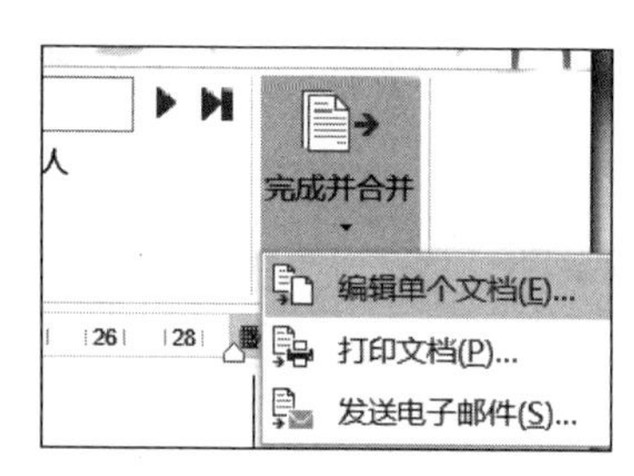

图 3-65　生成合并后的文档

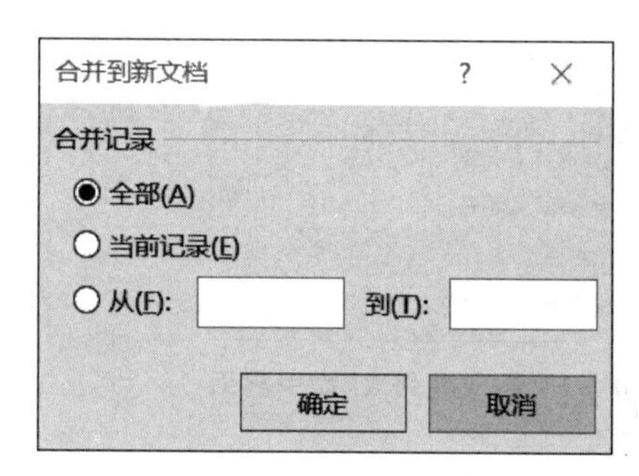

图 3-66　“合并到新文档”对话框

3.6.2　相关知识点

1. 邮件合并中的概念

(1) 邮件合并。邮件合并是在邮件文档（主文档）的固定内容中，合并与发送信息相关的一组通信资料（数据源：如 Excel 表、Access 数据表等），从而批量生成需要的邮件文档，大大提高工作效率。

邮件合并一般应用于需要制作的数量比较大的文档，且内容可分为固定不变的部分和变化的部分（比如打印信封，寄信人信息是固定不变的，而收信人信息是变化的部分），变化的内容来自数据表中含有标题行的数据记录表。

(2) 主文档。主文档是指邮件合并内容的固定不变的部分，如信函中的通用部分、信封上的落款等。建立主文档的过程就和平时新建一个 Word 文档一样，但要考虑主文档如何与数据源更完美地结合，满足你的要求（最基本的一点，就是在合适的位置留下数据填充的空间）。

(3) 数据源。数据源就是数据记录表，其中包含相关的字段和记录内容。如 Excel 表格、Outlook 联系人或 Access 数据库。但要注意，将 Excel 作为数据源时应删除标题，留下以标题行（字段名）开始的一张 Excel 表格，因为我们将使用这些字段名来引用数据表中的记录。

(4) 将数据源合并到主文档中。利用邮件合并工具，我们可以将数据源合并到主文档中，得到我们的目标文档。合并完成的文档的份数取决于数据表中记录的条数。

2. 域的概念与使用

简单地讲，域就是引导 Word 在文档中自动插入文字、图形、页码或其他信息的一组代码。每个域都有一个唯一的名字，它具有的功能与 Excel 中的函数非常相似。

下面以 Seq 和 Date 域为例，说明有关域代码的组成。

如{Seq Identifier [Bookmark] [Switches]}的关系式，在 Word 中称为域代码。它由以下部分组成。

(1) 域特征字符：即包含域代码的大括号{}，不过它不能使用键盘直接输入，而是通过按下 Ctrl+F9 组合键输入的域特征字符。

(2) 域名称：上式中的 Seq 即被称为 Seq 域，Word 2016 提供了 9 大类共 74 种域。

(3) 域指令和开关：设定域工作的指令或开关。例如上式中的 Identifier 和 Bookmark，前者是为要编号的一系列项目指定的名称，后者可以加入书签来引用文档中其他位置的项目。Switches 称为可选的开关，域通常有一个或多个可选的开关，开关与开关之间使用空格进行分隔。

(4) 域结果：即是域的显示结果，类似于 Excel 函数运算以后得到的值。例如在文档中输入域代码{Date \@ "yyyy 年 m 月 d 日"\ * MergeFormat}的域结果是当前系统日期。

域可以在无须人工干预的条件下自动完成任务，例如编排文档页码并统计总页数；按不同格式插入日期和时间并更新；通过链接与引用在活动文档中插入其他文档；自动编制目录、关键词索引、图表目录；实现邮件的自动合并与打印；创建标准格式分数、为汉字加注拼音等。

3.6.3 上机实训

1. 实训目的

合并文档功能的使用。

2. 实训内容

以图 3-67 所示的通讯录为数据源，通过邮件合并方式制作“学会通讯录信封”。

姓名	单位	邮编	通讯地址
张夏玉	北京市西城经济科学大学	100035	北京市西城区内大街南草厂 63 号
刘红	北京信息职业技术学院	100016	北京市朝阳区酒仙桥芳园西路 5 号
孙程楠	北京轻工职业技术学院	100029	北京市太阳宫路芍药居甲 1 号
顾一品	中央广播电视大学基础部	100031	北京市复兴门内大街 160 号
王小菲	北京市建设职工大学	100026	北京市朝阳区水碓子东路 15 号
王宇峰	北京联合大学	100101	北京市朝阳区北四环东路 97 号
李莉	北京市东城区职工业余大学	100020	北京市朝外潘家坡 1 号
周帆	北京市财贸职业学院	100010	北京市东四南大街礼士胡同 41 号
钱军	北京二轻工业学校	100176	北京市经济技术开发区凉水河一街 9 号
郝信俊	北京劳动保障职业学院	100029	北京市朝阳区惠新东街 5 号

图 3-67 通讯录

3.7 案例6 Office组件间的数据共享——剪贴板技术

3.7.1 案例及分析

1. 案例要求

（1）将如图3-68所示的Excel中的表格添加到Word文档中。

	A	B	C	D	E
1	姓名	数学	语文		
2	李长江	89	80		
3	李文山	90	89		
4	朱宝贵	100	96		
5	张建	100	96		
6					
7					
8					

图3-68 Excel中的表

（2）将如图3-69所示PowerPoint演示文稿内容添加到Word文档中。

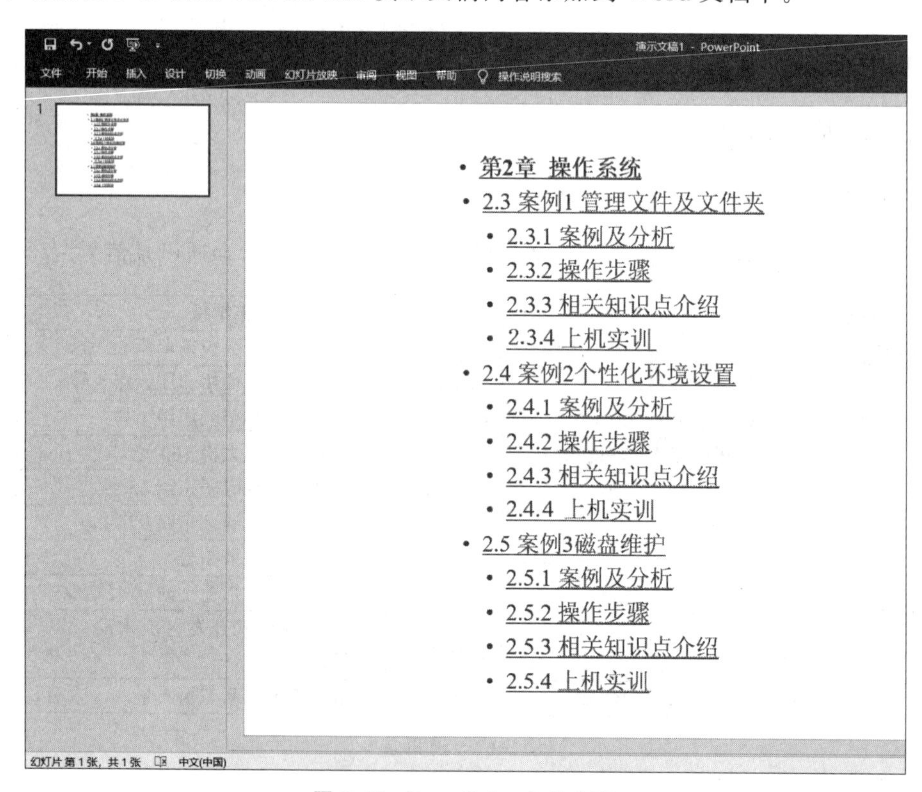

图3-69 PowerPoint中的文字

2. 案例分析

通过复制、粘贴命令，完成 Office 组件间的数据共享。

3. 操作步骤

将 Excel 和 PowerPoint 的数据传递给 Word 的操作步骤如下。

1）Excel 将数据传递给 Word

（1）选定 Excel 中的表格，右击，选择“复制”命令，如图 3-70 所示。

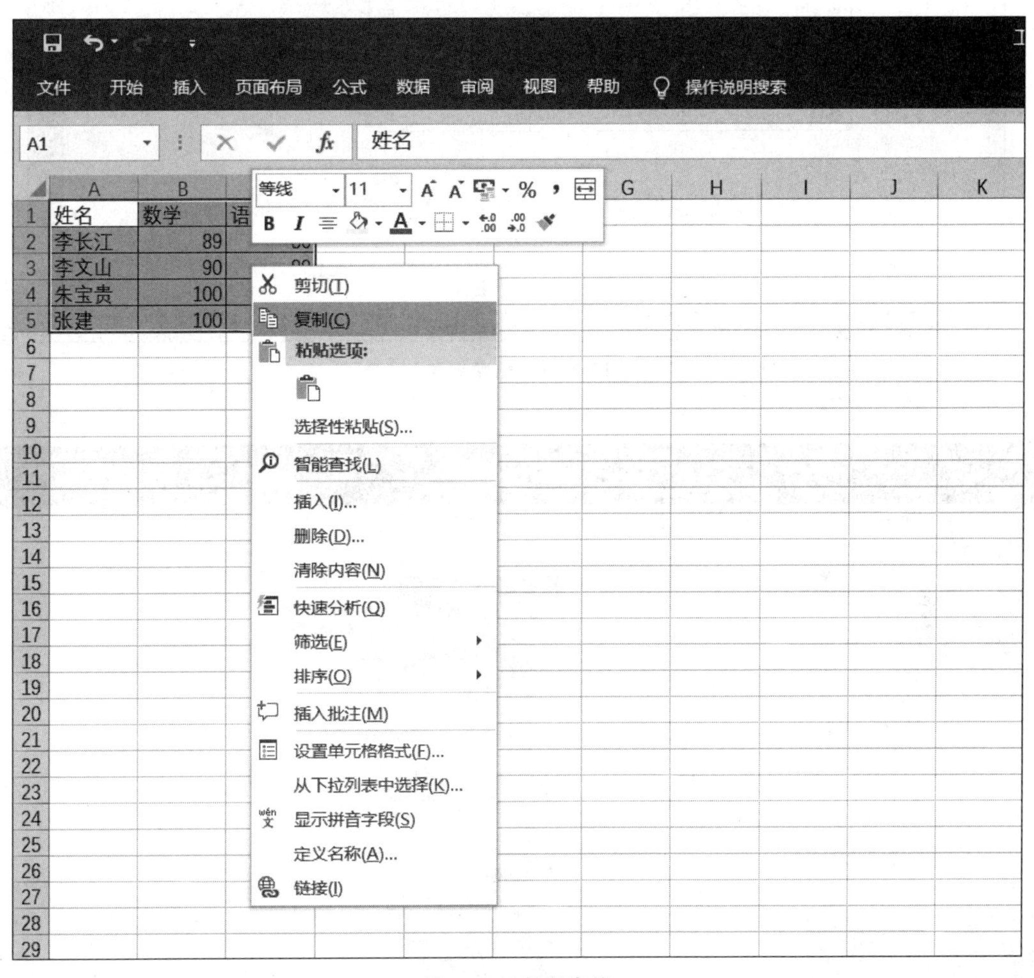

图 3-70 复制表格

（2）在目标文档 Word 相应的位置，右击，选择“粘贴”命令，如图 3-71 所示。这样就完成了 Excel 与 Word 之间的数据共享。

2）PowerPoint 将数据传递给 Word

（1）选定 PowerPoint 中的文字，右击，选择“复制”命令，如图 3-72 所示。

（2）在目标文档 Word 相应位置，右击，选择“粘贴”命令，如图 3-73 所示。这样就完成了 PowerPoint 与 Word 之间的数据共享。

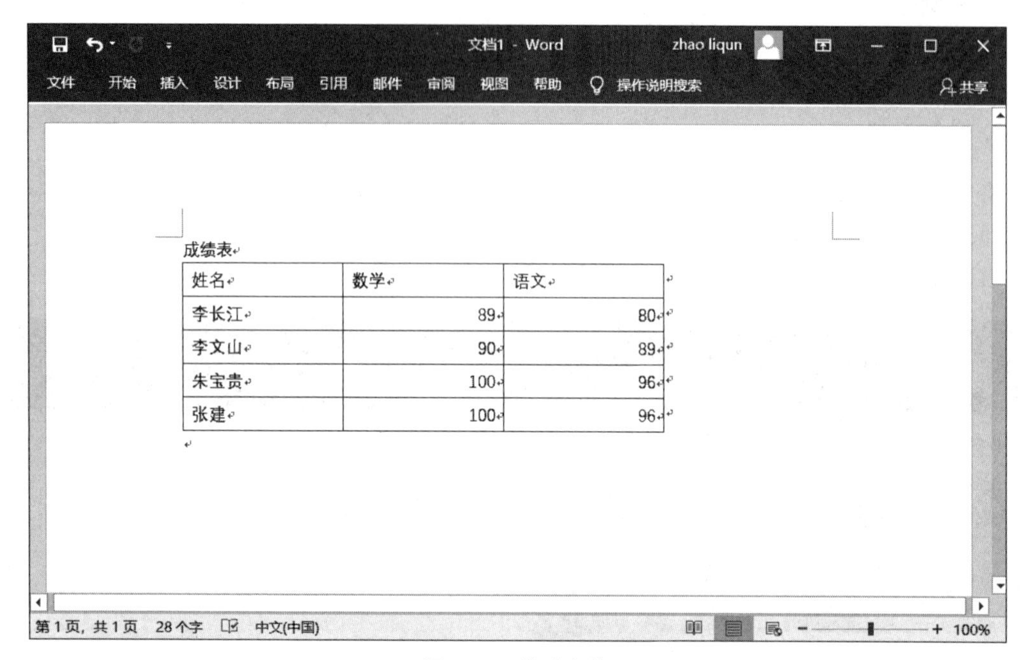

图 3-71 粘贴表格

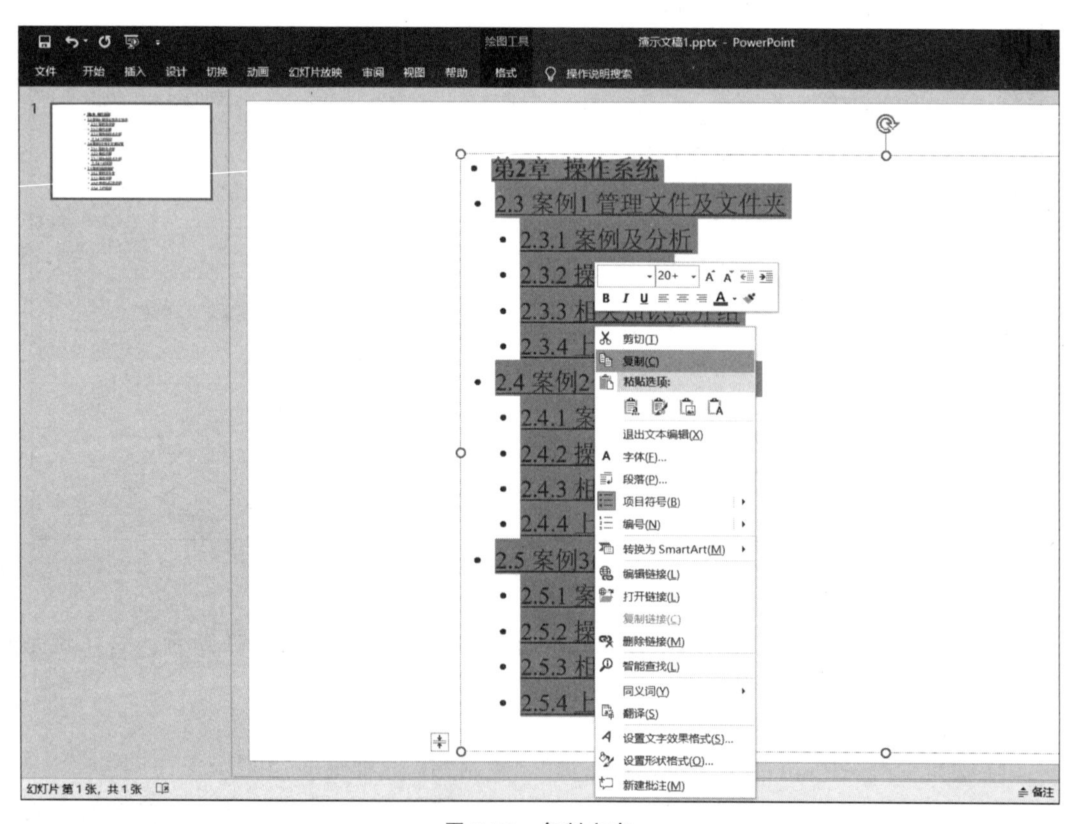

图 3-72 复制文字

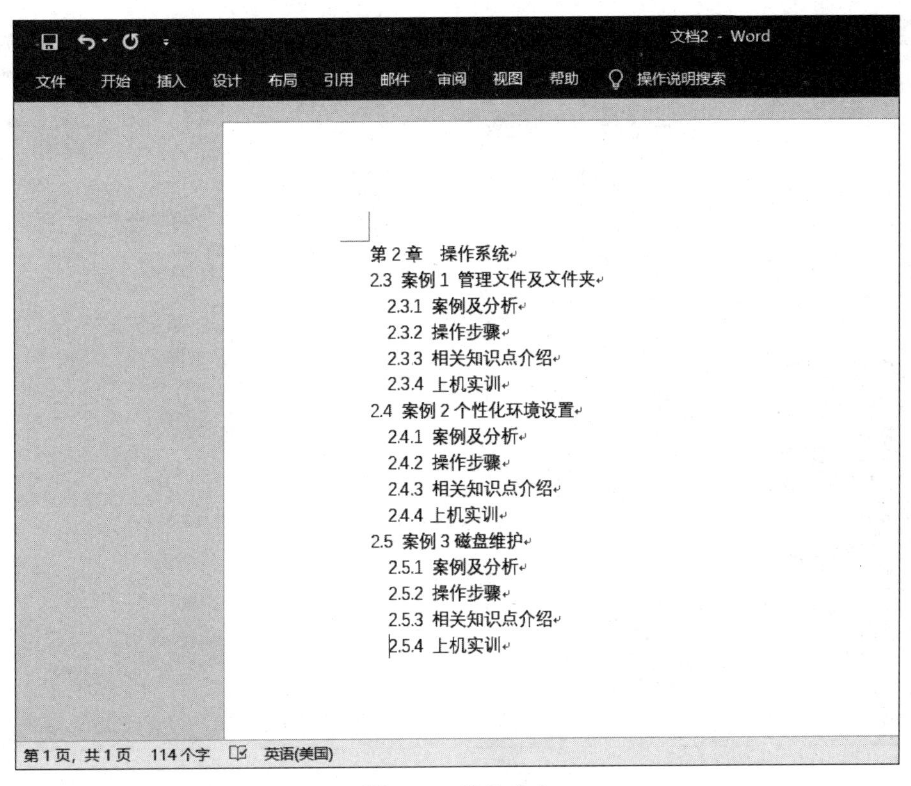

图 3-73 粘贴文字

3.7.2 相关知识点

1. Office 剪贴板

剪贴板是 Windows 操作系统中应用程序内部和应用程序之间交换数据的工具，是内存中的一段公用区域，用于处理移动和复制操作。

Office 的剪贴板可以同时保存 24 个不同对象，方便进行粘贴，默认粘贴最后一个。而 Windows 的剪贴板只能保存一个对象。通过 Office 剪贴板容易实现组件间数据的共享。

2. 剪贴板任务窗格的显示

剪贴板在“开始”选项卡的最左边，如图 3-74 所示。它显示了三次复制操作的结果，单击三次复制结果中的任一次，都会将复制结果粘贴于相应位置。若全部粘贴，则选择“全部粘贴”命令。

3.7.3 上机实训

1. 实训目的

掌握通过剪贴板的复制、粘贴命令在 Office 组件间实现数据共享。

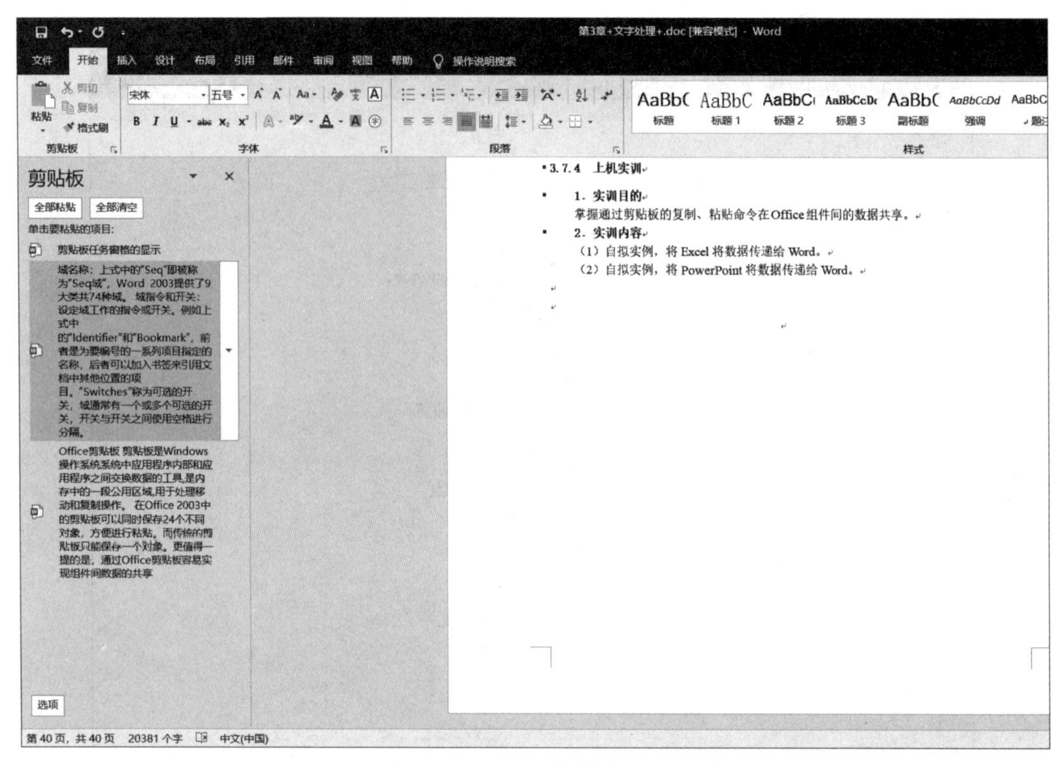

图 3-74　剪贴板

2. 实训内容

（1）自拟实例，将 Excel 数据传递给 Word。

（2）自拟实例，将 PowerPoint 数据传递给 Word。

第 4 章

电子表格 Excel 2016

Chapter 4

目 标

熟悉 Excel 2016 的窗口环境，了解新版功能。掌握创建和编辑工作簿（工作表）、格式化工作表、数据图表、数据的分析管理与计算的方法。

重 点

建立数据图表、修改图表、数据的分析管理与计算。

引 言

微软公司在 2016 年 9 月正式发布了 Office 2016，Excel 2016 依旧是其中的一个重要组成组件之一，虽然 Excel 2016 与 Excel 2013 在界面外观上没有明显变化，但看过此篇 Excel 2016 新功能及新功能特性介绍以后，你将会了解到 Excel 2016 在细节上有诸多优化。

Excel 2016 功能强大、技术先进，可以进行各种复杂数据计算、数据分析、统计分析、辅助决策操作，管理电子表格或网页中的数据信息列表与数据资料图表制作、统计财经、金融等众多领域，还可以非常方便地与其他 Office 组件交换数据。Excel 2016 是微软办公套装软件的一个重要组成部分，可以带给用户更加方便、简洁的使用体验。

4.1 体验 Excel 2016

Excel 2016 是一种专门用于数据管理和数据分析等操作的电子表格软件。用户在使用时可以根据需要快速、方便地建立各种表格，提高了制表的效率。在办公事务数据处理中，可以进行复杂的数据计算和数据分析，并且支持网络上的表格数据处理。同时，还可以把表格数据通过各种统计图、透视图等形式表示出来，并能进行市场分析和趋势预测工作。

Excel 2016 是一种集文字、数据、图形、图表以及其他多媒体对象于一体的流行软件，Excel 2016 的全新界面如图 4-1 所示。

4.1.1 Excel 2016 新功能

Excel 2016 启用了更多实用的新功能。更加简洁、专业的外观和大量新增功能的开发，帮助用户迅速完成工作，绘制更具说服力的数据图，制定更好更明智的决策。Excel 2016 的目标是要更平易近人，接近国内用户的使用习惯，让使用者能轻松地将庞大的数字图像化。

Excel 2016 新增功能主要有以下几点。

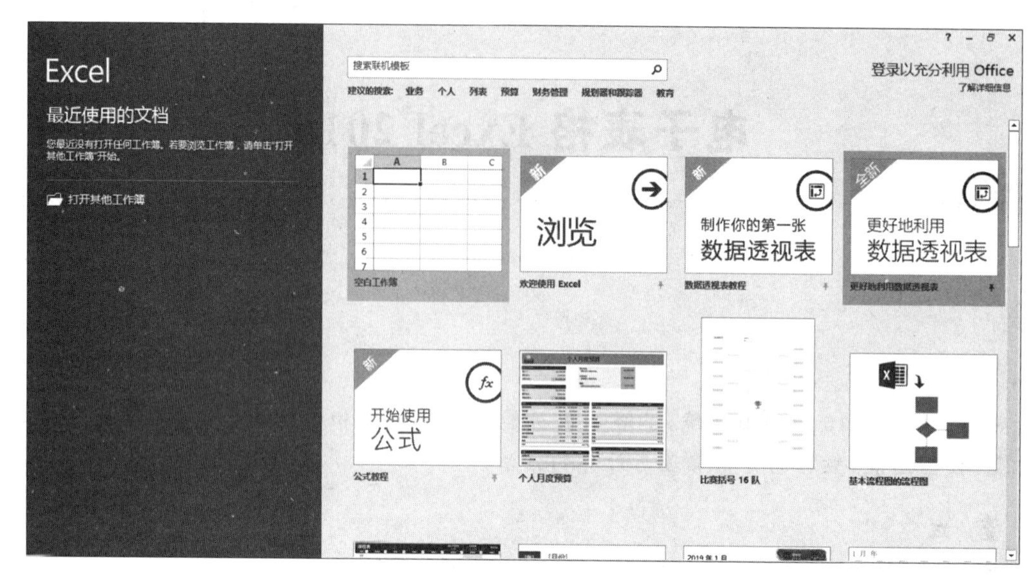

图 4-1　Excel 2016 的全新界面

1. 模板推荐功能

Excel 2016 能够推荐展示用户数据模式的图表。这些模板为用户完成大多数设置和设计工作，节省时间，让客户可以专注于数据处理。打开 Excel 2016 界面时，会看到预算、日历、表单和报告等联机模板的界面。如图 4-2 所示。

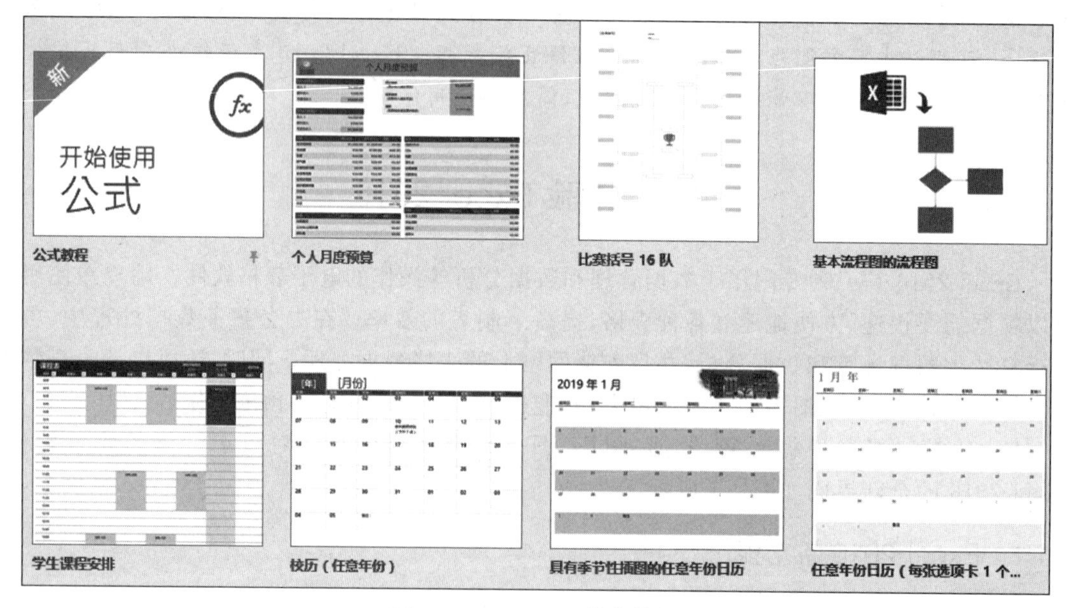

图 4-2　Excel 2016 推荐模板

2. Office 助手——Tell me

Tell me 能够引导相关命令，利用带有“必应”支持的智能查找功能检查资料，如输入“表格”关键字，在下拉菜单中有插入表格、套用表格样式、表格样式等，另外也可以获取有关表格的帮助和智能查找等。Tell me 可以帮助 Excel 初学者快速找到需要的命令操作，也可以加强对 Excel 的学习，如图 4-3 所示。

图 4-3 Tell me

3. 数据分析功能的强化

Excel 2016 增加了多种图表，如用户可以创建表示相互结构关系的树状图、分析数据层次占比的旭日图、判断生产是否稳定的直方图、显示一组数据分散情况的箱形图和表达数个特定数值之间的数量变化关系的瀑布图等，如图 4-4 所示。

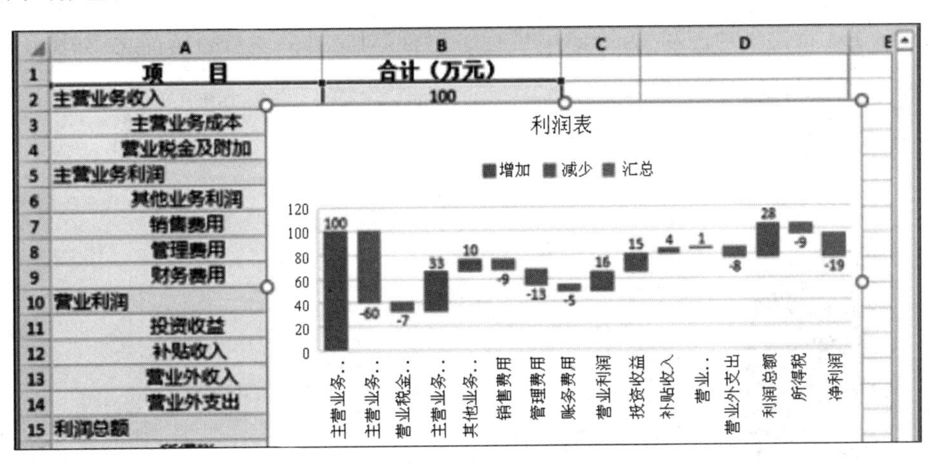

图 4-4 多种图表

Excel 2016 数据选项卡增加了 Power Query 工具，用户可以跨多种源查找和连接数据，从多个日志文件导入数据等；还增加了预测功能和预测函数，根据目前的数据信息，可预测未来数据发展态势，如图 4-5 所示。

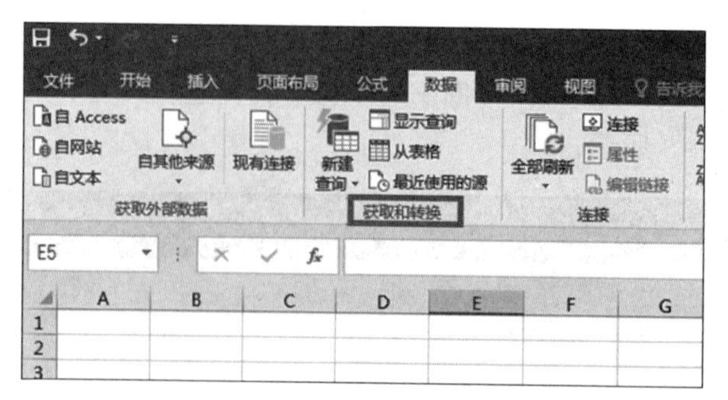

图 4-5　Power Query 工具

4. 添加墨迹公式

在 Excel 2016 中添加墨迹公式，用户可以使用手指或触摸笔在编辑区域手动写入数学公式，如图 4-6 所示，三个工作簿可以打开三个不同的窗口，方便用户切换操作。

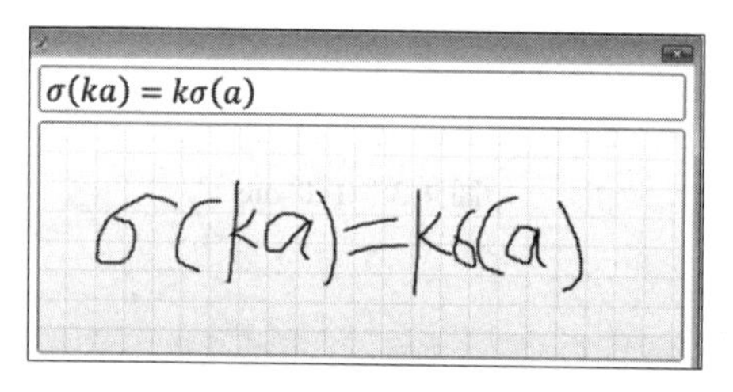

图 4-6　墨迹公式

5. 3D 地图

Excel 2016 将共享功能和 OneDrive 进行了整合，对文件共享进行了简化，如图 4-7 所示。

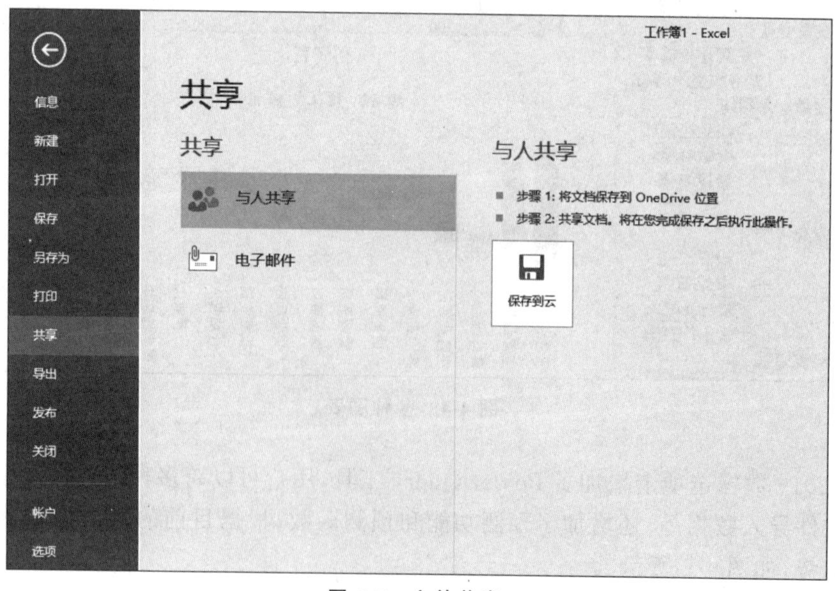

图 4-7　文件共享

4.1.2 Excel 2016 工作窗口简介

1. Excel 2016 的工作窗口

与 Excel 2013 类似，Excel 2016 的工作窗口如图 4-8 所示。

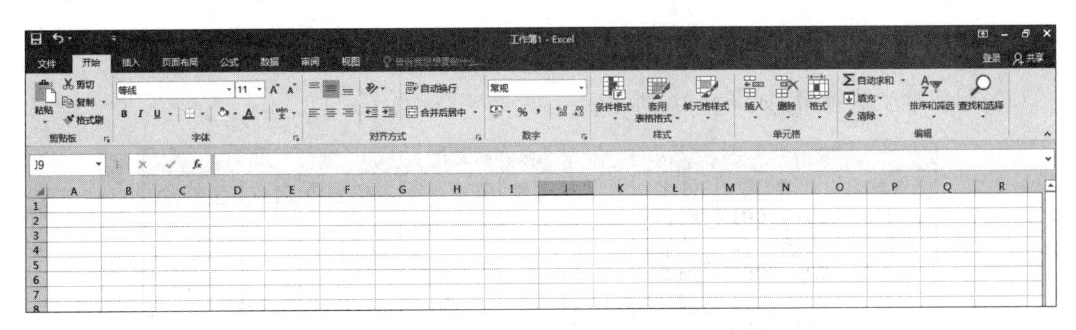

图 4-8 Excel 2016 工作窗口

2. Excel 2016 的基本要素

(1) 工作簿。Excel 2016 文档也称为工作簿，其文件扩展名为.xlsx。每个工作簿可包含多个工作表。启动 Excel 2016 程序后，系统会自动新建一个空的工作簿文档，通常工作簿的默认名称为“工作簿 1”。用户可以在“文件”按钮中，查找该工作簿的相关属性或进行其他操作。

(2) 工作表。工作表是工作簿窗口中的表格，一个工作簿默认有 1 个工作表，默认名称为 Sheet1。用户可通过点击⊕按钮，新建工作表，默认名称为 Sheet2、Sheet3、…。

(3) 单元格。工作表中的每个格子称为单元格。每个单元格的位置由列标和行号组成。例如：C1 是指表格左上角的第 3 列、第 1 行的单元格位置。

小贴士

Excel 2016 中常用的工具和命令的路径如图 4-9 所示。

若要...	单击...	然后在以下位置查找...
新建、打开、保存、打印、共享、导出文件或者更改选项	文件	Backstage 视图（在左窗格中单击命令）。
在单元格、列和行中设置数据格式并插入、删除、编辑或查找数据	开始	“数字”“样式”“单元格”和“编辑”组。
创建表格、图表、迷你表、报表、切片器以及超链接	插入	“表格”“图表”“迷你图”“筛选器”和“链接”组。
设置页边距、分页符、打印区域或工作表选项	页面布局	“页面设置”“调整为合适大小”和“工作表选项”组。
查找函数，定义名称或者解决公式问题。	公式	“函数库”“定义的名称”和“公式审核”组。
导入或连接到数据，对数据进行排序和筛选，验证数据有效性，快速填充值，或者进行模拟分析	数据	“获取外部数据”“连接”“排序和筛选”和“数据工具”组。
检查拼写，审阅并修改，以及保护工作表或工作簿	审阅	“校对”“批注”和“更改”组。
更改工作簿视图，排列窗口，冻结窗格，以及录制宏	视图	“工作簿视图”“窗口”和“宏”组。

图 4-9 Excel 2016 中常用的工具和命令的路径

4.2 案例1 制作学生成绩簿

4.2.1 案例及分析

1. 案例要求

（1）制作学生成绩簿，如图4-10所示。

2016级(6)班成绩簿							
班级排名	学　号	姓名	计算机基础	高等数学	大学英语	总分	平均分
1	20160001	赵倩	92	89	90		
2	20160002	孙俪	87	85	89		
3	20160003	周武	88	82	81		
4	20160004	郑旺	85	78	72		
5	20160005	丁一	72	70	66		
6	20160006	冯屋	69	65	59		
		最高分					
		平均分					

图4-10　学生成绩簿

（2）将标题设置为黑体12号、加粗、红色、居中、标题底纹为灰色。

（3）表格里的字体设置为宋体、11号、黑色、加粗。

（4）标题合并单元格后居中，表内信息水平居中和垂直居中。

2. 案例分析

学生通过本案例的学习，熟悉并了解Excel 2016的工作环境和基本功能，体验创建电子表格的过程，并能进行相应的编辑和修饰，以及能够掌握工作表中数据的输入，掌握数据的移动、复制、插入和删除等操作。

小贴士

提高输入数据效率的小窍门

按列顺序输入数据时，按Enter键（也称回车键），即可把光标快速移到本列中的下一个单元格；按行顺序输入数据时，按Tab键，即可把光标快速移到本行中的下一个单元格；单击单元格，是选定状态；双击单元格，是进入编辑状态，这时可以直接输入或编辑数据；单元格中如果出现######的提示，表示该单元格的宽度不足以显示数据，双击单元格列标的右边线，则可以将单元格的宽度调整为最合适的列宽，######自动消失，单元格中的数据恢复正常显示。

3. 操作步骤

1）创建表格

打开Excel 2016界面时，在“开始”选项卡下单击“新建”按钮，在搜索栏中输入“学生成绩”，会出现如图4-11所示的“成绩簿”对话框。用户仅需添加学生姓名、学号、成绩等。Excel 2016会为用户计算总分、百分比和字母成绩等。

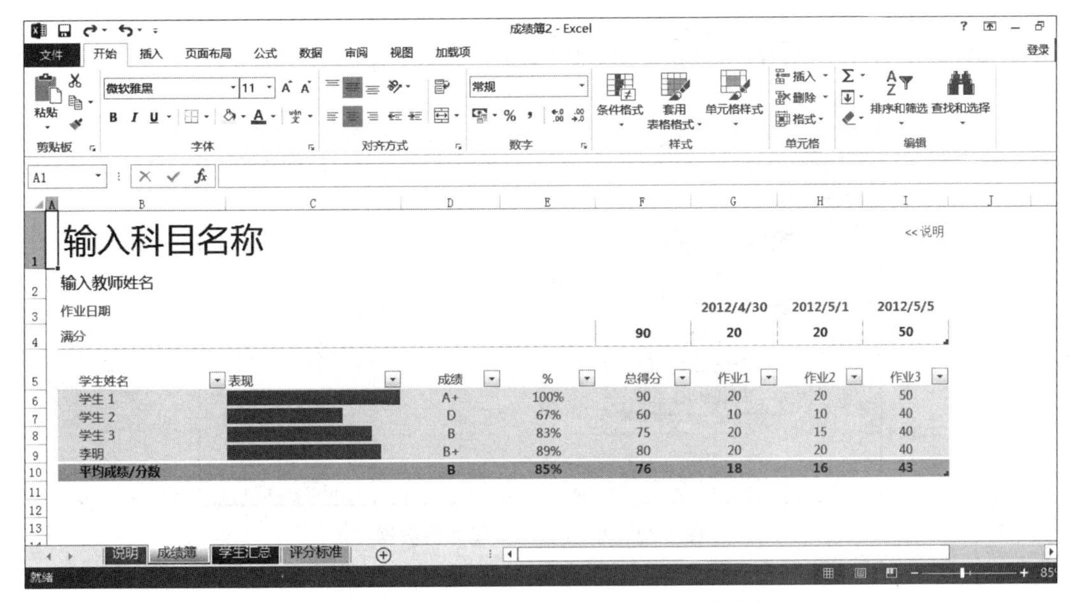

图 4-11 Excel 2016 为用户提供的成绩簿模板

用户也可以不选择 Excel 2016 提供的模板，根据个人喜好和习惯，设计具有个性化风格的学生成绩簿。本节案例不使用 Excel 2016 提供的模板。

2) 基本数据输入

利用 Excel 2016 提供的自动填充功能，可以向工作簿中快速输入规律的数据。如重复、等差、等比或预先定义的数据序列。

学生成绩簿中的“排名”列数据和“学号”列数据，都是有规律的等差数据，可以进行快速输入，步骤如下。

(1) 选择单元格 A1。

(2) 输入标题：2016 级(6)班成绩簿。

(3) 选择单元格 A2。

(4) 输入文字：班级排名。

(5) 选择单元格 A3。

(6) 输入数据：1。

(7) 鼠标指针放在所选单元格右下角的填充柄上，鼠标变为实心十字指针＋。

(8) 按住鼠标左键拖动到要复制的单元格上，单击“自动填充选项”，选择“填充序列”功能，则编号序列自动填充完成。如图 4-12 所示。其他单元格以此类推，一直到表格输入完成。

(9) 单击快速工具栏中的“保存”按钮，保存文件。

按照以上步骤操作后，填充完的表格如图 4-13 所示。

3) 表格的编辑与修饰

使用“开始”选项卡的“字体”工具组中的命令按钮，将学生成绩簿中的标题“2016 级(6)班成绩簿”设置为黑体 12 号、加粗、红色、居中，表格里的字体设置为宋体、11 号、加粗。

(1) 将学生成绩簿中的标题“2016 级(6)班成绩簿”合并单元格后居中。

① 选择单元格区域 A1 至 H1。

② 在“开始”选项卡的“对齐方式”工具组中单击“合并后居中”按钮，将标题跨列居中。

		2016级(6)班成绩簿					
排名	学号	姓名	计算机	高数	英语	总分	平均分
1							
2							
3							
4							
5							
6							
		最高分					

复制单元格(C)
填充序列(S)
仅填充格式(F)
不带格式填充(O)
快速填充(F)

Sheet1

图 4-12　自动填充有规律的数据

		2016级(6)班成绩簿					
班级排名	学 号	姓名	计算机基础	高等数学	大学英语	总分	平均分
1	20160001	赵倩	92	89	90		
2	20160002	孙俪	87	85	89		
3	20160003	周武	88	82	81		
4	20160004	郑旺	85	78	72		
5	20160005	丁一	72	70	66		
6	20160006	冯屋	69	65	59		
		最高分					
		平均分					

图 4-13　学生成绩簿

③ 使用“开始”选项卡的“字体”工具组中字体和颜色功能按照案例要求进行设置。设置后的表格如图 4-14 所示。

2016级(6)班成绩簿							
班级排名	学 号	姓名	计算机基础	高等数学	大学英语	总分	平均分
1	20160001	赵倩	92	89	90		
2	20160002	孙俪	87	85	89		
3	20160003	周武	88	82	81		
4	20160004	郑旺	85	78	72		
5	20160005	丁一	72	70	66		
6	20160006	冯屋	69	65	59		
		最高分					
		平均分					

图 4-14　表格标题及文字格式设置

(2) 设置水平方向与垂直方向的对齐方式。将“2016 级(6)班成绩簿”中的所有数据设置为水平居中和垂直居中的对齐方式。

① 选择“工资统计表”中的数据区域 A1 至 H10。

② 在“开始”菜单的“段落”工具组中单击☰按钮，将文本居中对齐；单击“对齐方式”工具组中的☰按钮，设置垂直居中。

4）设置边框和背景图案

为“2016 级(6)班成绩簿”添加边框为外框粗线、内框细线，为标题加背景为灰色。

(1) 选择“工资统计表”中的数据区域 A1 至 H10。

(2) 在“开始”选项卡的“字体”工具组右下角单击“字体设置”按钮，打开“设置单元格格式”对话框。

(3) 单击“边框”选项，先选择线条样式：粗线，单击“外边框”按钮；再选择线条样式：细线，单击“内部”按钮，最后单击“确定”按钮，边框设置完成。

(4) 继续在“设置单元格格式”对话框中单击“填充”选项，进行设置。各个功能键位置如图 4-15 所示。

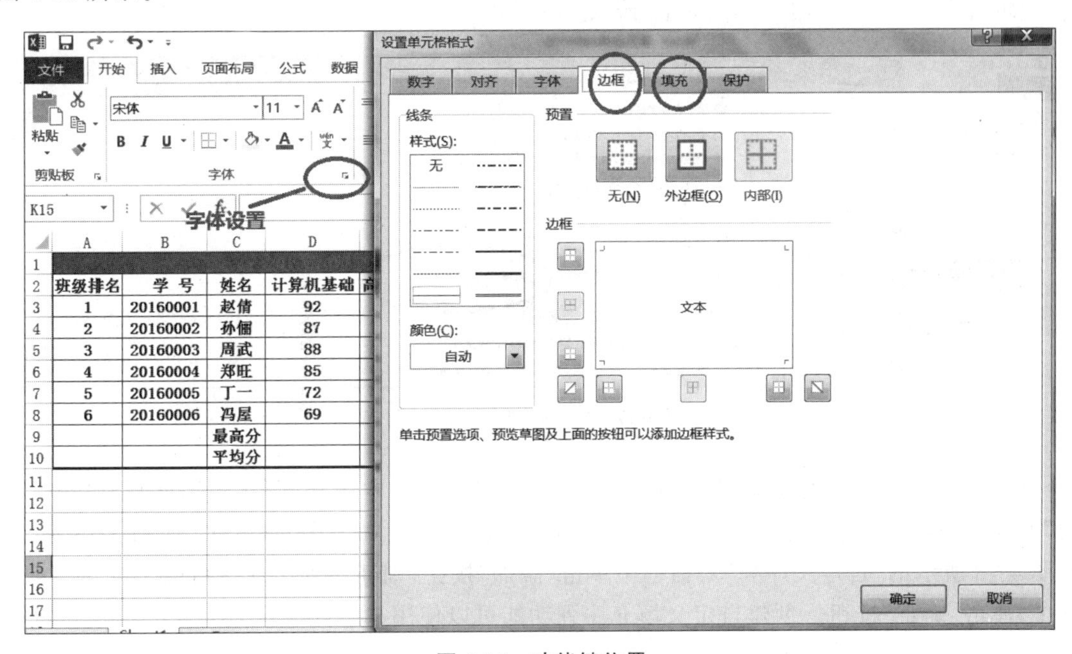

图 4-15 功能键位置

按照以上步骤操作后，设置完成的表格如图 4-16 所示。

2016级(6)班成绩簿							
班级排名	学 号	姓名	计算机基础	高等数学	大学英语	总分	平均分
1	20160001	赵倩	92	89	90		
2	20160002	孙俪	87	85	89		
3	20160003	周武	88	82	81		
4	20160004	郑旺	85	78	72		
5	20160005	丁一	72	70	66		
6	20160006	冯屋	69	65	59		
		最高分					
		平均分					

图 4-16 表格格式设置结果

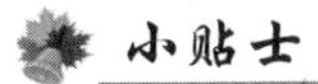
小贴士

鼠标空心十字指针与鼠标实心十字指针的区别

鼠标空心十字指针与鼠标实心十字指针的拖动功能是不同的。拖动空心十字指针(✚)

是选中一个区域；拖动实心十字指针(✚)是进行区域填充复制。

4.2.2 相关知识点

1. 创建自定义填充序列

Excel 2016 内设置了自定义序列功能，用户也可以使用工作表中的已有数据或以临时输入的方式来建立自己常用的自定义序列。下面将“2016 级(6)班成绩簿”中 A3 至 A8 单元格依次建立序列：第一名、第二名、第三名、第四名、第五名、第六名。具体操作步骤如下。

(1) 选择“文件”→“选项”命令，弹出“Excel 选项”对话框，左边选择“高级”选项，在右边单击“编辑自定义列表”按钮。如图 4-17 所示。

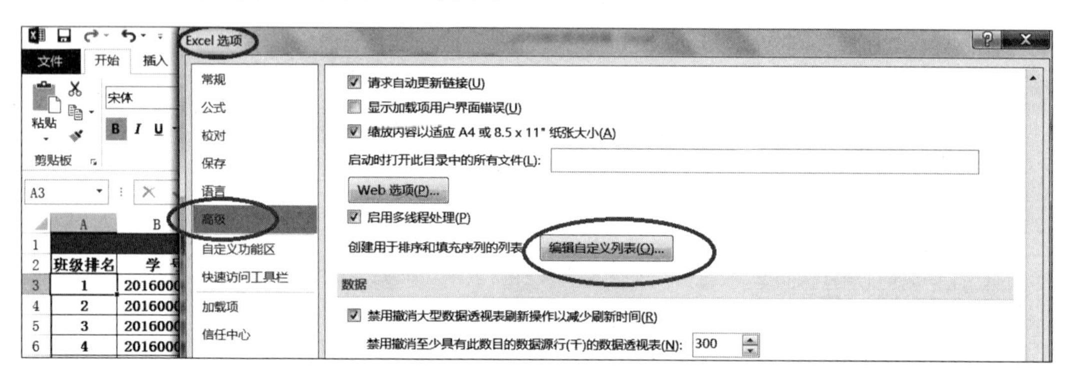

图 4-17 “Excel 选项”对话框

(2) 弹出“自定义序列”对话框，在“自定义序列”列表框中选择“新序列”，然后在“输入序列”列表框中输入新序列：第一名、第二名、第三名、第四名、第五名、第六名，如图 4-18 所示。在图 4-18 所示的“自定义序列”对话框中单击“添加”按钮，则新序列出现在“自定义序列”列表框中，单击“确定”按钮。创建自定义填充序列功能可以使用。

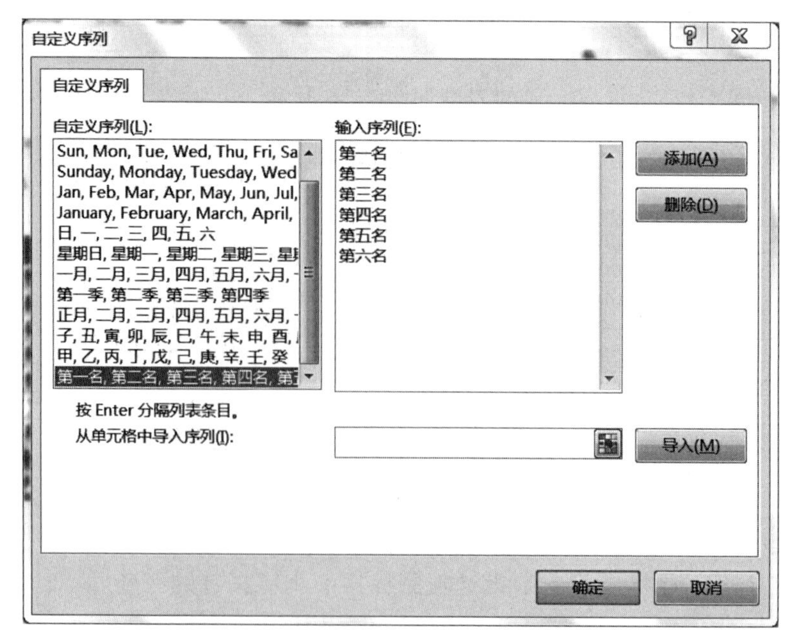

图 4-18 “自定义序列”对话框

(3) 自定义序列建立完成后，可以按照上面的方法对“2016 级(6)班成绩簿”使用自定义数据序列功能。操作步骤如下。

① 在 A3 单元格中输入第一名。

② 鼠标指针放在 A3 单元格右下角的填充柄上，鼠标变为实心十字指针✚。

③ 按住鼠标左键拖动 A8 单元格上，则自定义序列自动填充完成，如图 4-19 所示。

2016级(6)班成绩簿							
班级排名	学　号	姓名	计算机基础	高等数学	大学英语	总分	平均分
第一名	20160001	赵倩	92	89	90		
第二名	20160002	孙俪	87	85	89		
第三名	20160003	周武	88	82	81		
第四名	20160004	郑旺	85	78	72		
第五名	20160005	丁一	72	70	66		
第六名	20160006	冯屋	69	65	59		
		最高分					
		平均分					

图 4-19 自定义序列的输入结果

2. 插入工作表

操作步骤如下。

(1) 右击工作表标签，在弹出的快捷菜单中选择“插入”命令。

(2) 在当前选择的工作表之前插入一个新工作表。

3. 删除工作表

对于没有用的工作表可以将其删除，操作步骤如下。

(1) 右击工作表标签，在弹出的快捷菜单中选择“删除”命令。

(2) 删除选中的工作表。

4. 重命名工作表

默认的工作表名 Sheet1、Sheet2 等不能直观地表达工作表的内容，用户多会将工作表名修改为与工作表内容相关的名称。下面将“2016 级(6)班成绩簿”的工作表名称修改为“大学生成绩表”。

(1) 双击要改名的工作表标签 Sheet1。

(2) 输入新的工作表名称“大学生成绩表”，修改后如图 4-20 所示。

5. 行、列、单元格的插入、删除、清除

用户可根据工作需要，在当前表中选定的单元格、行、列的位置上插入一整行、一整列、一个新的单元格等。

1) 行、列、单元格的插入

操作步骤如下。

(1) 选择一行或一列。

(2) 选择“开始”选项卡中的“单元格”选项卡，在下拉菜单中选择“插入”命令。功能键位置如图 4-21 所示。

	A	B	C	D	E	F	G	H
1	2016级(6)班成绩簿							
2	班级排名	学 号	姓名	计算机基础	高等数学	大学英语	总分	平均分
3	第一名	20160001	赵倩	92	89	90		
4	第二名	20160002	孙俪	87	85	89		
5	第三名	20160003	周武	88	82	81		
6	第四名	20160004	郑旺	85	78	72		
7	第五名	20160005	丁一	72	70	66		
8	第六名	20160006	冯屋	69	65	59		
9			最高分					
10			平均分					

图 4-20　工作表重命名结果

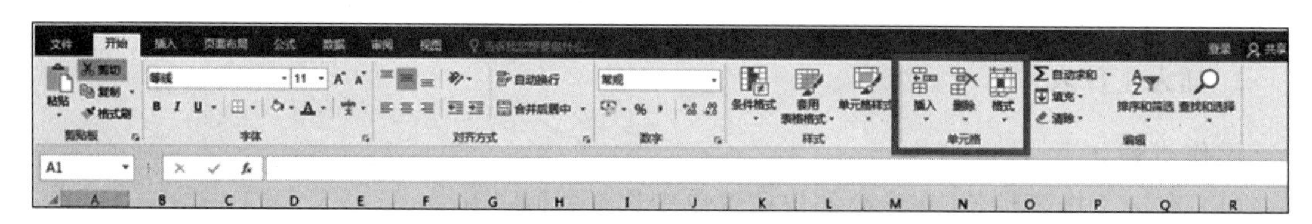

图 4-21　插入功能选项位置

2）行、列、单元格的删除

操作步骤如下。

（1）选择要删除的行、列、单元格。

（2）选择“开始”选项卡中的“单元格”选项卡，单击“删除”按钮。（或右击并在弹出的快捷菜单中选择“删除”命令）此时，被选中的行、列、单元格将删除。功能键位置如图 4-22 所示。

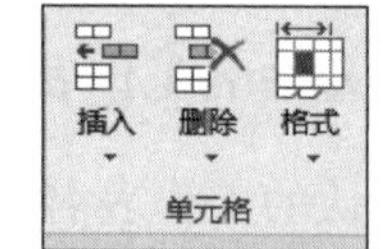

图 4-22　删除功能键位置

3）单元格数据的清除

清除单元格数据的含义是保留单元格的位置，只删除单元格全部或部分的属性，即删除单元格的格式、内容或批注。

操作步骤如下。

（1）选择要清除的单元格区域。

（2）在“开始”选项卡的“样式”工具组中选择“条件格式”命令，单击“清除规则”按钮，会出现下拉菜单。根据需要选择其中的一项，单击“确定”按钮即可，如图 4-23 所示。

6. 打开多个窗口

打开多个窗口的操作：在“视图”选项卡的“窗口”工具组中单击“新建窗口”按钮，系统打开一个新的窗口。

7. 重排窗口

当用户打开多个窗口并在不同窗口中打开不同的文件时，希望在屏幕上同时显示多个窗

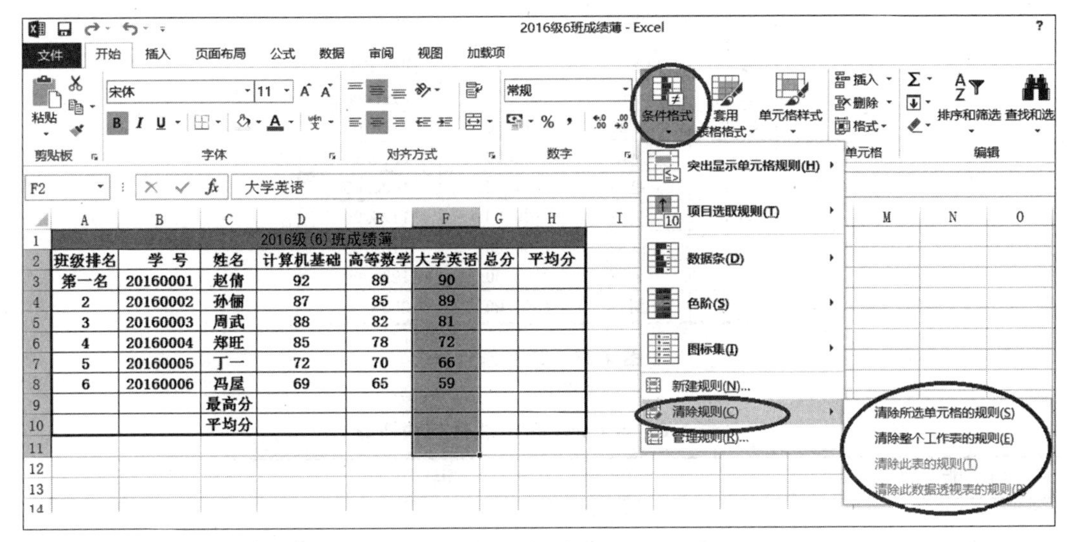

图 4-23 清除功能键位置

口中的内容,此时就要将窗口进行重新排列,如图 4-24 所示,用户可以根据自己的需求,进行平铺、水平并排、垂直并排或层叠操作。

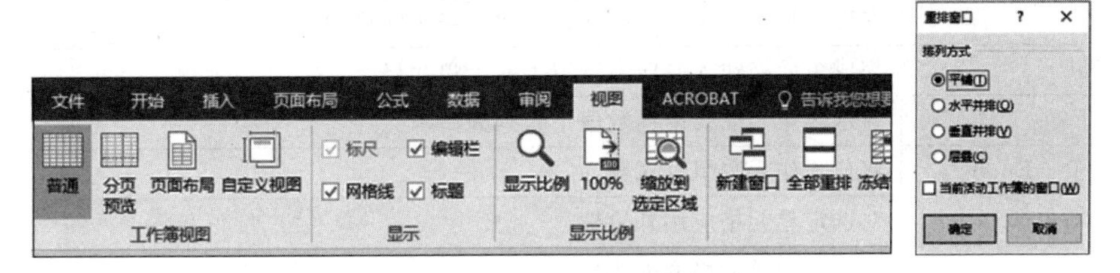

图 4-24 重排窗口功能键位置

4.2.3 上机实训

1. 实训目的

了解和掌握数据的不同输入方法,掌握表格格式化的操作,进行相应的编辑和修饰。

2. 实训内容

(1) 输入数据并格式化表格。

(2) 第一行标题:楷体、14 号字、加粗、居中(水平方向、垂直方向居中)、黑色,标题底纹浅绿色。

(3) 表内文字:宋体、12 号字、居中对齐。

(4) 数值型数据,保留小数 2 位。

(5) 表格边框:外框双细线,内框单细线,如图 4-25 所示。

小贴士

表 4-1 列出了与 Excel 2016 相关的快捷键。

工资统计表			
编号	姓名	基本工资	岗位工资
G011	李娜	1000.00	2196.00
G012	刘红	1178.00	2176.00
G013	李刚刚	2162.00	1970.90
G014	赵四	1294.00	1000.00
G015	吴梦	1100.00	1178.00
G016	武明	1188.00	2162.00
G017	马鹏	2262.00	1294.00
G018	陈明月	1594.00	2000.00

图 4-25　工资统计表

表 4-1　与 Excel 2016 相关的快捷键

功能键	说明
Ctrl+F5	恢复选定的工作簿窗口的大小
F6	切换到被拆分（“窗口”菜单中的“拆分”命令）的工作表中的下一个窗格
Shift+F6	切换到被拆分的工作表中的上一个窗格
Alt+空格键	显示 Excel 窗口的“控件”菜单
Ctrl+End	移动到工作表的最后一个单元格，该单元格位于数据所占用的最右列的最下行
Tab	在受保护的工作表上的非锁定单元格之间移动。
Shift+Tab	完成单元格输入并向左选取上一个单元格
Alt+向下键	显示区域当前列中的数值下拉列表
Ctrl+Shift+Enter	将公式作为数组公式输入
Ctrl+Shift+&	对选定单元格应用外边框
Ctrl+Shift+_	取消选定单元格的外边框
Ctrl+F11	插入“宏”表
Ctrl+Alt+F9	计算所有打开的工作簿中的工作表
Ctrl+Shift+加号（+）	插入空白单元格
Shift+F2	编辑单元格批注

4.3　案例 2　学生成绩簿的统计

了解和掌握 Excel 2016 公式及常用函数的使用方法，熟悉单元格引用的含义及应用，掌握数据管理的基本方法。

4.3.1　案例及分析

1. 案例要求

(1) 计算总分、平均分、最高分，保留小数点后一位。

(2) 对不及格分数以深红色字体及浅红色背景设置底纹显示。

(3) 添加 IF 函数备注和批注。

（4）使用高级筛选命令进行操作，如图 4-26 所示。

班级排名	学　号	姓名	计算机基础	高等数学	大学英语	总分	平均分	备注
1	20160001	赵倩	92.0	89.0	90.0	271.0	90.3	A
2016级(6)班成绩簿								
班级排名	学　号	姓名	计算机基础	高等数学	大学英语	总分	平均分	备注
1	20160001	赵倩	92.0	89.0	90.0	271.0	90.3	A
2	20160002	孙俪	87.0	85.0	89.0	261.0	87.0	B
3	20160003	周武	88.0	82.0	81.0	251.0	83.7	B
4	20160004	郑旺	85.0	78.0	72.0	235.0	78.3	C
5	20160005	丁一	72.0	70.0	66.0	208.0	69.3	D
6	20160006	冯屋	69.0	65.0	59.0	193.0	64.3	D
		最高分	92.0	89.0	90.0		总分最低分	
		平均分	82.2	78.2	76.2			

图 4-26　学生成绩簿

2. 案例分析

在 4.2 节中，对“学生成绩表”进行了数据的输入、编辑和修饰等操作，但表格数据还并不完整。本节将对“学生成绩表”中的数据进行计算、分析和统计。

3. 操作步骤

1）计算总分和平均分

利用 Excel 2016 提供的自动求和功能来计算每个人的总分和平均分，在“2016 级(6)班成绩簿”中补充输入数据，根据每人成绩计算其中的总分和平均分，并求出各科的最高分和平均分。

选中 D3：F8 区域的单元格，单击“公式”选项卡中的“自动求和”按钮的下拉菜单，可以使用求和、平均值、计数、最大值、最小值等功能，如图 4-27 所示。

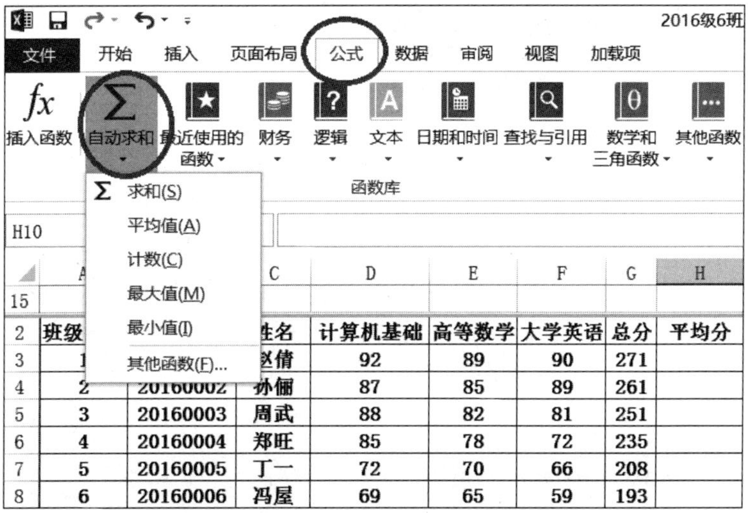

2016级6班

文件　开始　插入　页面布局　公式　数据　审阅　视图　加载项

插入函数　自动求和　最近使用的函数　财务　逻辑　文本　日期和时间　查找与引用　数学和三角函数　其他函数

函数库

Σ 求和(S)
平均值(A)
计数(C)
最大值(M)
最小值(I)
其他函数(F)...

H10

	A	B	C	D	E	F	G	H
15								
2	班级		姓名	计算机基础	高等数学	大学英语	总分	平均分
3	1		赵倩	92	89	90	271	
4	2	20160002	孙俪	87	85	89	261	
5	3	20160003	周武	88	82	81	251	
6	4	20160004	郑旺	85	78	72	235	
7	5	20160005	丁一	72	70	66	208	
8	6	20160006	冯屋	69	65	59	193	

图 4-27　数据统计功能键位置

按照以上步骤操作后，“2016 级(6)班成绩簿”如图 4-28 所示。

2016级(6)班成绩簿							
班级排名	学　号	姓名	计算机基础	高等数学	大学英语	总分	平均分
1	20160001	赵倩	92	89	90	271	90.333
2	20160002	孙俪	87	85	89	261	87.0
3	20160003	周武	88	82	81	251	83.7
4	20160004	郑旺	85	78	72	235	78.3
5	20160005	丁一	72	70	66	208	69.3
6	20160006	冯屋	69	65	59	193	64.3
		最高分	92	89	90		
		平均分	82.2	78.2	76.2		

图 4-28　“2016 级(6)班成绩簿”数据统计结果

2）设置条件格式

对该表各科成绩的不及格分数以深红色字体及浅红色背景设置底纹显示。操作步骤如下。

(1) 选中 D3:F8 区域的单元格区域。

(2) 在“开始”选项卡的“样式”工具组中单击“条件格式”下拉按钮，选择“突出显示单元格规则”的“小于”命令，如图 4-29 所示。

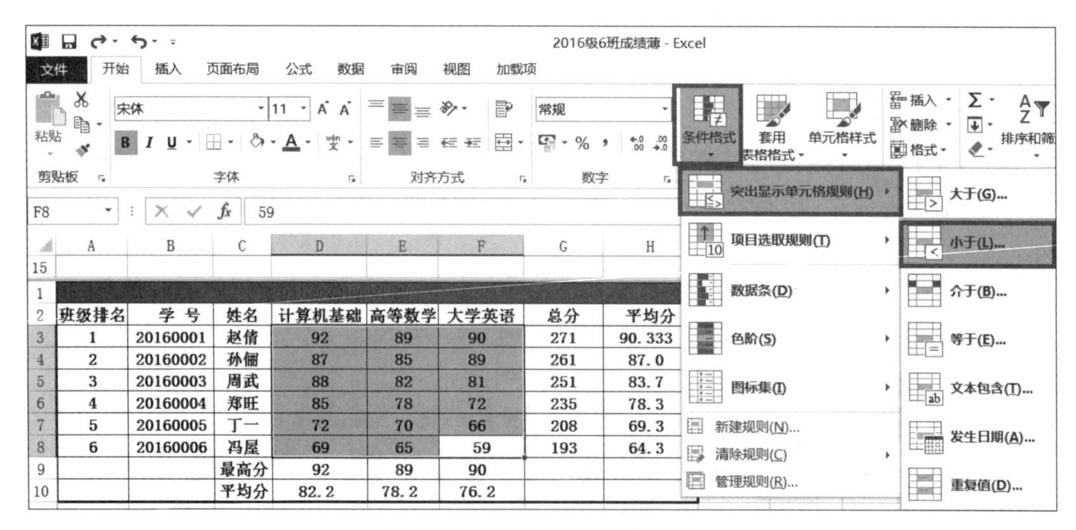

图 4-29　“条件格式”按钮位置

(3) 用户选择“小于”命令后会出现如图 4-30 所示的对话框，根据本节案例要求，设置“为小于以下值的单元格设置格式”的值为 60；格式设置为“浅红色填充深红色文本”。当然，用户也可以自定义单元格格式，单击“设置为”的下拉按钮，选择“自定义格式”功能键，即可完成自定义操作。

图 4-30　“小于”对话框

按照以上步骤操作后,“2016 级(6)班成绩簿”如图 4-31 所示。

2016级(6)班成绩簿							
班级排名	学 号	姓名	计算机基础	高等数学	大学英语	总分	平均分
1	20160001	赵倩	92	89	90	271	90.333
2	20160002	孙俪	87	85	89	261	87.0
3	20160003	周武	88	82	81	251	83.7
4	20160004	郑旺	85	78	72	235	78.3
5	20160005	丁一	72	70	66	208	69.3
6	20160006	冯屋	69	65	59	193	64.3
		最高分	92	89	90		
		平均分	82.2	78.2	76.2		

图 4-31　显示“不及格分数”的学生成绩簿

3) 设置保留小数

设置“2016 级(6)班成绩簿”中的小数点保留 1 位,操作步骤如下。

(1) 选中 D10: F10 和区域的 H3: H8 区域。

(2) 单击“开始”选项卡的“数字”工具组右下角的扩展选项,出现“设置单元格格式”对话框,在“分类”栏中选择“数值”,最后在“小数位数”栏中输入 1,设置保留一位小数。单击“确定”按钮后完成。各功能键位置如图 4-32 所示。

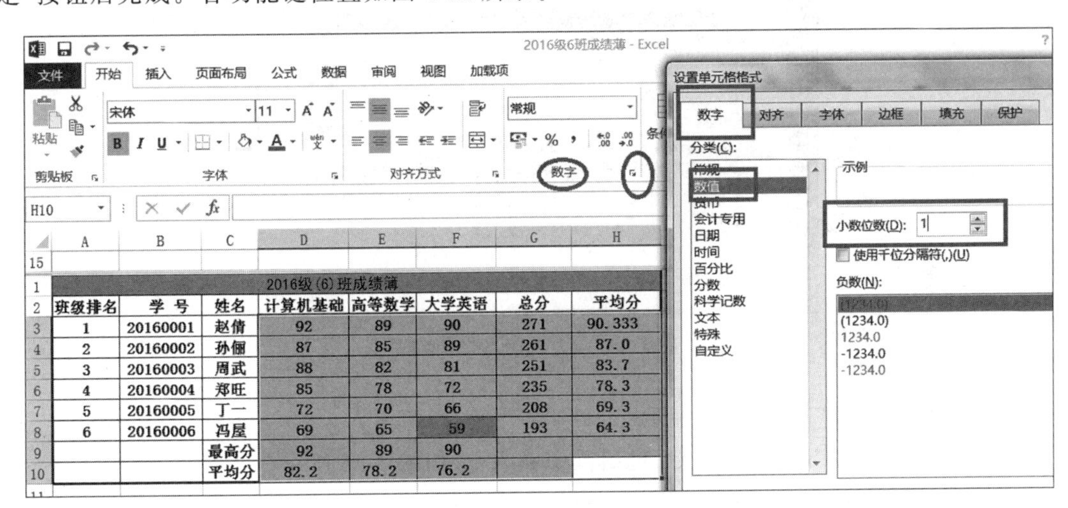

图 4-32　“设置小数点位数”功能键位置

按照以上步骤操作后,“2016 级(6)班成绩簿”如图 4-33 所示。

2016级(6)班成绩簿							
班级排名	学 号	姓名	计算机基础	高等数学	大学英语	总分	平均分
1	20160001	赵倩	92.0	89.0	90.0	271.0	90.3
2	20160002	孙俪	87.0	85.0	89.0	261.0	87.0
3	20160003	周武	88.0	82.0	81.0	251.0	83.7
4	20160004	郑旺	85.0	78.0	72.0	235.0	78.3
5	20160005	丁一	72.0	70.0	66.0	208.0	69.3
6	20160006	冯屋	69.0	65.0	59.0	193.0	64.3
		最高分	92.0	89.0	90.0		
		平均分	82.2	78.2	76.2		

图 4-33　“设置小数点位数”的学生成绩簿

4）用 IF 条件函数统计出“备注”字段的值

在“2016 级(6)班成绩簿”中，插入“备注”列。根据学生的分数，确定学生的等级。要求用“IF 条件函数”嵌套公式，统计平均分>=90.0，备注为“优”；平均分>=80.0，备注为“良”；统计平均分>=70.0，备注为“中”；平均分>=60，备注为“及格”。

（1）选择单元格 I3。

（2）在“公式”选项卡的“函数库”工具组中选择“插入函数”选项，会弹出“插入函数”对话框，选择 IF 条件函数，如图 4-34 所示。在“插入函数”对话框中单击“确定”按钮，出现“函数参数”对话框。

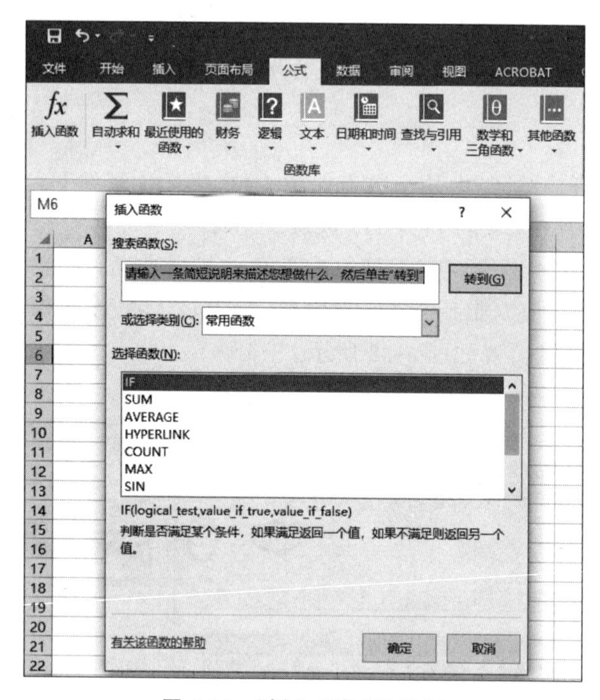

图 4-34 “插入函数”对话框

（3）在“函数参数”对话框中，在 Logical_test 文本框中输入 I3>=90.0，在 Value_if_true 文本框中输入"A"，在 Value_if_false 对话框中输入 B，如图 4-35 所示。

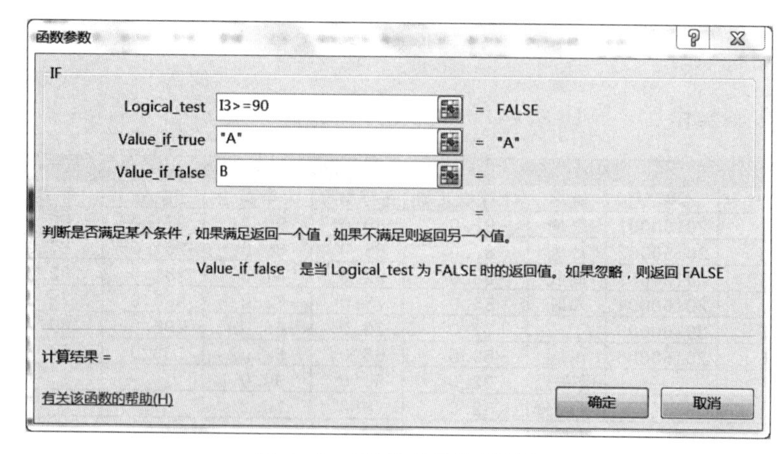

图 4-35 “函数参数”对话框

(4) 在“函数参数”对话框中单击“确定”按钮,I3 单元格中出现 A。以此类推,计算出其他各项的“备注”值。也可以通过拖动 I3 单元格右下角的填充手柄完成。统计后的“2016 级(6)班成绩簿”,如图 4-36 所示。

2016级(6)班成绩簿								
班级排名	学 号	姓名	计算机基础	高等数学	大学英语	总分	平均分	备注
1	20160001	赵倩	92.0	89.0	90.0	271.0	90.3	A
2	20160002	孙俪	87.0	85.0	89.0	261.0	87.0	B
3	20160003	周武	88.0	82.0	81.0	251.0	83.7	B
4	20160004	郑旺	85.0	78.0	72.0	235.0	78.3	C
5	20160005	丁一	72.0	70.0	66.0	208.0	69.3	D
6	20160006	冯屋	69.0	65.0	59.0	193.0	64.3	D
		最高分	92.0	89.0	90.0			
		平均分	82.2	78.2	76.2			

图 4-36 统计后的“2016 级(6)班成绩簿”

5) 添加批注、编辑、显示、隐藏批注、删除批注

在“2016 级(6)班成绩簿”中添加“批注”。

(1) 选中单元格 G8。

(2) 在“审阅”选项卡的“批注”工具组中单击“新建批注”按钮,位置如图 4-37 所示。

图 4-37 “新建批注”按钮

(3) 在“批注编辑框”中输入批注内容,批注单元格 G8 为“总分最低分”。同时,在“审阅”菜单下的“批注工具栏”中,用户还可以对批注进行编辑、显示、隐藏和操作等功能。如图 4-38 所示。

G8 =SUM(D8:F8)

	A	B	C	D	E	F	G	H	I
15									
1	2016级(6)班成绩簿								
2	班级排名	学 号	姓名	计算机基础	高等数学	大学英语	总分	平均分	备注
3	1	20160001	赵倩	92.0	89.0	90.0	271.0	90.3	A
4	2	20160002	孙俪	87.0	85.0	89.0	261.0	87.0	B
5	3	20160003	周武	88.0	82.0	81.0	251.0	83.7	B
6	4	20160004	郑旺	85.0	78.0	72.0	235.0	78.3	C
7	5	20160005	丁一	72.0	70.0	66.0	208.0	69.3	D
8	6	20160006	冯屋	69.0	65.0	59.0	193.0	64.3	D
9			最高分	92.0	89.0	90.0		总分最低分	
10			平均分	82.2	78.2	76.2			

图 4-38 添加“批注”后的“2016 级(6)班成绩簿”

6）使用高级筛选命令筛选出学生成绩簿中平均分在 90 分以上的数据

(1) 首先在第一行上面插入几行空行。

(2) 将列表区中的字段名(编号、姓名、……)复制到第一行。

(3) 在条件区域单元格 F2 中输入条件>=90。

(4) 在“数据”选项卡的“排序和筛选”工具组中单击“高级”按钮,弹出“高级筛选”对话框。

(5) 在对话框中,“列表区域”和“条件区域”可以直接用鼠标在数据区域选中。

(6) 在“高级筛选”对话框中单击“确定”按钮,筛选结果,如图 4-39 所示。

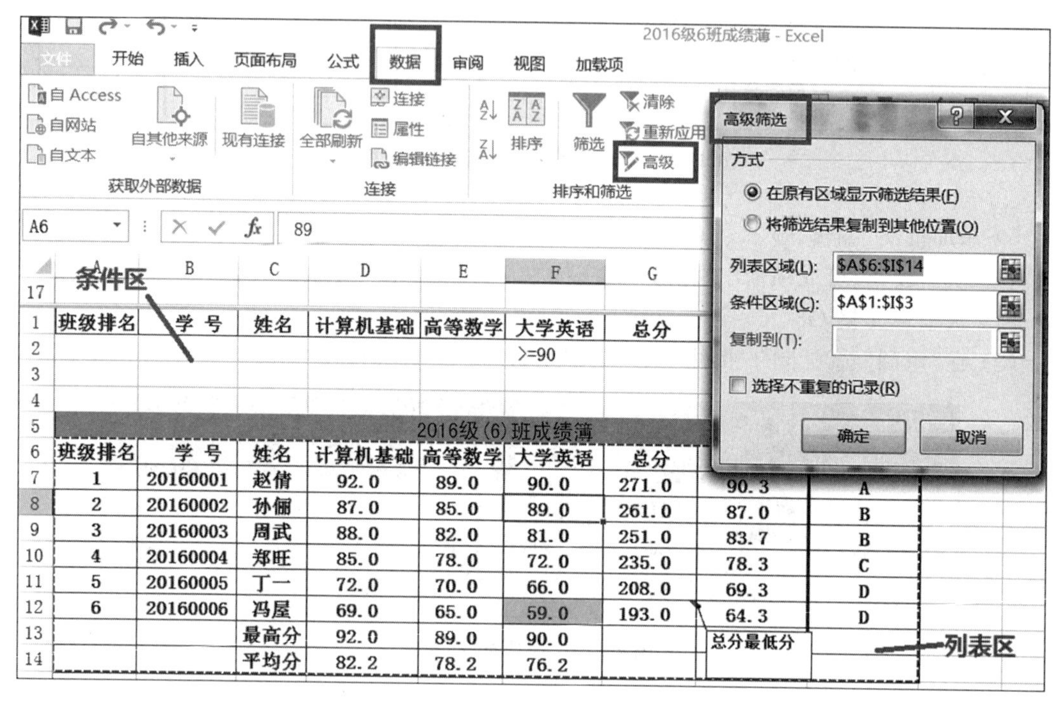

图 4-39 “高级筛选”对话框

(7) 如果要取消筛选结果,选择“排序和筛选”中的“清除”命令。

按照以上步骤操作后,生成的高级筛选后的学生成绩簿如图 4-40 所示。

班级排名	学 号	姓名	计算机基础	高等数学	大学英语	总分	平均分	备注
1	20160001	赵倩	92.0	89.0	90.0	271.0	90.3	A

2016级(6)班成绩簿

班级排名	学 号	姓名	计算机基础	高等数学	大学英语	总分	平均分	备注
1	20160001	赵倩	92.0	89.0	90.0	271.0	90.3	A
2	20160002	孙俪	87.0	85.0	89.0	261.0	87.0	B
3	20160003	周武	88.0	82.0	81.0	251.0	83.7	B
4	20160004	郑旺	85.0	78.0	72.0	235.0	78.3	C
5	20160005	丁一	72.0	70.0	66.0	208.0	69.3	D
6	20160006	冯屋	69.0	65.0	59.0	193.0	64.3	D
		最高分	92.0	89.0	90.0		总分最低分	
		平均分	82.2	78.2	76.2			

图 4-40 高级筛选后的学生成绩簿

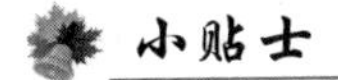

小贴士

日期的快速输入的方法

用户需要输入当前系统日期，只需在选择需要输入的单元格位置后，同时按住 Ctrl+；组合键即可；若要输入当前系统时间，在选择需要输入的单元格位置后，同时按住 Ctrl+Shift+；组合键即可。

4.3.2 相关知识点

1. 将 Word 表格的文本内容引入 Excel 工作表中

操作步骤如下。

(1) 将 Word 表格的文本内容选中、复制。

(2) 在 Excel 工作表中选择对应位置，在“开始”选项卡的“剪贴板”工具组中选择“粘贴”命令，选择“选择性粘贴”命令，在弹出的对话框中再选择“文本”选项，如图 4-41 所示。

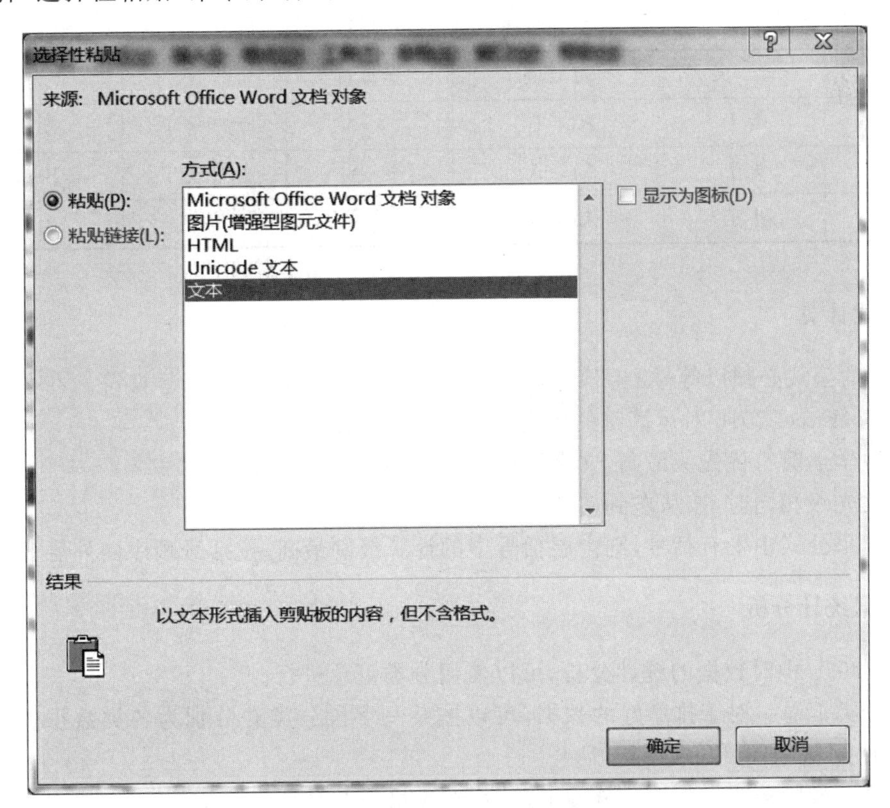

图 4-41 “选择性粘贴”对话框

(3) 单击“确定”按钮，这样复制的数据不含有任何格式，方便编辑。

2. 在多个工作表中同时输入相同的数据

操作步骤如下。

(1) 长按 Ctrl 键，单击左下角的工作表名称(如：Sheet1、Sheet2、Sheet3) 选定所要的工作表，这时所选的工作表会自动成为一个“工作组”。

(2) 只要在“工作组”中任意一个工作表中输入数据，“工作组”中的其他工作表也会添加相同的数据。

(3) 如果要取消“工作组”，右击任一工作表名称，在弹出的快捷菜单中选择“取消成组工作表”命令即可。

3. 快速插入图表

操作步骤如下。

(1) 选择要创建图表的单元格区域。

(2) 按F11键。图表自动生成，并作为新工作表保存。

4. 比较运算符

比较运算符的作用是用于两个数值的比较，结果是一个逻辑值，真(True)或假(False)，如表4-2所示。

表4-2　比较运算符

运算符	含　义	范　例	运算符	含　义	范　例
＝	等于	A1＝B1	＞＝	大于等于	B1＞＝B2
＞	大于	A1＞A2	＜＝	小于等于	B1＜＝B2
＜	小于	A1＜A2	＜＞	不等于	B1＜＞B2

5. 公式计算

Excel的公式必须以等号“＝”开头，后面是参与计算的运算数和运算符。在公式中有多个运算符时，Excel 2016对运算符的优先级作了如下规定。

(1) 数学运算符优先级最高，文字运算符次之，比较运算符最低。

(2) 优先级相同时，按从左到右的顺序计算。

(3) 如果公式中带有括号，则内层括号中的计算级别最高，按括号顺序向外层计算。

6. 数据统计分析

Excel 2016中对数据的统计分析，可以使用分类汇总进行。

(1) 分类汇总。对于排序好的数据，可以按某一字段分类并分别为各类数据的一些数据项进行统计汇总，如求和、求平均等。

(2) 显示或隐藏明细数据。分类汇总后，在表格的左侧是分级显示符号，单击这些符号可以分别显示不同级别的数据。

7. 常用函数

函数实际是预先定义好的内置公式，在使用时，输入相应的参数，即可获得运行的结果。这些参数可以是数字、文本、逻辑值、数组、单元格区域等。输入函数的方法有两种：一种是直接输入函数；另一种是粘贴函数。常用函数如表4-3所示。

表 4-3 常用函数

函数名	功 能
SUM	求一组数的和
IF	根据对指定条件的逻辑判断的真假结果，返回相对应条件触发的计算结果
MAX	求一组数中的最大值
MIN	求一组数中的最小值
COUNTIF	统计满足给定条件的单元格个数
COUNTA	计算数值个数及非空单元格的数目
AVERAGE	求一组数的算术平均值

8. Excel 转 PDF

Excel 2016 不需要借助第三方的软件就可以直接将表格转成 pdf 格式的文件，步骤如下。

(1) 打开要转换的 Excel 文件后，在“文件”菜单中单击“导出”选项，进入文件设置界面，单击“创建 PDF/XPS 文档”，如图 4-42 所示。

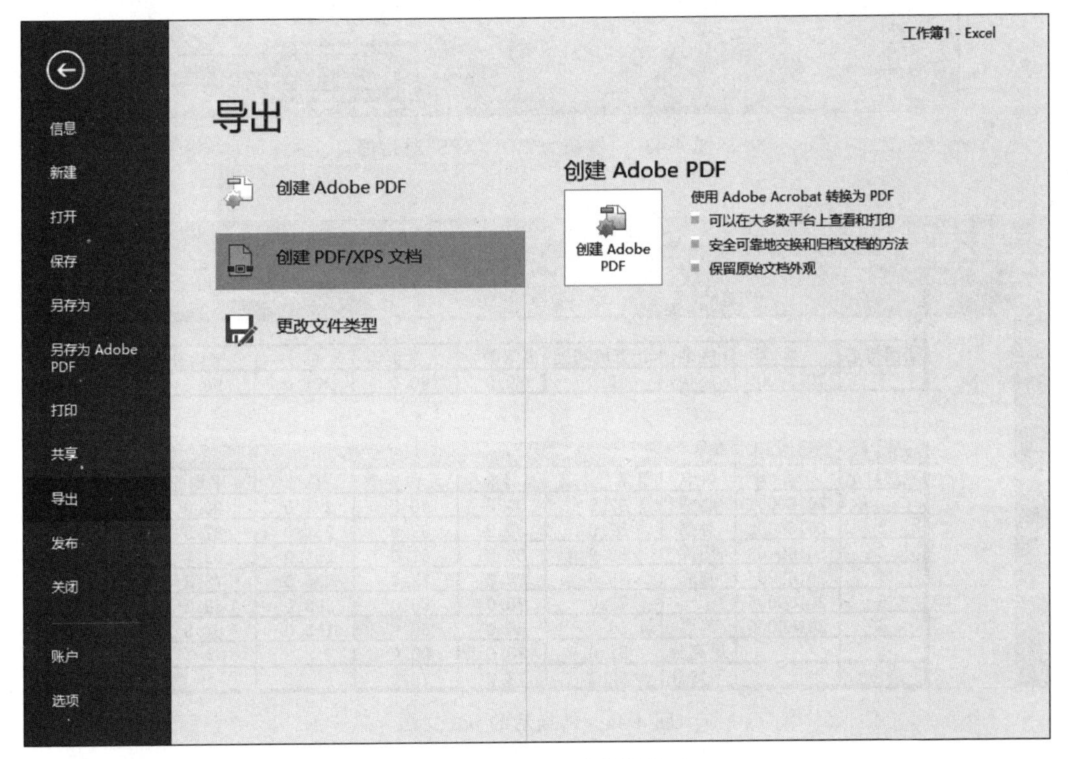

图 4-42 创建 pdf 功能键位置

(2) 单击“创建 PDF/XPS 文档”后，会出现如图 4-43 所示的对话框，用户可以选择要保存文件的地址后，单击“发布”按钮。

(3) 转换完成后的 pdf 文档如图 4-44 所示。

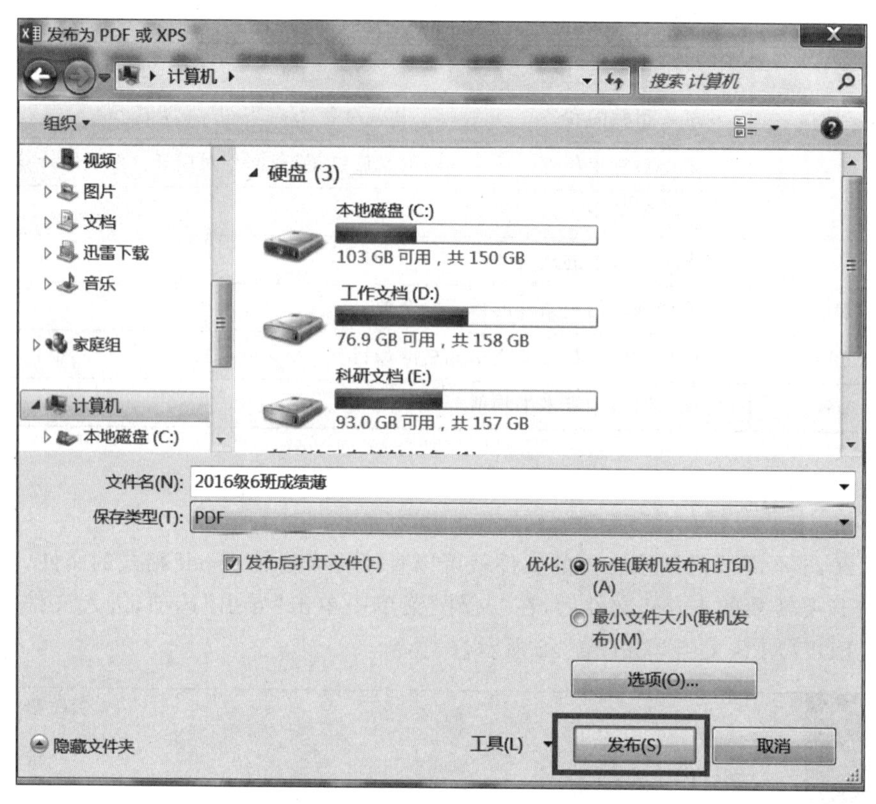

图 4-43 “发布为 PDF/XPS”对话框

班级排名	学 号	姓名	计算机基础	高等数学	大学英语	总分	平均分
1	20160001	赵倩	92.0	89.0	90.0	271.0	90.3

2016级6班成绩簿							
班级排名	学 号	姓名	计算机基础	高等数学	大学英语	总分	平均分
1	20160001	赵倩	92.0	89.0	90.0	271.0	90.3
2	20160002	孙俪	87.0	85.0	89.0	261.0	87.0
3	20160003	周武	88.0	82.0	81.0	251.0	83.7
4	20160004	郑旺	85.0	78.0	72.0	235.0	78.3
5	20160005	丁一	72.0	70.0	66.0	208.0	69.3
6	20160006	冯屋	69.0	65.0	59.0	193.0	64.3
		最高分	92.0	89.0	90.0		
		平均分	82.2	78.2	76.2		

图 4-44 转换后的 pdf 文档

4.3.3 上机实训

1. 实训目的

掌握使用 Excel 2016 的基本制表的方法，并会应用函数进行计算和数据分析。

2. 实训内容

制作“销售表”，如表4-4所示。

表4-4 销售表

编号	姓名	销售地区	产品名称	数量	单价	销售收入	完成情况
1	金明	广州	电视机	12	12200		
2	胡文	广州	VCD	9	2300		
3	李铁	广州	空调机	3	8500		
4	吴江	北京	VCD	5	1350		
5	黄鹂	北京	洗衣机	3	2200		
6	张罗	北京	空调机	3	1350		
7	薛红	广州	冰箱	12	7500		
8	胡涛	广州	空调机	8	23000		
9	王储	广州	VCD	4	1400		
10	张文英	北京	电视机	5	15000		
11	刘风	北京	VCD	5	1350		
平均销售收入							
收入最大值							
收入最小值							

3. 实训要求

(1) 制作销售表。

(2) 计算销售收入、平均销售收入、收入最大值、收入最小值，并判断完成情况(销售收入>=100000，超额；销售收入>=6500，完成；销售收入<6500，未完成)。

(3) 格式化销售表。

- 第一行标题：隶书、14号字、加粗、居中(水平方向、垂直方向居中)、红色。
- 第二行文字(编号、姓名……)：宋体、12号字、加粗、居中(水平方向居中)。
- 其他各行文字：宋体、12号字、右对齐。
- 数值型数据(单价、销售收入)保留小数2位。
- 调整行高为15；列宽为9。
- 标题行加底纹：浅蓝色。
- 表格边框：外框双细线，内框单细线。

(4) 排序：按照“销售收入”从高到低排列。

(5) 分类汇总：分类字段为销售地区；汇总项为销售收入；汇总方式为求和。

小贴士

错误信息及原因

当输入的公式或函数发生错误时，Excel不能有效地运算。这时在相应单元格中会出现表示错误的信息，常见的出错信息如表4-5所示。

表 4-5 常见的出错信息

出错信息	出错原因
#VALUE!	输入值错误。如：需要输入数字或逻辑值时输入了文本
#NAME?	未知的区域名称。在公式或函数中出现没有定义的名称
#NULL!	无可用单元格。在公式或函数中使用不正确的区域或不正确的单元格引用
#N/A	无可用数值，在公式或函数中没有可用的数值
#REF!	单元格引用无效
#DIV/0!	除数为零
#NUM!	不能接收的参数或不能表示的数值

4.4 案例3 制作图表

Excel 提供了完善的图表功能，根据电子表格中的数据制作各种类型的图表，可以使得数据更加清晰、直观、易懂。

4.4.1 案例及分析

1. 案例要求

（1）为“2016 级(6)班成绩簿”创建图表。

（2）为“2016 级(6)班成绩簿”创建数据透视表。

2. 案例分析

用图形方式将图表中的数据直观体现，更容易令用户所接受。而图表与产生该图表的工作表数据相链接，当工作表数据变动时，图表也会自动更新。通过本案例的学习，要求学生掌握图表的创建方法。

3. 操作步骤

1）为“2016 级(6)班成绩簿”创建图表

（1）选择要创建图表的数据区域 C2:F6，需要将表头一起选择。

（2）在“插入”选项卡的“图表”工具组中单击“推荐的图表”按钮，弹出“插入图表”对话框，如图 4-45 所示。用户可以根据自己的需求选择适合的图标模板。

（3）选中“簇状条形图”做出的图表，如图 4-46 所示。

2）图表的编辑

（1）编辑图表标题。

在图 4-46 中，单击“图表标题”可以进行标题的输入。删除“图表标题”后，输入“2016 级(6)班成绩簿”。在“开始”选项卡的“字体”工具组中可以编辑标题的字体、大小、颜色等。

（2）编辑坐标轴。

① 在“图表工具/设计”选项卡的“图表布局”工具组中单击“添加图标元素”按钮，在“坐标轴”中选择“主要纵坐标轴”命令，输入标题“学生姓名”，如图 4-47 所示。

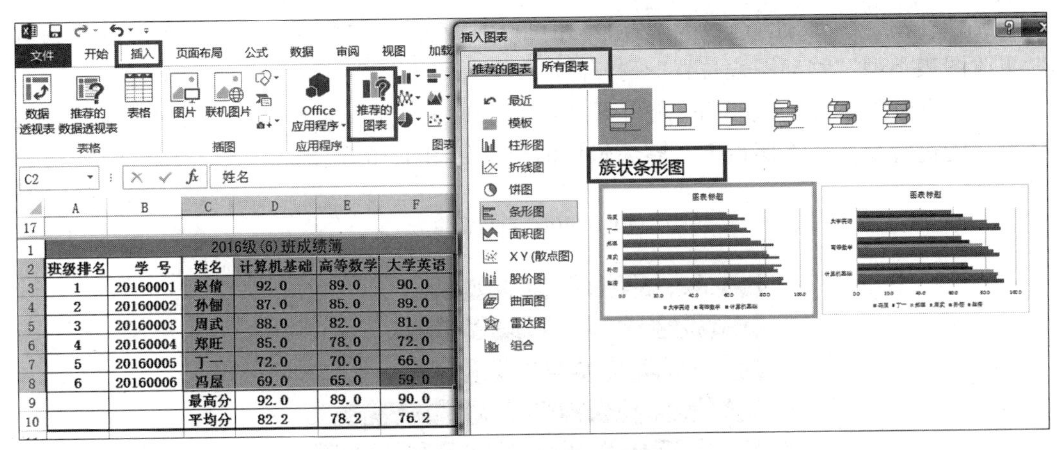

图 4-45 “插入图表”对话框

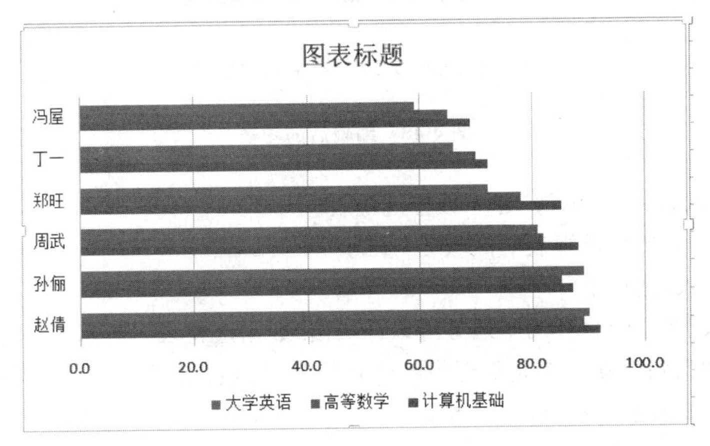

图 4-46 簇状条形图

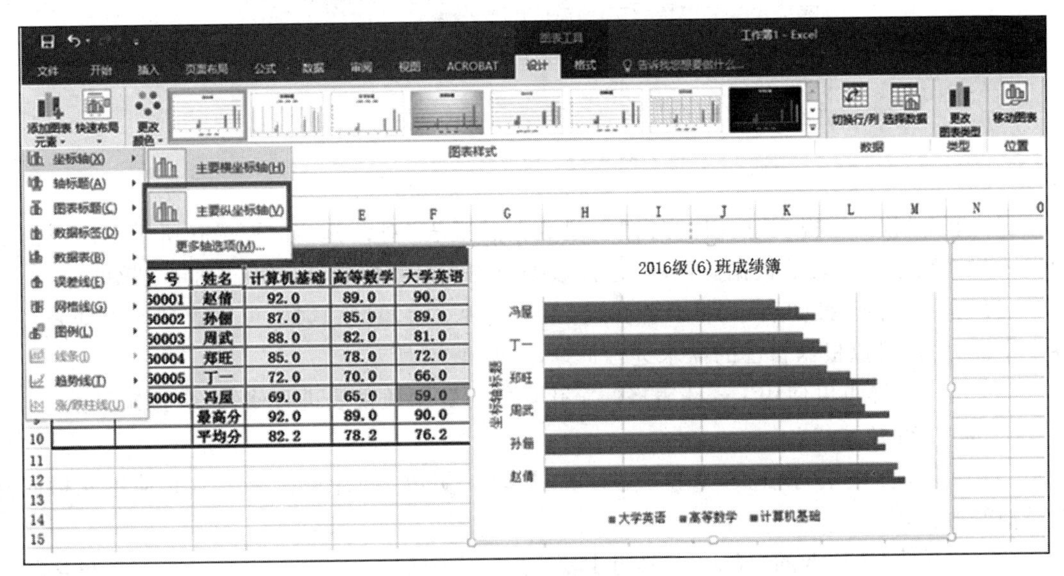

图 4-47 坐标轴标题菜单

② 在“图表工具/设计”选项卡中，用户还可以对图表进行“快速布局”“更改颜色”“编辑数据”“更改图表类型”“移动图表位置”等操作。

③ 在“添加图标元素”命令下，用户可以对坐标轴、标题、数据表、误差线、网络线、图例、趋势线等功能进行操作。按照以上步骤编辑后的图表如图 4-48 所示。

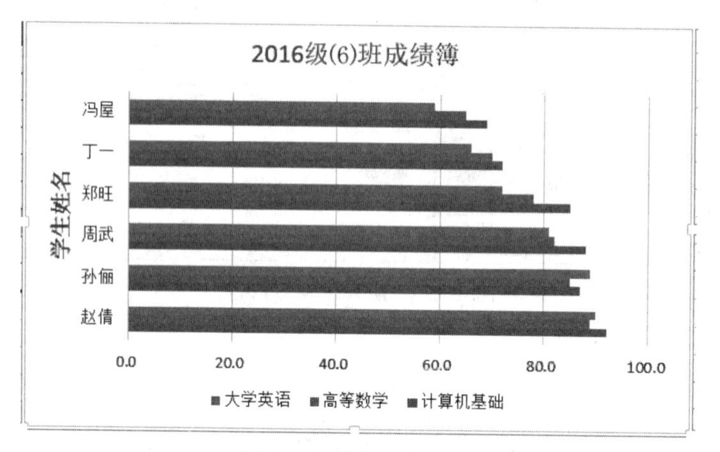

图 4-48 编辑后的图表

3）为“2016 级(6)班成绩簿”建立数据透视表

(1) 选择要建立数据透视表的区域 C2:F8。

(2) 选择“插入”选项卡。

(3) 在“插入”选项卡中有两个地方可以调用出“数据透视表”选项。第一个是靠近左侧位置的“数据透视表”按钮；第二个是靠近中间位置的“数据透视图”，里面有“数据透视图和数据透视表”，如图 4-49 所示。本节使用“数据透视表”按钮创建数据透视表。

图 4-49 功能键位置

(4) 单击“数据透视表”按钮，弹出“创建数据透视表”对话框，如图 4-50 所示。用户需要确定要建立数据透视表的数据源区域、选择数据透视表显示位置后，单击“确定”按钮。

(5) 单击“确定”按钮后，表格右侧弹出“数据透视表字段”工具栏，可以看到源数据表头的各个字段，用户可以根据自己的需求进行选择，如图 4-51 所示。

(6) 用户同样可以使用 Excel 表格的美化功能对数据透视表进行修饰，步骤如下。

① 选中 B3 单元格。

② 在编辑栏中，将原表头“求和项：计算机基础”更改为“计算机基础”，其他单元格同样做类似修改。

③ 在“开始”选项卡的“样式”工具组中单击“套用表格格式”按钮，选择适合自己风格的格式即可，如图 4-52 所示。

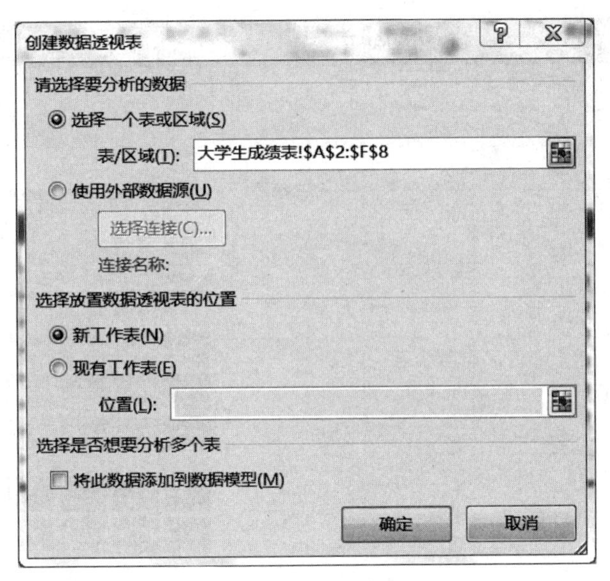

图 4-50　“创建数据透视表”对话框

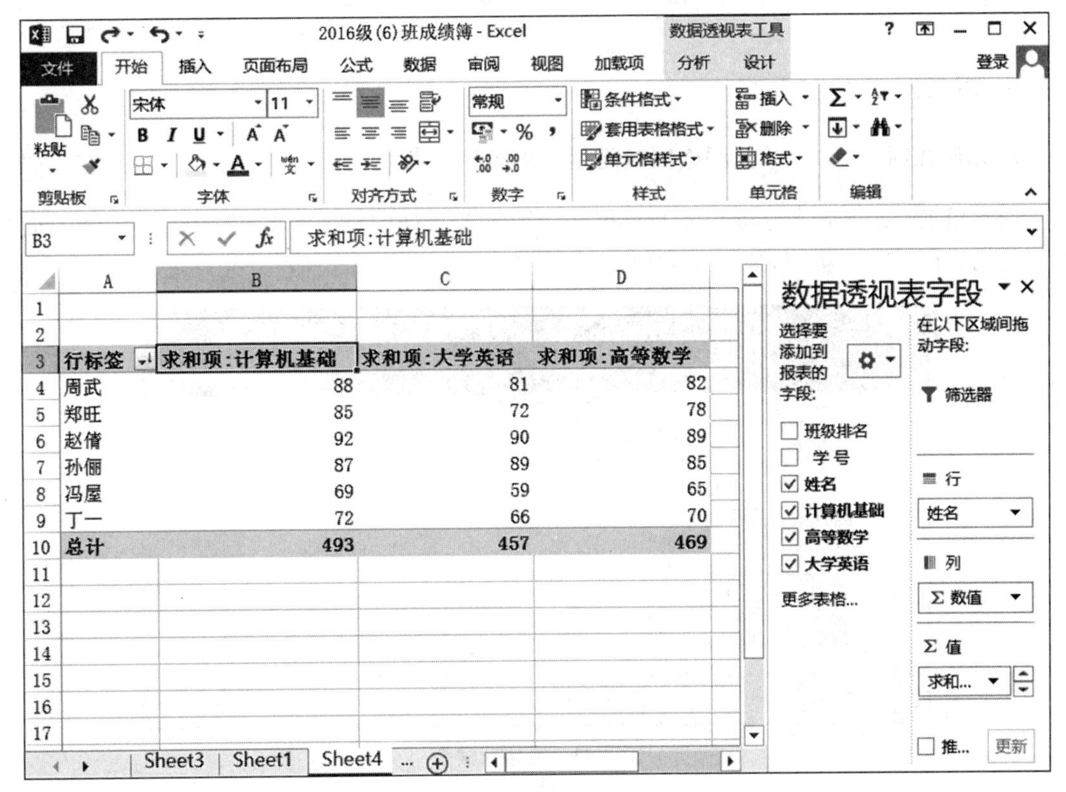

图 4-51　数据透视表

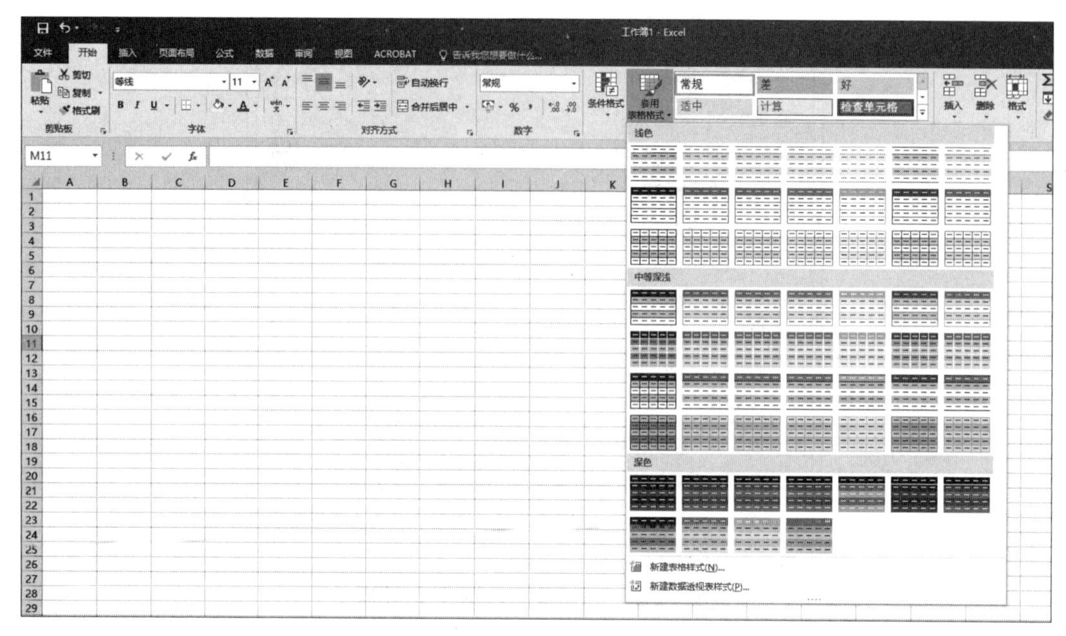

图 4-52　修饰后的数据透视表

4.4.2　相关知识点

1. 如何在同一 Excel 数据源中同时运用多种类型图表

通常用 Excel 图表来分析相关的数据。当同一个数据中有多个系列时，我们希望不同的系列使用不同的图表类型，如图 4-53 所示。

工作簿1 - Excel　zhao liqun

文件　开始　插入　页面布局　公式　数据　审阅　视图　帮助　操作说明搜索

B5　260

	A	B	C	D	E	F	G	H	I
1	年份	产值	利润						
2	2000	150	45						
3	2001	156	46.8						
4	2002	163	48.9						
5	2003	260	78						
6	2004	280	84						
7	2005	300	90						
8									
9									
10									

图 4-53　原始数据表

（1）用柱形图表示产值和利润，如图 4-54 所示。

（2）将利润修改成折线图。选择图中的利润，右击选择更改系列图表类型命令。如图 4-55 所示，将利润图表类型修改为折线图。

单击“确定”按钮，即完成对同一数据源使用多种图表的设置。

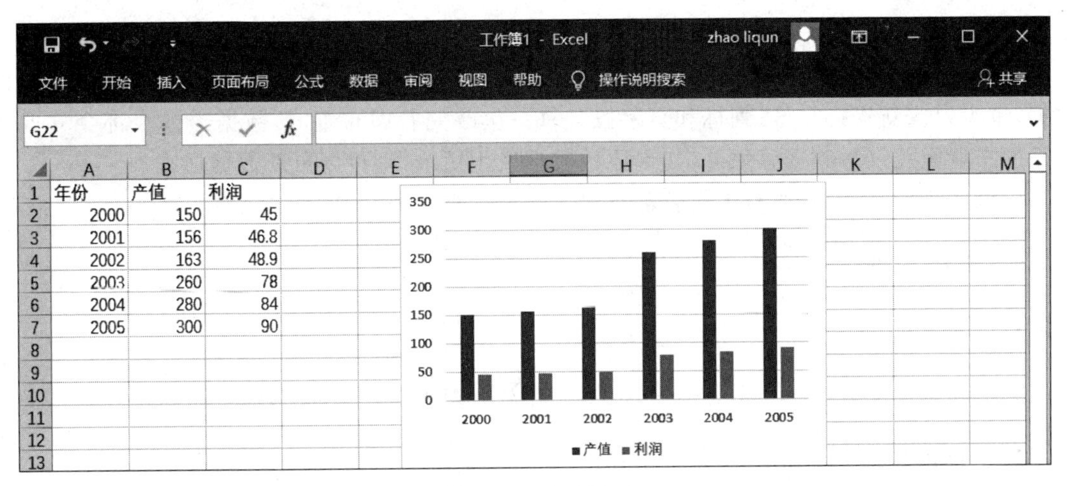

图 4-54　柱形图表

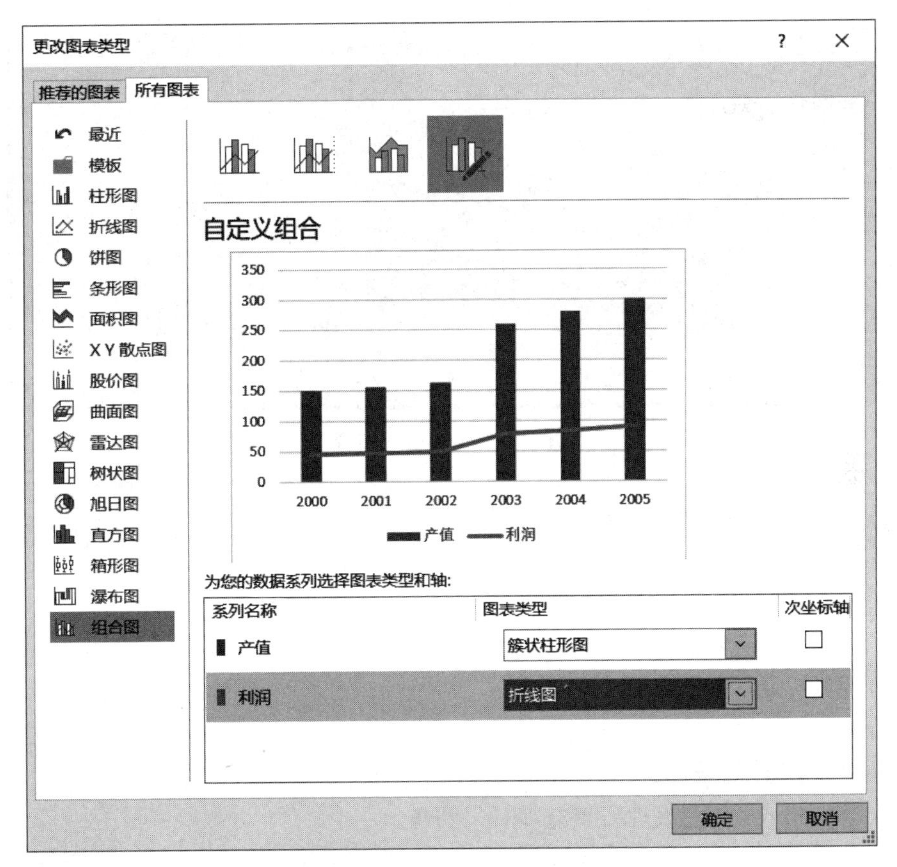

图 4-55　修改为折线图

2. 数据透视表

Excel 2016 中数据透视表能够将筛选、排序和分类汇总等操作依次完成，并生成汇总表格，是 Excel 2016 强大数据处理能力的具体体现。

它多用于记录数量众多、以流水账形式记录、结构复杂的工作表。为了将其中的一些内在规律显现出来，可将工作表重新组合并添加算法。

之所以称为数据透视表，是因为可以动态地改变它们的版面布置，以便按照不同方式分析数据，也可以重新安排行号、列标和页字段。每一次改变版面布置时，数据透视表都会立即按照新的布置重新计算数据。另外，如果原始数据发生更改，则可以更新数据透视表。

应该明确的是，不是所有工作表都有建立数据透视表的必要。

4.4.3 上机实训

1. 实训目的

学习和掌握为数据建立图表的方法；学习和掌握图表格式化的方法。

2. 实训内容

为表4-4所示的销售表建立图表，如图4-56所示。

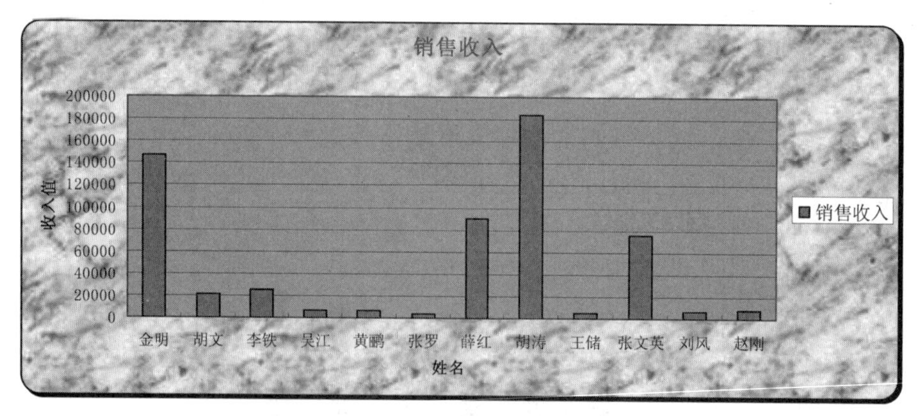

图 4-56　销售收入图表

3. 实训要求

(1) 对“姓名”“销售收入”做“柱形”图表。

(2) 图表标题：宋体、11号、加粗、红色。

(3) 分类轴标题：字号8号、加粗。

(4) 分类轴：字号8号。

(5) 图例：字号10号。

(6) 图表区格式：白色大理石填充、阴影、圆角。

4.5 Office组件间的数据共享——链接与嵌入技术

4.5.1 案例及分析

1. 案例要求

将已有的一个Excel表格复制到Word文档中，数据如图4-57所示，要求当Excel表格中的数据发生变化时，Word 中的表格数据要随之变化。

姓名	数学	语文
李长江	89	80
李文山	90	89
朱宝贵	100	96
张建	100	96
赵群	67	78

图 4-57 Excel 表格原始数据

2. 案例分析

本任务采用链接 Excel 表格的方法，可实现 Word 文档中的表格数据随 Excel 表格中数据的变化而变化。

3. 操作步骤

(1) 在选定表格上右击选择“复制”命令，如图 4-58 所示。

图 4-58 选定表格进行复制

（2）在 Word 的相应位置上，右击选择“链接与保留源格式”或“链接与使用目标格式”命令，如图 4-59 所示，完成数据传递，如图 4-60 所示。

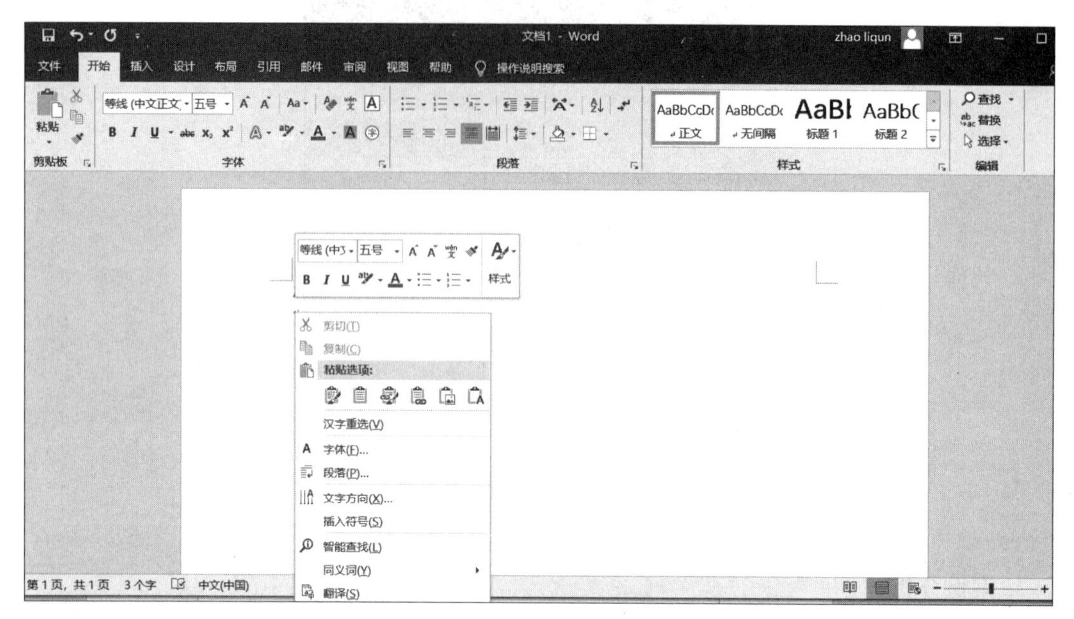

图 4-59 选择“粘贴选项”

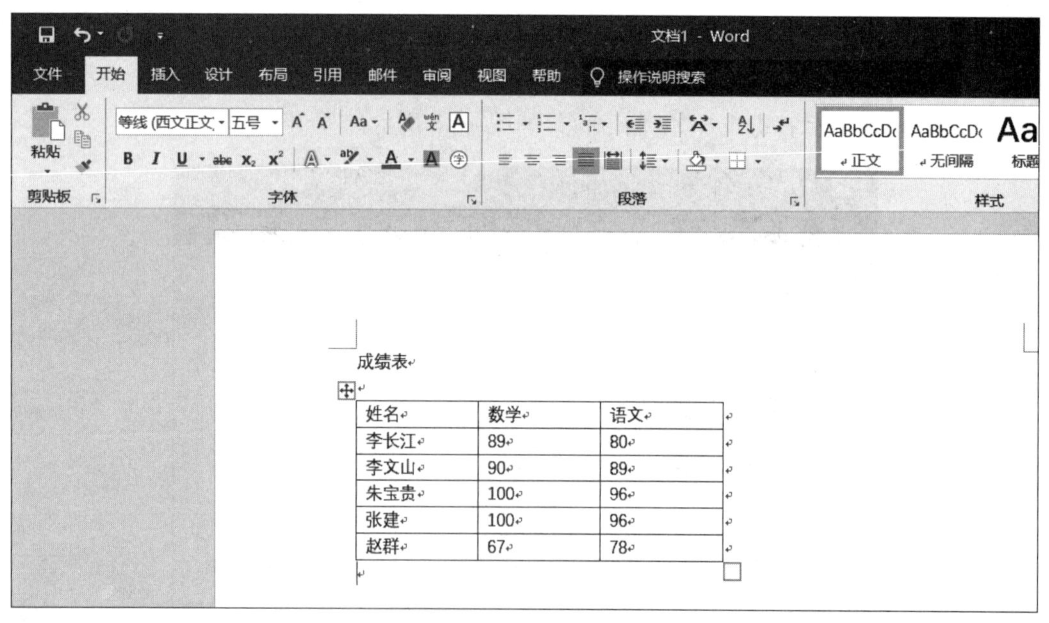

图 4-60 数据传递完成

（3）修改 Excel 表中的数据，看 Word 表中的数据变化，如图 4-61 所示。

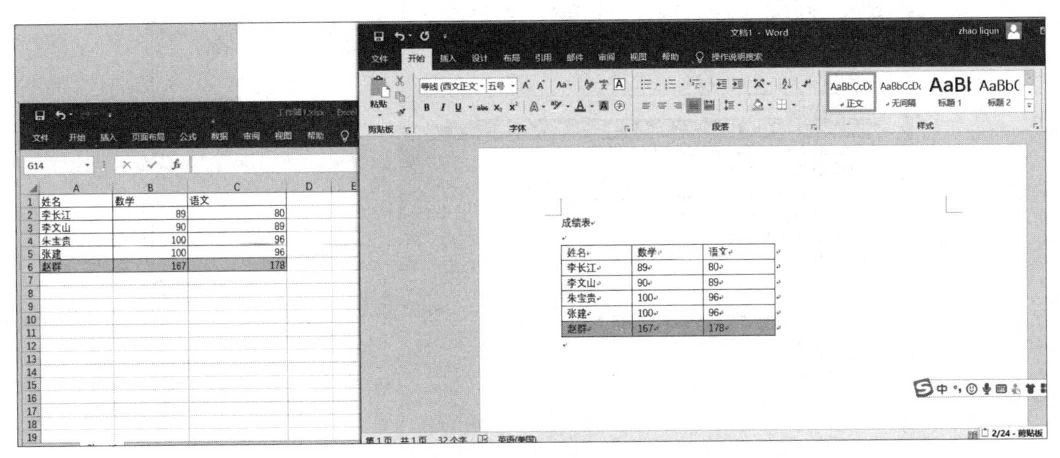

图 4-61 数据变化情况

4.5.2 相关知识点

1. 链接与嵌入对象

在 Office 中，可以嵌入和链接一个对象。嵌入一个对象，不仅在文档中插入了一个对象，还带入了所有编辑工具。如果双击嵌入的对象，便可进入编辑、生成该对象的工具，对该对象进行修改。

在 Office 中链接对象与嵌入对象不同，虽然它也是插入一个对象，但它并没有带入编辑、生成这个对象时使用的工具，而是使这个工具和插入对象的文档产生一种联系，当在这个工具中修改对象时，它会通过这种联系将文档中的对象自动更新，这也就意味着链接对象时，该对象并未真正存放在用户的文档中，而是存放在编辑、生成它的工具中。

通过链接对象和嵌入对象，可以在文档中插入利用其他应用程序创建的对象，从而达到了程序间共享数据和信息的目的。

2. 使用链接与嵌入技术的方法

使用链接和嵌入的对象有三种方法：第一种是利用要插入对象的编辑工具新建一个对象；第二种是由已有的文件创建链接和嵌入的对象；第三种是用已有文件中的一部分内容或信息创建链接和嵌入的对象。

下面演示一下第一种方法。

(1) 在 Word 中选择插入选项卡中的对象，选定 Microsoft Excel 97—2003 Worksheet 项，如图 4-62 所示。

(2) 单击“确定”按钮，在 Word 中嵌入 Excel，如图 4-63 所示。

(3) 双击 Word 中的 Excel 表，激活 Excel 编辑工具，如图 4-64 所示。

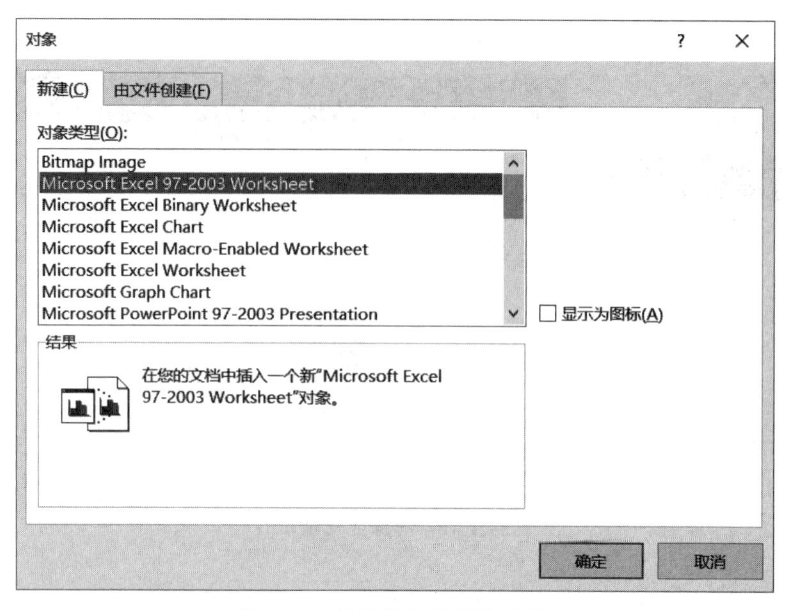

图 4-62　选择插入选项卡对象

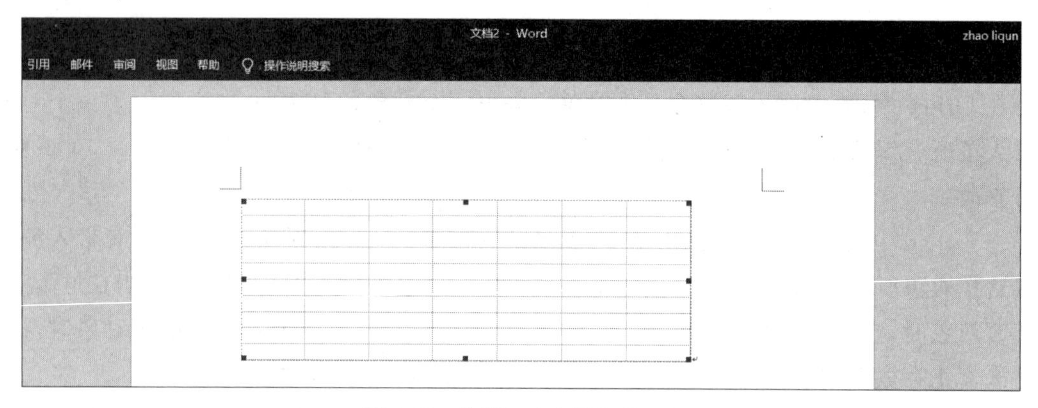

图 4-63　在 Word 中嵌入 Excel

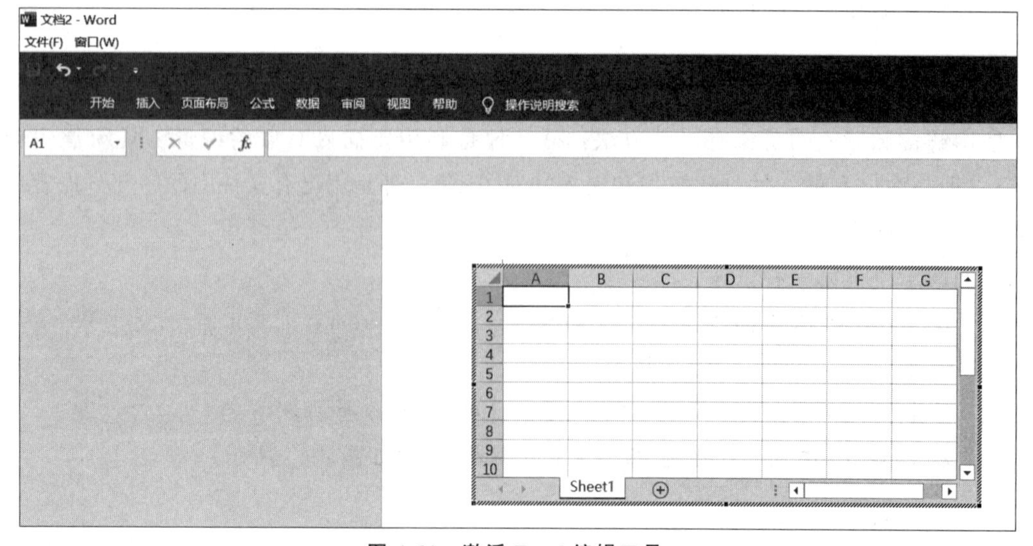

图 4-64　激活 Excel 编辑工具

4.5.3 上机实训

1. 实训目的

学习和掌握链接和嵌入技术。

2. 实训内容

(1) 自拟数据,将已有的一个 Excel 表格复制到 Word 文档中,要求当 Excel 表格中的数据发生变化时,Word 中的表格数据要随之变化。

(2) 自拟数据,在 Word 中插入 Excel 表,实现将 Word 的计算任务转交 Excel 完成。

第5章 演示文稿 PowerPoint 2016

Chapter 5

目 标

掌握 PowerPoint 2016 的基本概念与基本操作、幻灯片的制作、编辑、格式设置、动画效果和放映设置等操作。

重 点

幻灯片的制作、编辑、格式设置、动画效果。

引 言

PowerPoint 2016 简称 PPT 2016，是微软公司设计的演示文稿软件，作为一款用来公开演示信息的工具，PowerPoint 一经推广，就被全球职场人士及教育界广泛采用，进行个人相册、课程软件、动画娱乐、商业演示、教育教学培训等方面的应用，极大地提高了演示者的工作效率。PowerPoint 2016 除了文字、图片演示功能外，还能够为用户提供包含动画、声音剪辑、背景音乐及视频等多媒体应用。

5.1 PowerPoint 2016 新体验

PowerPoint 主要用于演示文稿的制作，根据用户的需求，PowerPoint 2016 提供一些新的功能，一目了然的视觉化效果，更加趋向于扁平化的设计风格，并且加入了一些很实用的外部插件功能，更加方便用户进行文档编辑，让用户在专业、简洁、清晰地表述信息的同时，减少制作时间。

5.1.1 PowerPoint 2016 新功能

1. PowerPoint 2016 更多的入门选项

与旧版本不同，PowerPoint 2016 向用户提供了多种方式来使用模板、主题、最近的演示文稿、较旧的演示文稿或空白演示文稿来启动下一个演示文稿，如图 5-1 所示。

2. Office 助手——Tell me 智能搜索

和 Word、Excel 一样，PowerPoint 2016 的一个主打新功能就是 Tell me 智能搜索，如图 5-2 所示。

图 5-1 PowerPoint 2016 的模板页面

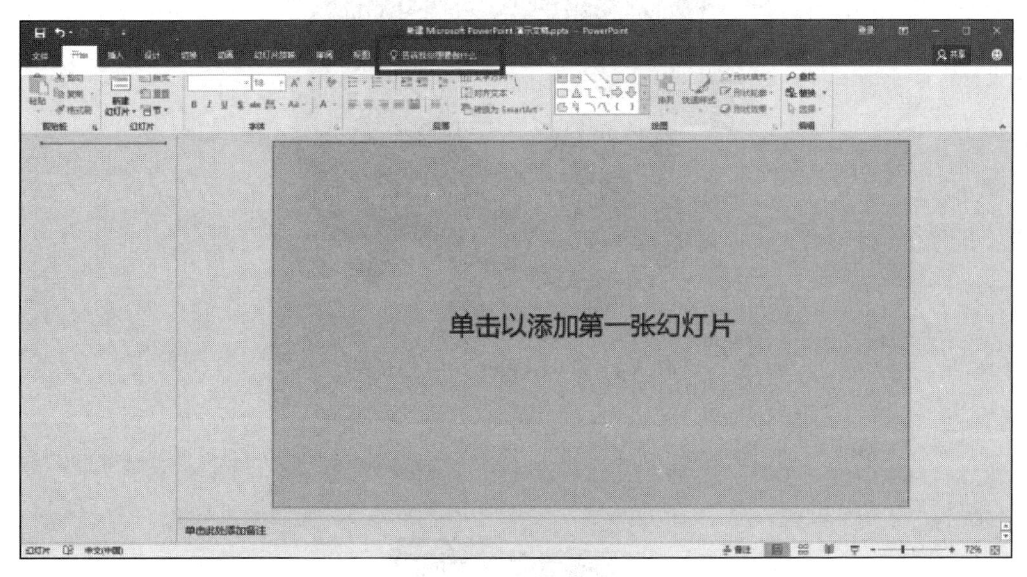

图 5-2 PowerPoint 2016 的 Tell me 智能搜索

3. 新增五个图表类型

PowerPoint 2016 新增图表类型包括：树状图、旭日图、直方图、箱形图、瀑布图，如图 5-3～图 5-7 所示。

4. 屏幕录制

PowerPoint 2016 的屏幕录制功能顾名思义，是用来录制屏幕视频，它是一个相当实用的新增功能。

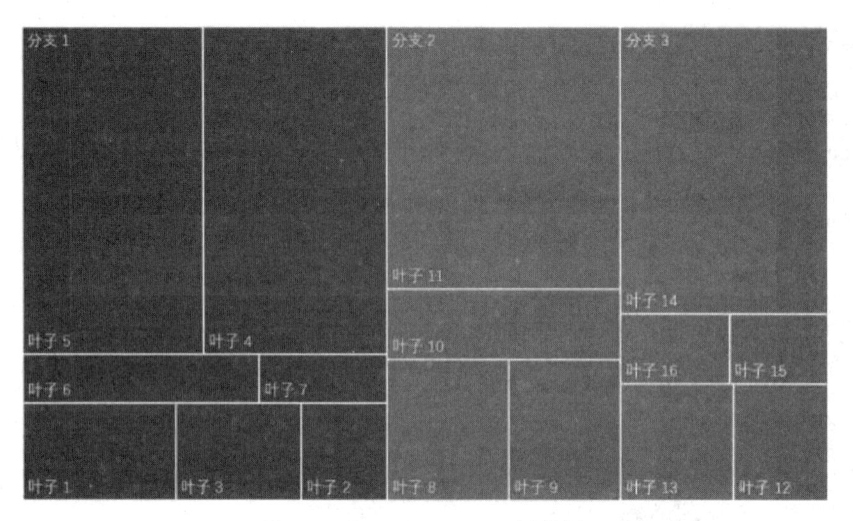

图 5-3 PowerPoint 2016 树状图

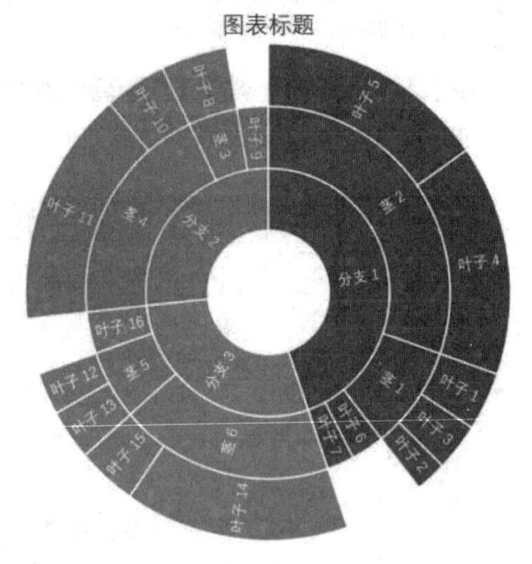

图 5-4 PowerPoint 2016 旭日图

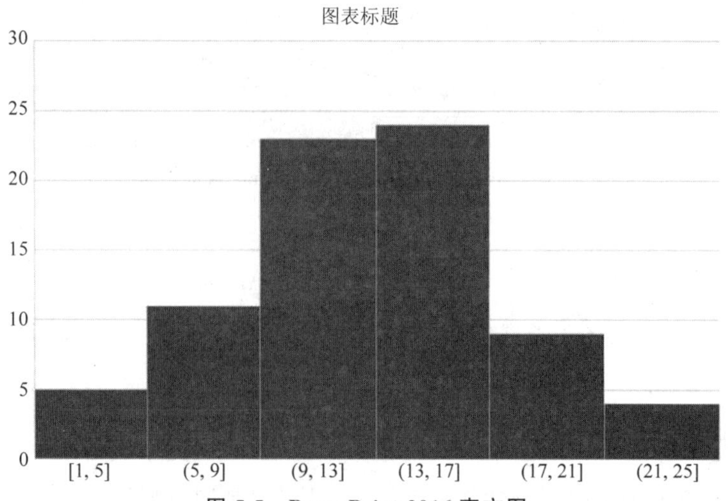

图 5-5 PowerPoint 2016 直方图

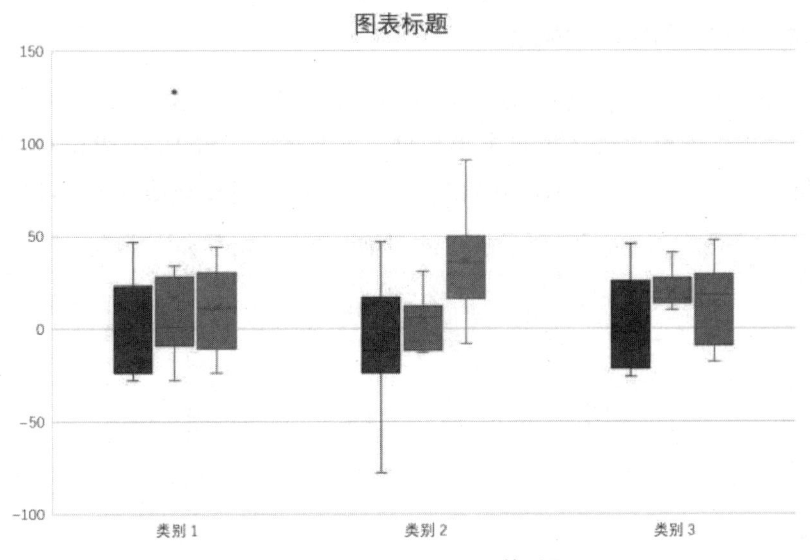

图 5-6 PowerPoint 2016 箱形图

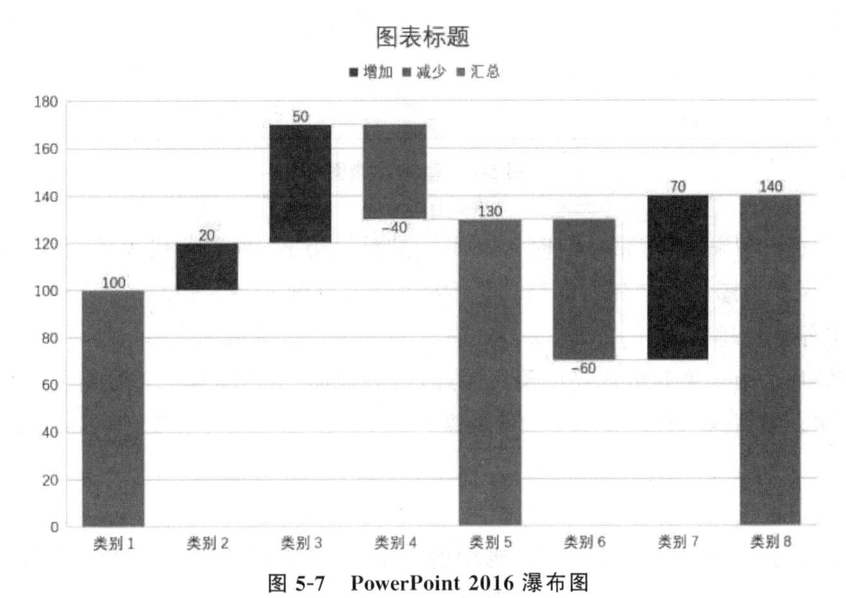

图 5-7 PowerPoint 2016 瀑布图

5. 墨迹书写

PowerPoint 2016 的墨迹书写功能简单来说就是一个“手绘”功能，这个功能可以凸显触摸设备的优势。

除以上几点之外，PowerPoint 2016 还优化了联机会议模式，让用户共享 PowerPoint 演示文稿，并将演示文稿保存到云中。新增账户登录，用户可进行设置照片、切换用户等操作。同时，新增背景和 Office 主题，PowerPoint 2016 提供的主题是一组变体，具有调色板和字体系列等功能，使同一个主题具有多种字体或者设计风格。PowerPoint 2016 还新增了放大镜功能，单击放大镜可以放大演示状态下的任何内容。

5.1.2 PowerPoint 2016 基本概念

在工作中，PowerPoint 最重要的功能是缩短会议时间，增强报告说服力，提高订单成交率。制作一个优秀的幻灯片会让用户事半功倍。本节就来了解 PowerPoint 2016 的基本功能。首先了解一下 PowerPoint 2016“开始”选项卡下各个工具栏的基本功能，如图 5-8 所示。

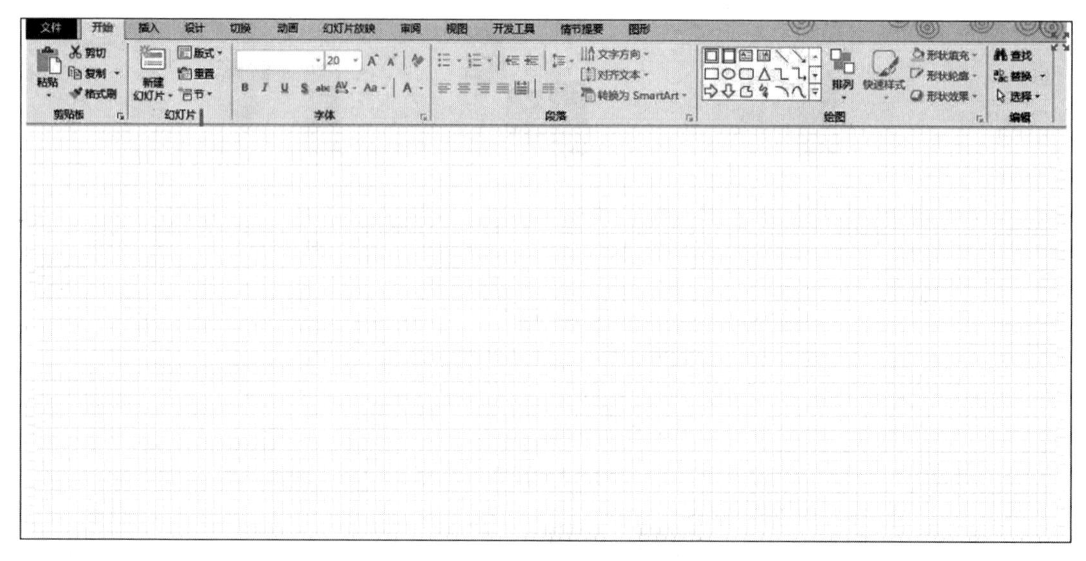

图 5-8 基本功能图

(1) 剪贴板。剪贴板中，粘贴的时候有不同的粘贴方式，小三角代表该选项可扩展，点开最常用的是“保存为图片”和“保留源格式”。格式刷可以刷文字、图片、图形，双击可以连续使用，再次单击停止使用。

(2) 幻灯片。版式展开可以使用预留版式，一般选择“空白”，其他不常用。

(3) 字体。字体这一栏功能很简单，最常用的是“粗细”“文字阴影”“字体颜色”及“字体大小”。

(4) 段落。段落的操作常用的是“居中”“左对齐”等对齐效果，以及段落间距，增加或减少缩进量。“文字方向”可以将文本框或图形中的文字改为“竖排”或“横排”两种排列方式。转化为 SmartArt 自己感受一下就好，平常的使用中一般用不到。

(5) 绘图。PPT 提供各种图形的绘制，关于图形后面会专门介绍，现在只需要了解简单的绘制以及图形的组合、取消组合、排列对齐，图层的位置上移下移等基本操作。“形状填充”用来给图形填充颜色，“形状轮廓”用来控制轮廓线的粗细、样式、颜色效果，“形状效果”用来提供一些图形特效，如发光、阴影、映像和柔化边缘。

(6) 编辑。“查找”可以在本文件中查找特定的字词符号等，查找后可以批量替换。“选择”可以显示编辑区内所有可编辑的对象。

PowerPoint 2016 的“插入”选项卡下的各个工具栏中，提供了多种形式的插入功能选项，如图 5-9 所示。

图 5-9 “插入”选项卡

小贴士

PowerPoint 2016 中常见的工具和命令见图 5-10。

若要...	单击...	然后在以下位置查找...
打开、保存、打印、共享、发送、导出、转换或保护文件	文件	Backstage 视图（单击左侧窗格中的命令）。
添加幻灯片、应用版式、更改字体、对齐文本或应用快速样式	开始	幻灯片、字体、段落、绘图和编辑组。
插入表格、图片、形状、剪贴画、艺术字、图表、批注、页面和页脚、视频或音频	插入	表格、图像、插图、批注、文本和媒体组。
应用主题、更改主题的颜色、更改幻灯片大小、更改幻灯片的背景或添加水印。	设计	主题、变体或自定义组。
应用或调整切换的计时	切换	切换和计时组。
应用或调整动画的计时	动画	动画、高级动画和计时组。
开始放映幻灯片、设置幻灯片放映、指定要与"演示者"视图一起使用的监视器	幻灯片放映	开始放映幻灯片、设置和监视器组。
检查拼写、输入审阅批注或比较演示文稿	审阅	校对、批注和比较组。
更改视图、编辑母版视图、显示网格线、参考线和标尺、放大、在 PowerPoint 窗口间切换、使用宏	视图	演示文稿视图、母版视图、显示、显示比例、窗口和宏组。

图 5-10 PowerPoint 2016 常见的工具和命令

5.2 案例 1 教学课件演示文稿的创建

5.2.1 案例及分析

1. 案例要求

(1) 制作教学课件演示文稿,如图 5-11 所示。

(2) 设置背景格式和文本字体。

(3) 设置文本效果。

(4) 插入 Smart 图形。

(5) 插入图片、表格。

2. 案例分析

通过本案例体验演示文稿创建的过程,并进行相应的修饰,熟悉 PowerPoint 2016 的工作环境。

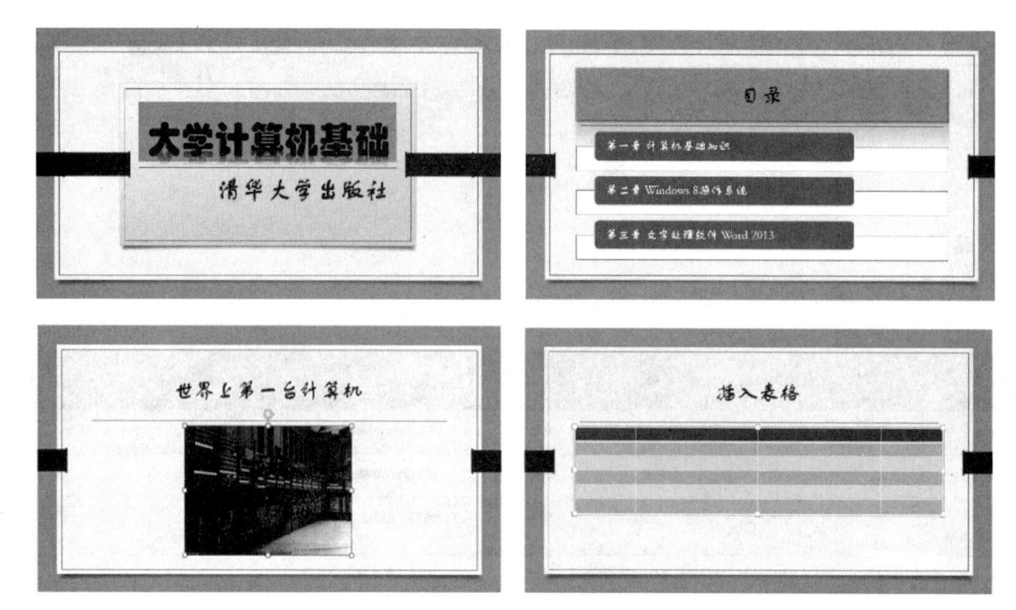

图 5-11 教学课件演示文稿

3. 操作步骤

1）新建演示文稿

打开 PowerPoint 2016 时，显示如图 5-12 所示的界面，直接选择空白演示文稿就可以创建新的演示文稿。

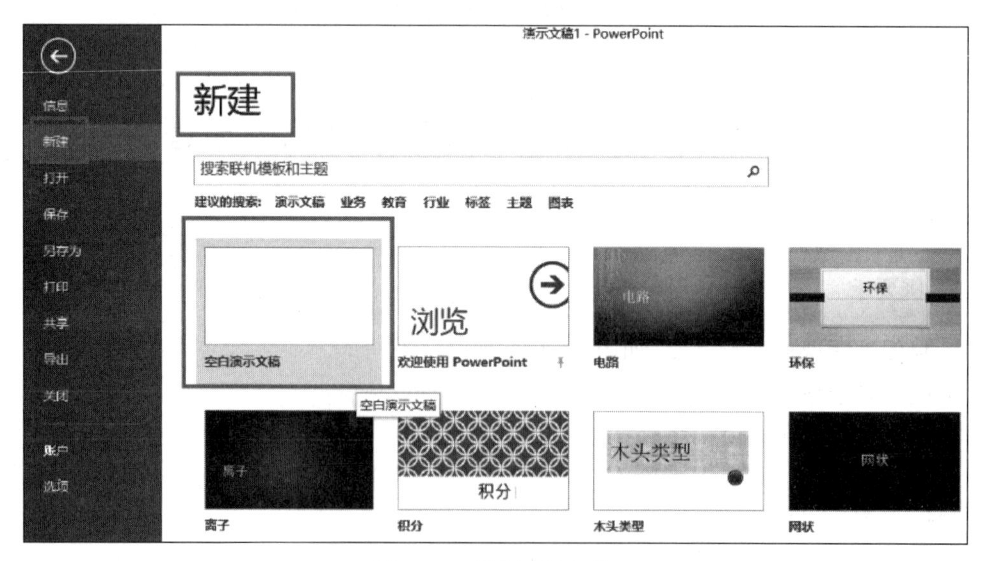

图 5-12 新建演示文稿

2）设置背景格式

（1）在“设计”选项卡的“自定义”工具组中单击“设置背景格式”按钮，弹出“设置背景格式”选项，用户可以根据自己的需求对背景进行填充，如“纯色填充”“渐变色填充”“图片或纹理填充”等，如图 5-13 所示。

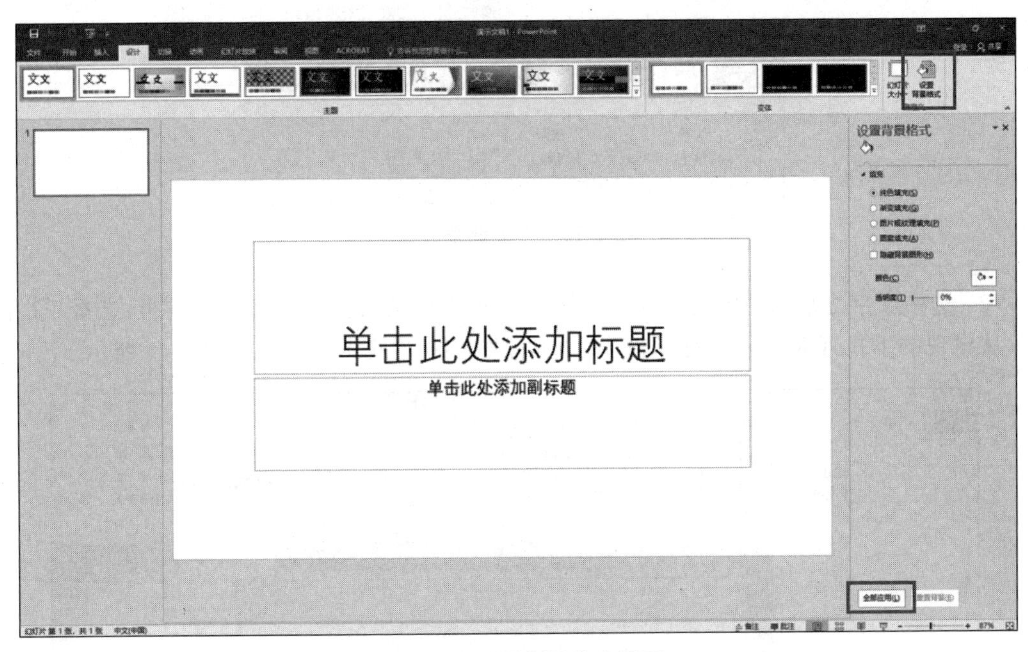

图 5-13 设置背景格式界面

(2) 选择“纯色填充”,在颜色下拉框中选择一个颜色,单击“全部应用”按钮,完成背景的设计。

(3) 在“标题”一栏中填写“大学计算机基础”,在“副标题处”填写“清华大学出版社”,按照前两步的操作方法,选择适合文稿的背景设计。完成后的文稿首页如图 5-14 所示。

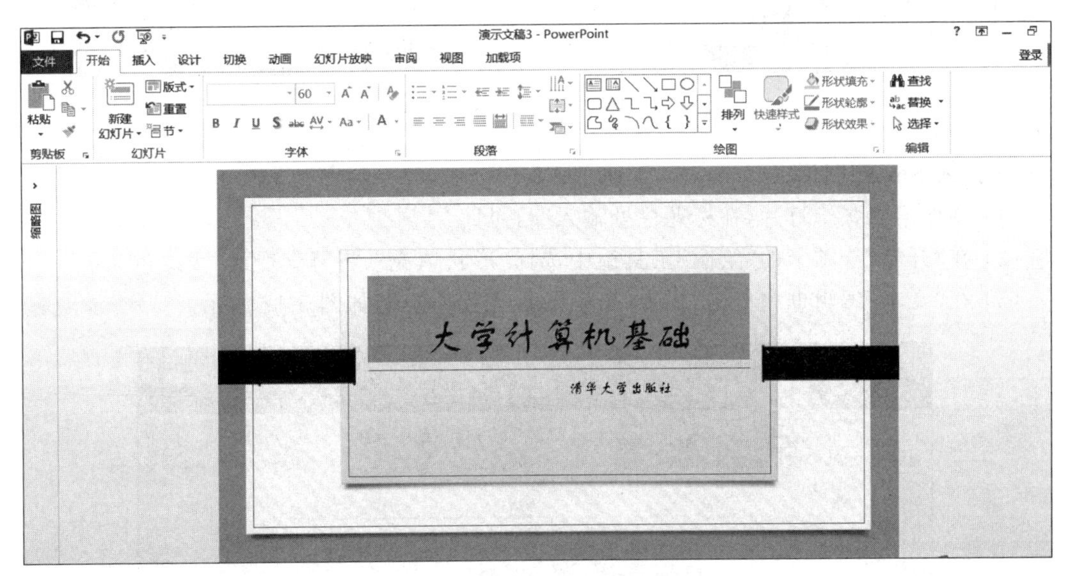

图 5-14 教学课件演示文稿首页

3) 字体设计

设计教学课件演示文稿的标题栏,调整字体格式和大小,并将字体设置成映像和发光效果。

(1) 选中待修改文字后,打开“开始”选项卡的“字体”工具组,进行字体调整,如图 5-15 所示。

图 5-15　字体调整界面

（2）选中文字之后，选择“绘图工具/格式”选项卡中的“艺术字样式”工具组，选择“文本效果”，从出现的下拉列表中分别对标题选择“映像”效果和“发光”效果，如图 5-16 所示。

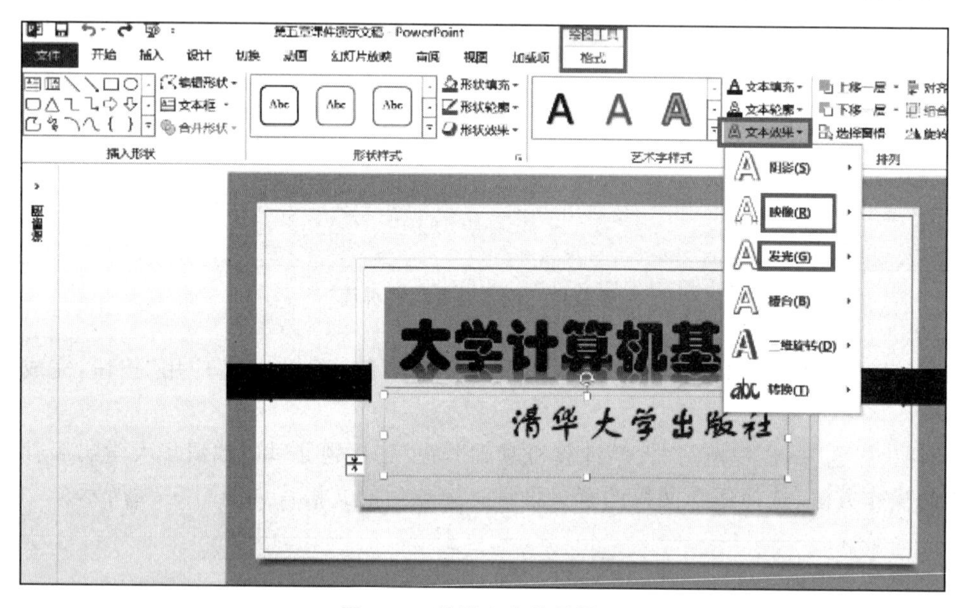

图 5-16　设置文本效果界面

4）插入 Smart 图形

（1）制作第二张幻灯片，在标题栏处输入“目录”。

（2）在“开始”选项卡的“绘图”工具组中选择“形状填充”，将背景变成“浅绿色”。

（3）在“文本”编辑框中单击“插入 SmartArt 图形”选项，如图 5-17 所示。

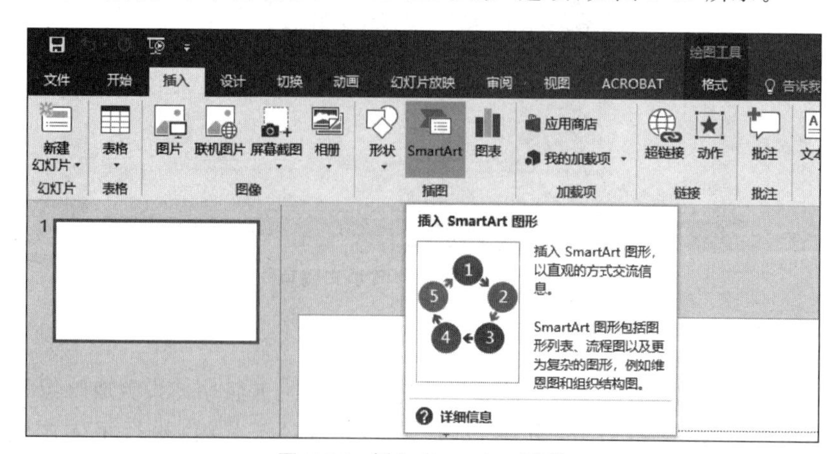

图 5-17　插入 SmartArt 图形

(4) 单击“插入 SmartArt 图形”选项后，出现“选择 SmartArt 图形”对话框，用户可根据自己的喜好选择一种图形，单击“确定”按钮，如图 5-18 所示。

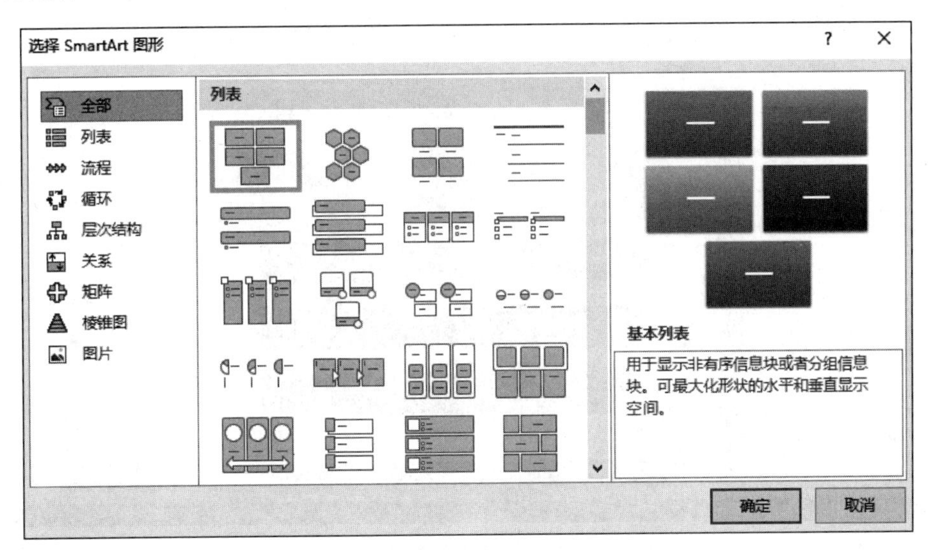

图 5-18 “选择 SmartArt 图形”对话框

(5) 文本输入。使用 SmartArt 工具后，可以直观且美观地体现文本信息内容。在图 5-19 所示的文本输入框中，用户可以根据文稿内容编辑文本。

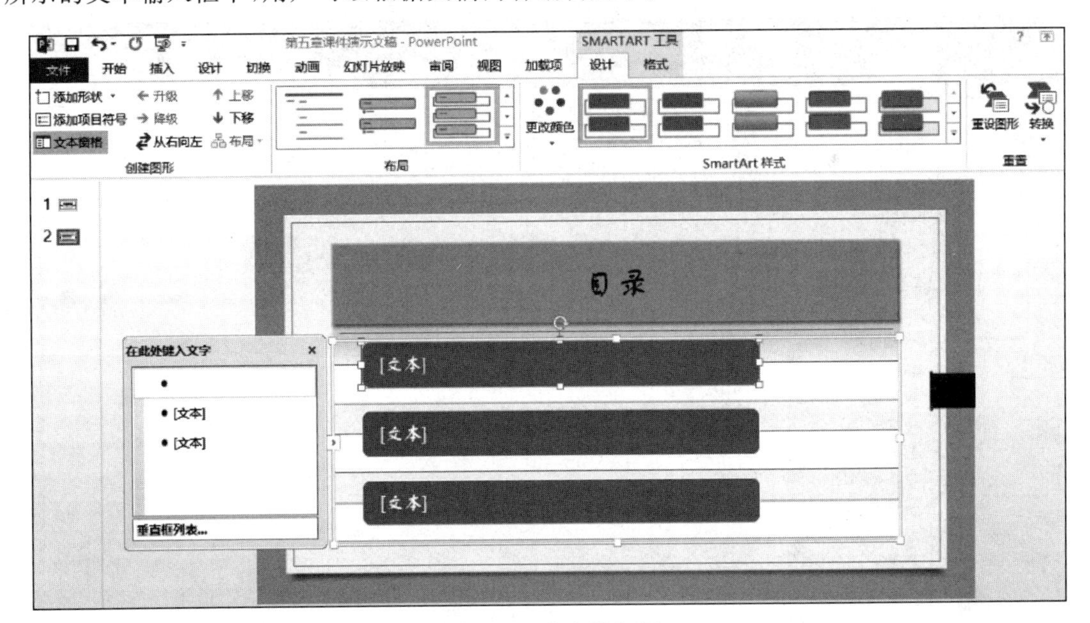

图 5-19 文本输入框

按照以上步骤操作后，教学课件演示文稿的第 2 页，如图 5-20 所示。

5) 插入图片

(1) 在“标题”编辑栏中输入“世界上第一台计算机”。

(2) 选中需要插入图片的文本框。

(3) 在“插入”选项卡的“图像”工具组中单击“图片”选项，弹出“插入图片”对话框，用户

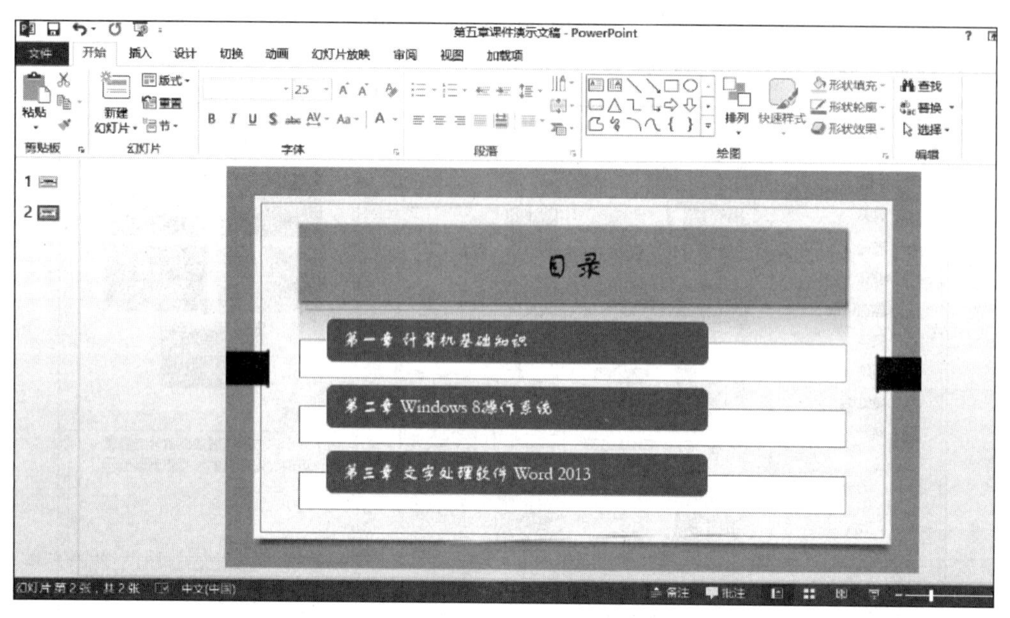

图 5-20　第 2 页教学课件

可以在自己的计算机中选择需要的图片，再单击“插入”功能键，完成图片的插入，如图 5-21 所示。

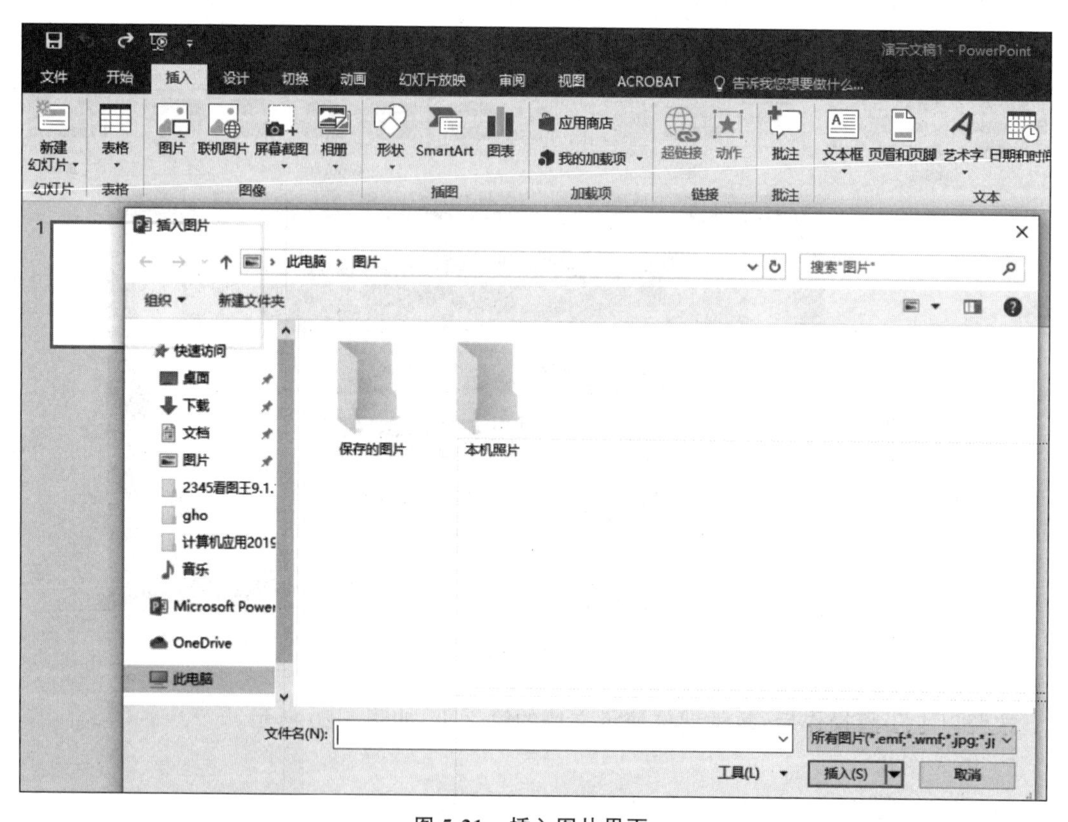

图 5-21　插入图片界面

按照以上步骤操作后的幻灯片如图 5-22 所示。

图 5-22　插入图片后的幻灯片

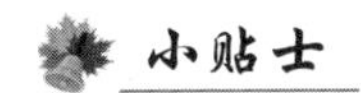

演示者视图

用户将笔记本连接投影仪，在显示属性中可以看到多个显示器。选择 2 号监视器并勾选“将 Windows 桌面扩展到该显示器”选项，同时设置适合自己的分辨率。打开 PowerPoint，在“幻灯片放映”选项卡中，勾选“使用演示者视图”，如图 5-23 所示。此时，用户在演示 PowerPoint 时，能看到自己的备注，而观众看不到。

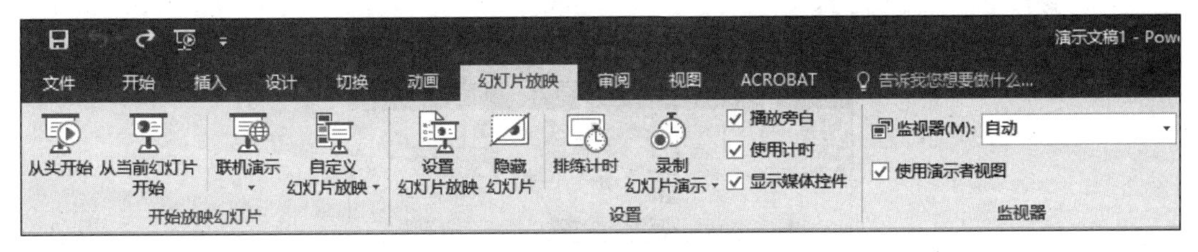

图 5-23　幻灯片放映

5.2.2　相关知识点

1. 新建演示文稿

创建新的演示文稿一共有 3 种方法。本节采取第一种方法创建新的演示文稿。

(1) 打开 PowerPoint 2016 时，直接选择空白演示文稿可以创建新的演示文稿。

(2) 选择“文件”选项卡下的“新建”功能，出现演示文稿的新建界面，就可以直接创建新的演示文稿。

(3) 直接按 Ctrl＋N 组合键可以新建一个空白演示文稿。

2. 插入幻灯片

插入幻灯片的操作一共有 4 种方法。

（1）在“开始”选项卡的“幻灯片”工具组中单击“新建幻灯片”选项，可以新建一张幻灯片。

（2）在幻灯片窗口中右击，然后选择“新建幻灯片”，可以新建一张幻灯片。

（3）选择一张幻灯片，按 Ctrl+D 组合键可以创建幻灯片。

（4）选择一张幻灯片，按 Enter 键，可以创建新的幻灯片。

3. 幻灯片中的文字编辑

1）字体编辑

（1）选中要修改的文本。

（2）在“开始”选项卡中的“字体”工具组中设置文本的字体、大小、颜色等形式，如图 5-24 所示。

图 5-24　设置字体界面

2）字体转换

在某些特殊情况下，需要将简体字转换为繁体字。操作步骤如下。

（1）选中要转换的文本。

（2）选择“审阅”选项卡中的“中文简繁转换”工具组，单击“简转繁”按钮，如图 5-25 所示。

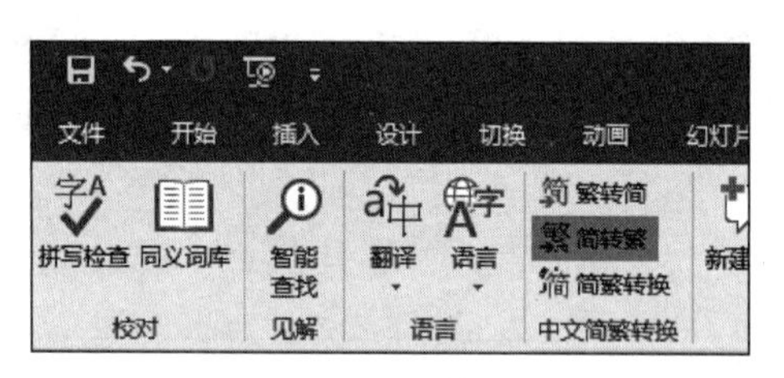

图 5-25　字体简繁转换

4. 快速插入功能

在新建幻灯片后，如图 5-26 所示，出现 6 个快速插入功能按钮：“插入表格”按钮；“插入图表”按钮；“插入 SmartArt 图形”按钮；“插入图片”按钮；“插入联机图片”按钮；插入“视频文件”按钮。

5. 以 PDF 形式保存

在 PowerPoint 2016 中，用户可以根据需要将演示文稿保存成 PDF 格式。

（1）打开“文件”菜单，选择“导出”命令。

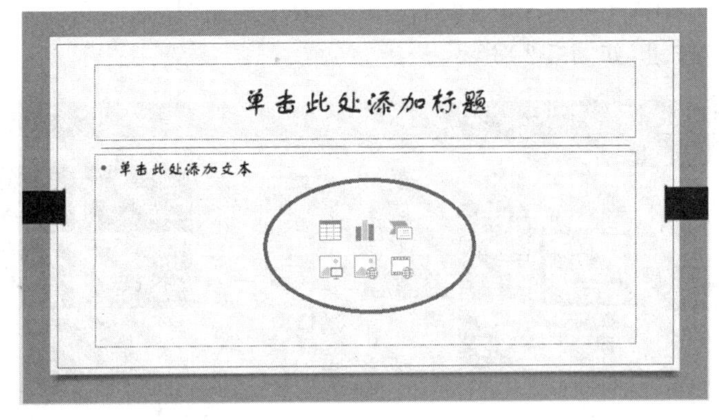

图 5-26 快速插入功能键位置

(2) 在“导出”选项中，选择“创建 PDF/XPS 文档”，用户就可以将幻灯片保存成 PDF 格式了。在新生成的 PDF 文档中，保留了原幻灯片的布局、格式、字体和图像，没有改变幻灯片的内容，同时在 Web 上还可以免费查看，如图 5-27 所示。

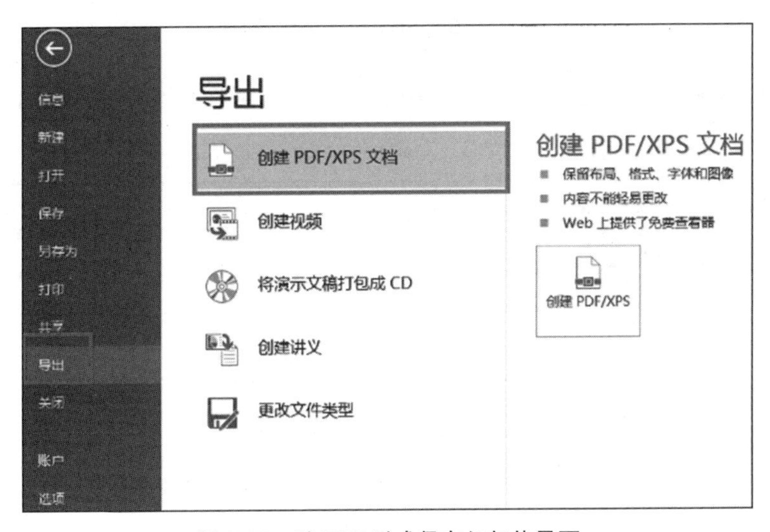

图 5-27 以 PDF 形式保存幻灯片界面

6. 制作组织结构图

(1) 选中待输入的文本框。

(2) 在“插入”选项卡的“插图”工具组中单击 SmartArt 按钮，如图 5-28 所示。

图 5-28 单击 SmartArt

（3）在“选择 SmartArt 图形”对话框的左侧列表中单击“层次结构”，选择合适的组织结构图，最后单击“确定”按钮，如图 5-29 所示。

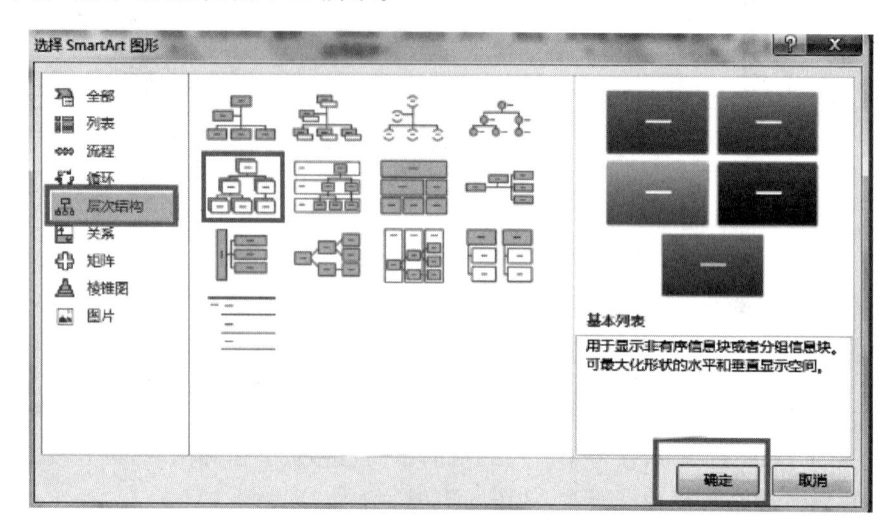

图 5-29 “选择 SmartArt 图形”对话框

按照以上步骤操作后，用户就可以获得组织结构图，可在“文本”处添加内容，如图 5-30 所示。

图 5-30 设置组织结构图后的幻灯片

7. 在幻灯片中使用表格

（1）在“插入”选项卡的“表格”工具组中单击“表格”按钮，弹出列表，在“插入选项”菜单下可以确定行数和列数，同时在幻灯片中也相对应地显示行数和列数，如图 5-31 所示。

（2）插入表格后，用户可在“表格工具/设计”选项卡的“表格样式”工具组中选择喜欢的表格风格，如图 5-32 所示。

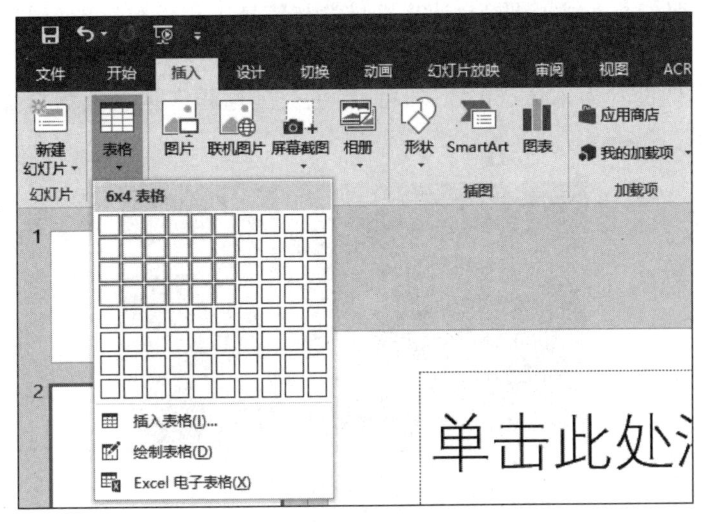

图 5-31　插入表格界面

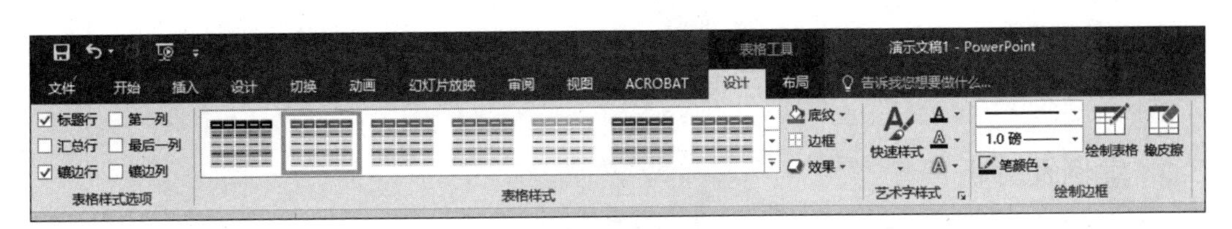

图 5-32　表格样式界面

小贴士　　演 示 文 稿

通常情况下，一份完整的演示文稿包括以下内容。

(1) 幻灯片。若干个相互联系、按一定顺序排列的幻灯片，能够全面说明演示内容。

(2) 观众讲义。为便于观众加深理解和印象，可以将页面按不同的形式打印在纸张上发给观众，即观众讲义。

(3) 演讲者备注。演讲者备注是演讲人在演讲过程中，为了更清楚地表达自己的观点，或者是提醒自己应注意的事项而在演示文稿中附加准备的材料。

5.2.3　上机实训

1. 实训目的

体验演示文稿创建的过程，了解演示文稿的基本操作，熟悉 PowerPoint 2016 的工作环境。

2. 实训内容

创建新演示文稿。

3. 实训要求

(1) 制作“工作计划演示文稿”。

（2）编辑第一张幻灯片主标题为“计算机科学与信息工程学院”，副标题为“2016—2017 年学年工作计划”。

（3）主标题字体设置为宋体、60 号、加粗、红色。副标题字体设置为楷体、36 号、加粗、蓝色，如图 5-33 所示。

图 5-33　工作计划演示文稿

（4）将幻灯片转换成 PDF 格式保存。

5.3　案例 2　教学课件演示文稿音频和视频设置

5.3.1　案例及分析

1. 案例要求

（1）制作教学课件的演示文稿，如图 5-34 所示。

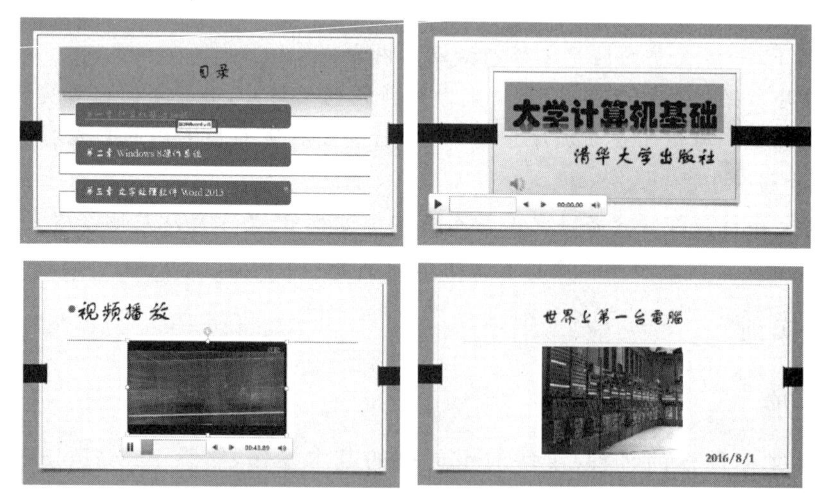

图 5-34　教学课件的演示文稿

（2）设置幻灯片超链接、屏幕提示、声效等功能。

（3）在幻灯片中设置音频。

（4）插入视频。

（5）自动更新幻灯片日期。

2. 案例分析

熟悉幻灯片的基本操作，熟练应用超链接的设置方法；“插入”选项卡中各选项的用法；掌握添加音效和视频的方法。

3. 操作步骤

1）设置超链接

超链接是一个跳转的快捷方式，单击含有超链接的图形或者对象，就会跳转到指定的幻灯片，或者打开某个文件夹、网页、电子邮件等。

（1）选中需要设置超链接的对象。

（2）在“插入”选项卡的“链接”工具组中单击“超链接”按钮，弹出“插入超链接”对话框，在“查找范围”中选择链接位置，出现需要链接的文本，单击使其变成蓝色。在“地址”栏中显示的是链接在计算机中的文字。最后，单击“确定”按钮，链接建立，如图 5-35 所示。

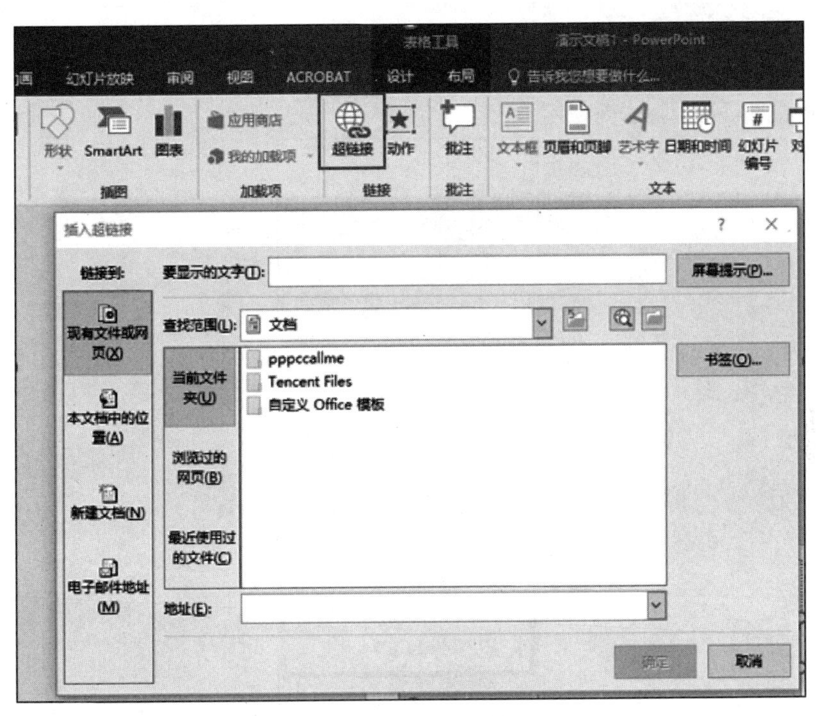

图 5-35　设置超链接界面

（3）按照以上步骤操作后，超链接的文本对象颜色发生了改变，如图 5-36 所示。

（4）设置超链接后，选中超链接文本后右击，出现如图 5-37 所示菜单，用户可以根据自己的需求进行编辑、打开、复制和取消超链接等操作。

2）设置超链接屏幕提示

（1）选中超链接文本。

（2）在“插入”选项卡的“链接”工具组中单击“超链接”按钮，出现“编辑超链接”对话框，单击“屏幕提示”按钮，弹出“设置超链接屏幕提示”对话框，在“屏幕提示文字”编辑框中输入“跳转到 word 文档”，单击“确定”按钮，完成超链接屏幕提示操作，如图 5-38 所示。

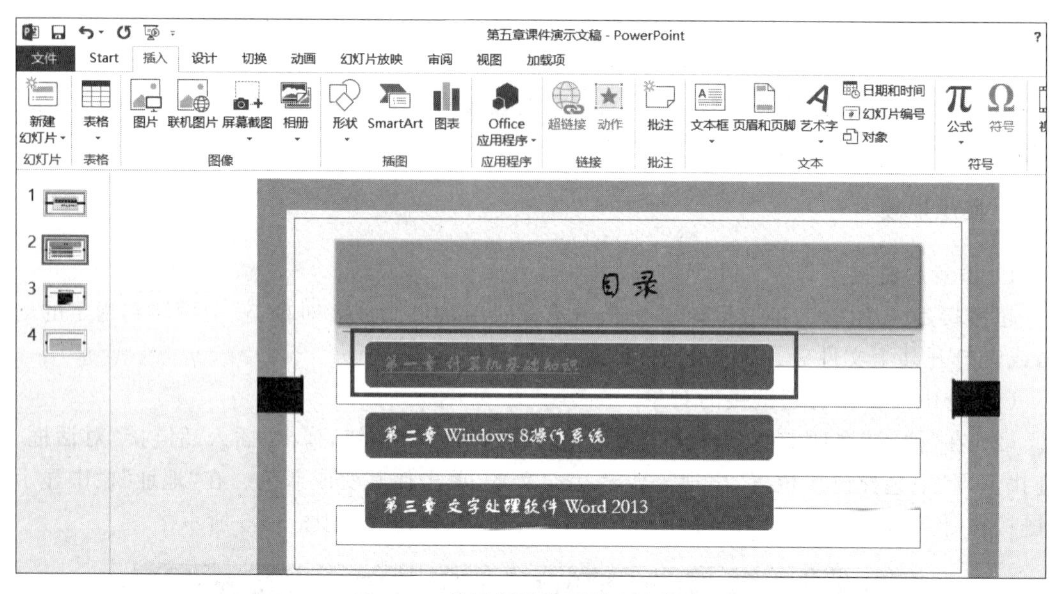

图 5-36 设置超链接后的文本颜色

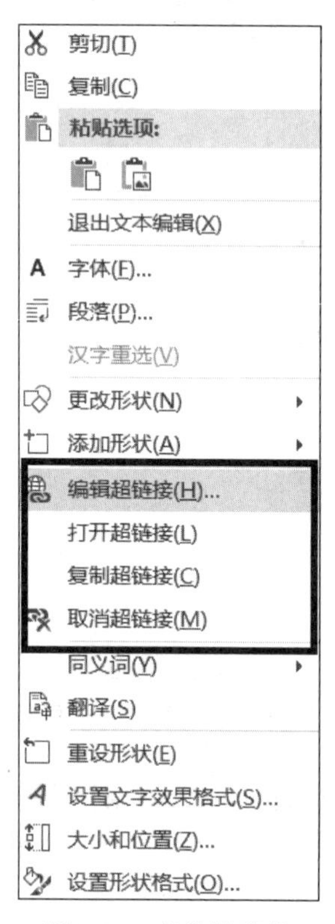

图 5-37 超链接菜单

（3）完成超链接屏幕提示后，在放映该张幻灯片时，将鼠标指针移动到设置了屏幕提示的文字上，即可看到屏幕提示信息，如图 5-39 所示。

3）设置超链接声效

（1）选中超链接。

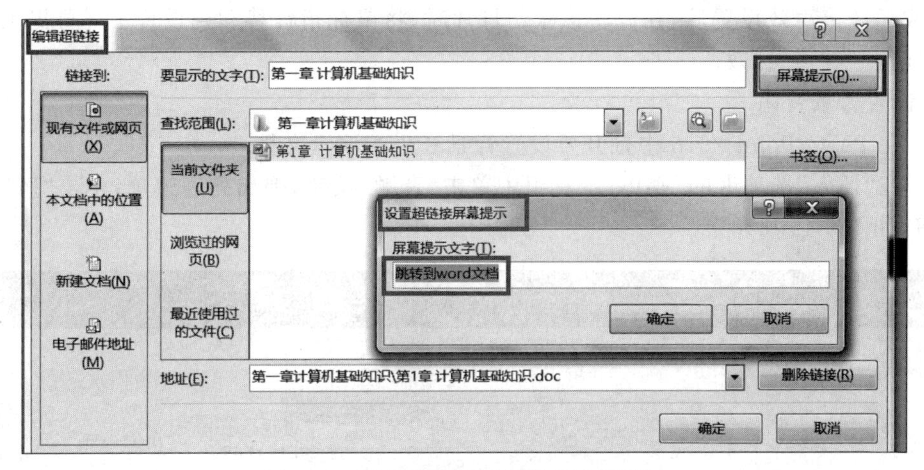

图 5-38 设置超链接屏幕提示按钮界面

图 5-39 超链接屏幕提示

(2) 在"插入"选项卡的"链接"工具组中单击"动作"按钮,弹出"操作设置"对话框,勾选"播放声音"复选框后,在下拉列表中选择"鼓声",单击"确定"按钮,如图 5-40 所示。

图 5-40 设置超链接声效界面

完成超链接声效设置后，在放映该张幻灯片时，将鼠标指针移动到设置了屏幕提示的文字上，即可听到“鼓声”音效。

4）设置背景音乐

（1）在 PowerPoint 2016 中打开要设置背景音乐的演示文档。

（2）在“插入”选项卡的“媒体”工具组中单击“音频”按钮，弹出列表选项，单击“PC 上的音频”按钮，如图 5-41 所示。

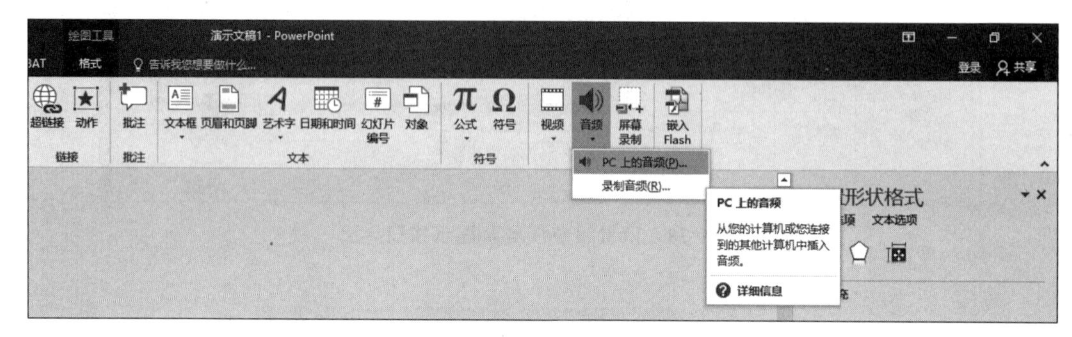

图 5-41　音频插入

（3）单击“PC 上的音频”按钮后，会弹出“插入音频”对话框，选择合适的背景音乐后，单击“插入”按钮，如图 5-42 所示。

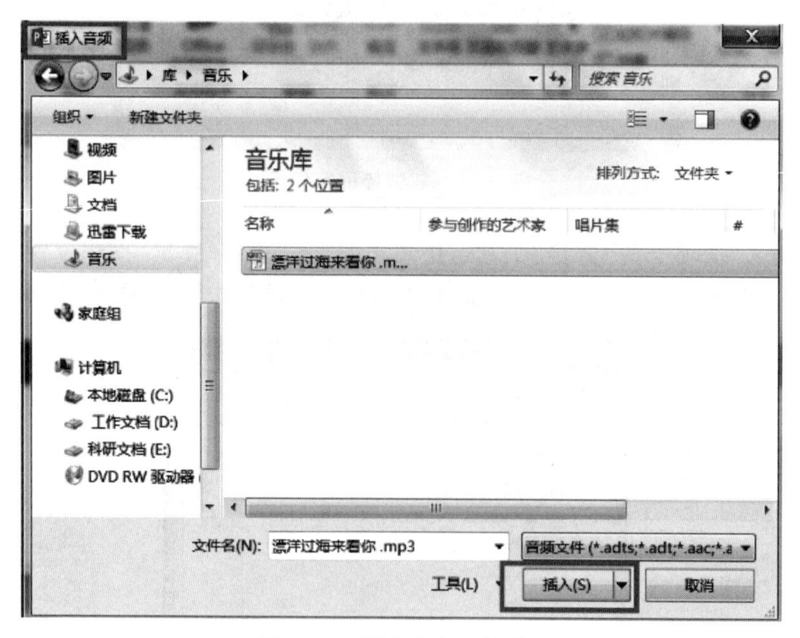

图 5-42　“插入音频”对话框

（4）插入音频操作成功后，在幻灯片页面就会出现喇叭状的图标，如图 5-43 所示。

5）音频裁剪

如果用户认为音频时间太长，幻灯片内容不搭配，可以对背景音乐进行裁剪。

（1）选中音乐图标。

（2）在“音频工具/播放”选项卡的“编辑”工具组中选择“剪裁音频”选项。

图 5-43 设置背景音乐的幻灯片

(3) 单击“剪裁音频”按钮后，会弹出“剪裁音频”对话框。拖动按键，可以显示音频的时间长度，方便用户进行裁剪，最后单击“确定”按钮，完成操作，如图 5-44 所示。

图 5-44 “剪裁音频”对话框

6) 音乐循环播放

(1) 选中音乐图标。

(2) 选择“音频工具/播放”选项卡的“音频选项”工具栏，勾选“循环播放，直到停止”选项，如图 5-45 所示。

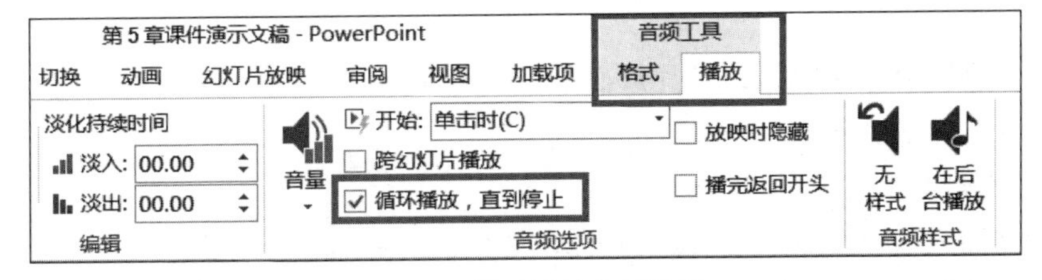

图 5-45 循环播放音乐选项

7）插入视频

（1）在 PowerPoint 2016 中打开要插入视频的幻灯片。

（2）在“插入”选项卡的“媒体”工具组中单击“视频”按钮，弹出列表选项，单击“PC 上的视频”按钮，如图 5-46 所示。

图 5-46　插入视频界面

（3）单击“PC 上的视频”按钮后，会弹出“插入视频文件”对话框，用户选择视频后，单击“插入”按钮，如图 5-47 所示。

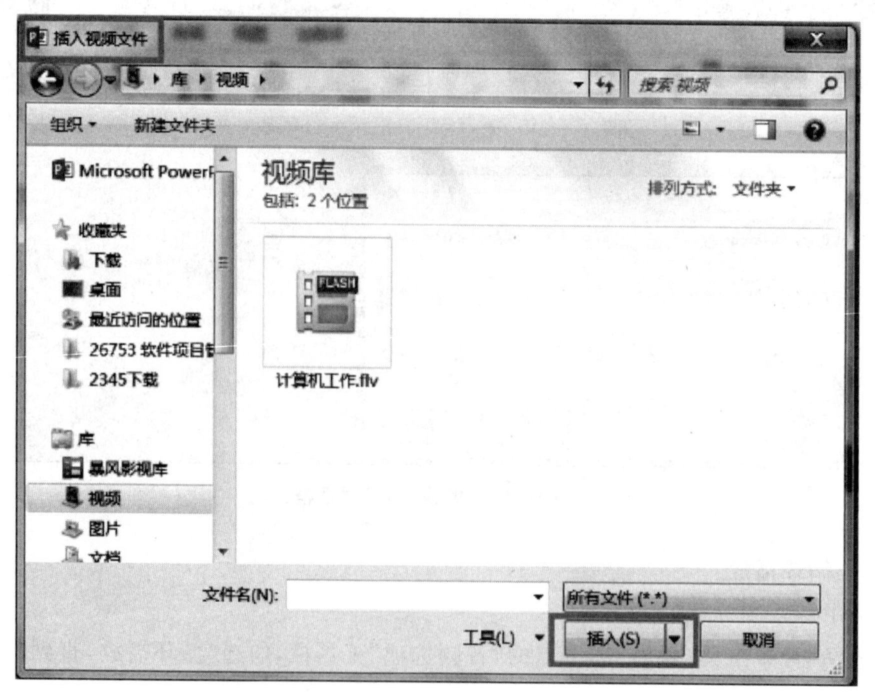

图 5-47　“插入视频文件”对话框

（4）插入视频操作成功后，幻灯片页面如图 5-48 所示。

8）幻灯片自动更新日期

（1）打开幻灯片。

（2）单击“插入”选项卡中的“页眉和页脚”选项，如图 5-49 所示。

（3）弹出“页眉和页脚”对话框，勾选“日期和时间”及“自动跟新”选项。单击“全部应用”按钮，完成操作，如图 5-50 所示。

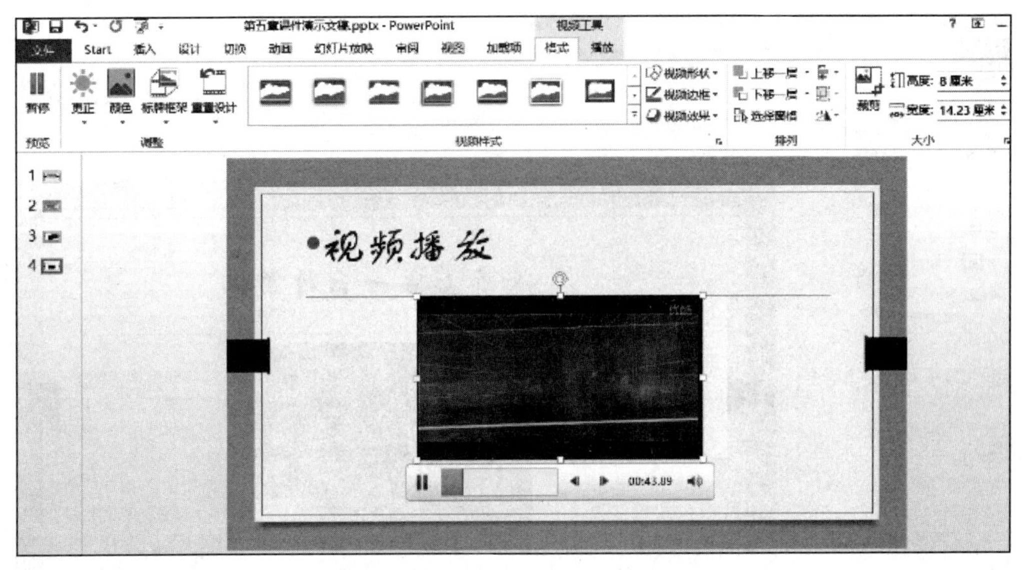

图 5-48 插入视频后的幻灯片页面

图 5-49 “页眉和页脚”选项

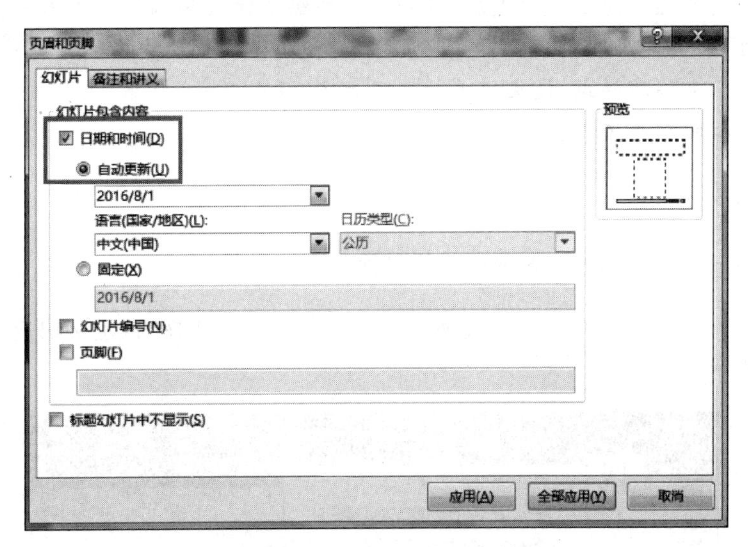

图 5-50 “页眉和页脚”对话框

(4) 按照以上操作完成后,每次打开幻灯片,系统都会更新日期。用户还可根据自己的喜好在“开始”选项卡的“字体”工具组中编辑日期字体的大小颜色,如图 5-51 所示。

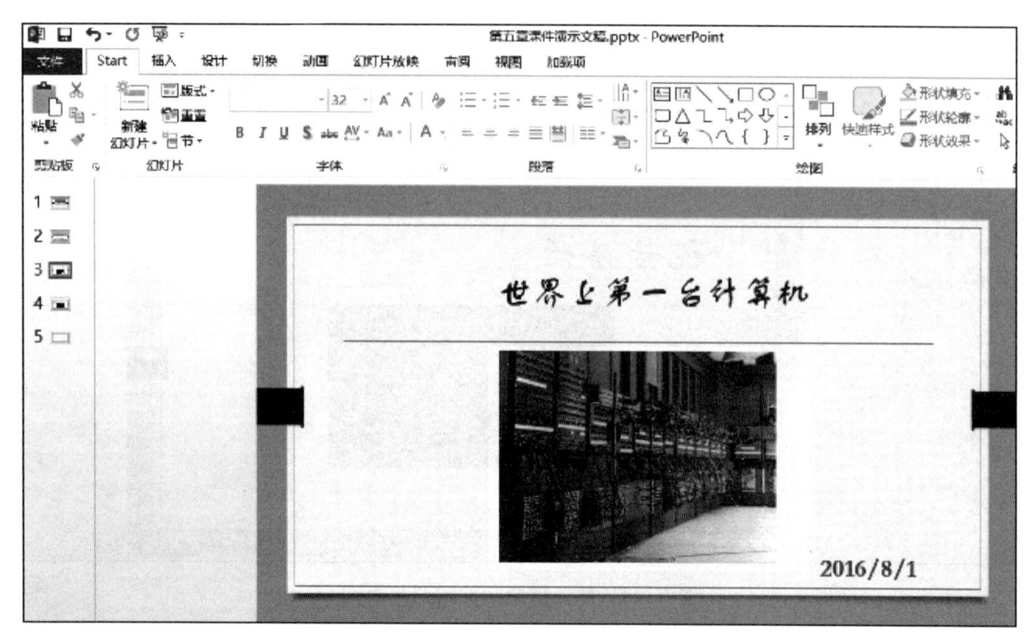

图 5-51 添加日期的幻灯片

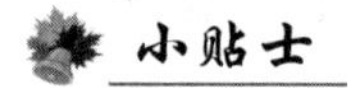
小贴士

演示文稿的制作过程

演示文稿的制作过程分为如下 5 步。

(1) 启动 PowerPoint 2016，创建新演示文稿。

(2) 选择好演示文稿的创建方式后，再向演示文稿中输入和编辑文本内容。

(3) 向幻灯片中插入图片、声音、图表、表格等，使演示文稿的内容图文并茂、丰富多彩。

(4) 设计演示文稿的样式，使文稿更加美观大方，吸引观众。

(5) 保存和打印演示文稿。

5.3.2 相关知识点

1. 重新定义 PowerPoint 2016 选项卡的名称

(1) 启动 PowerPoint 2016，右击选项卡，弹出下拉菜单，选择“自定义快速访问工具栏”选项，如图 5-52 所示。

图 5-52 自定义快速访问工具栏

(2) 在右侧主选项卡中，单击需要重新定义名称的“开始”选项，再选择“重命名”选项。

(3) 弹出“重命名”对话框，输入名称 Start，单击“确定”按钮，完成选项卡重命名操作，如图 5-53 所示。

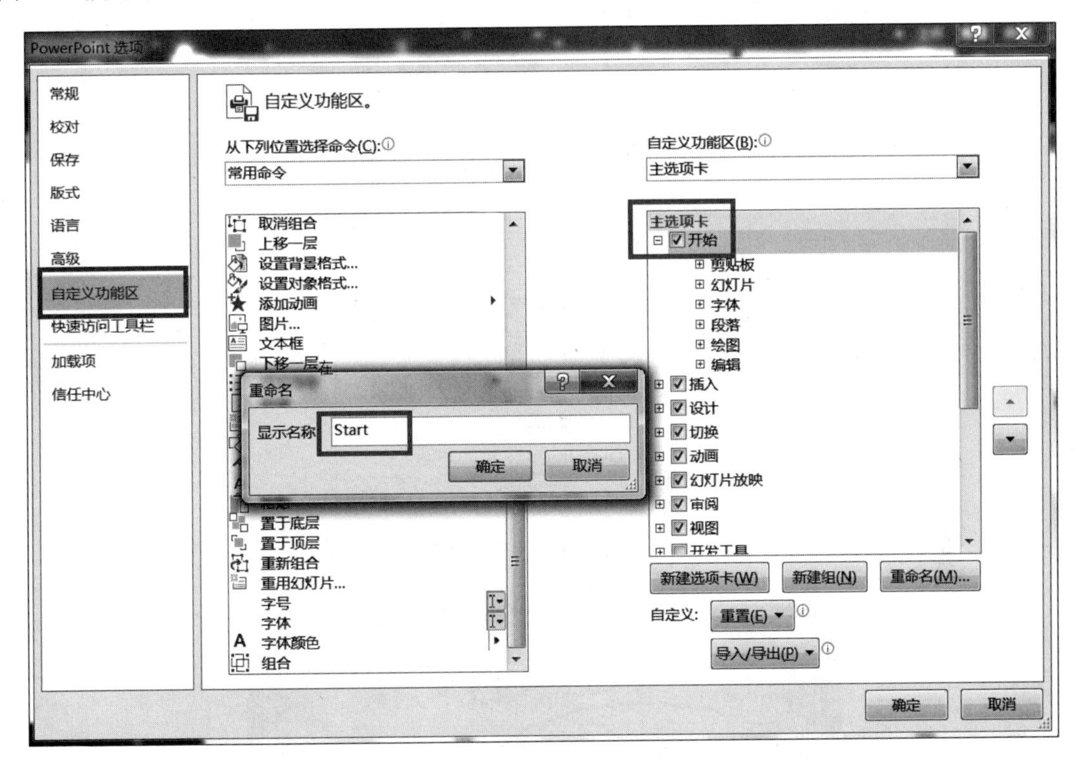

图 5-53 “重命名”对话框

按照以上步骤操作后，“教学课件演示文稿”的选项卡如图 5-54 所示。

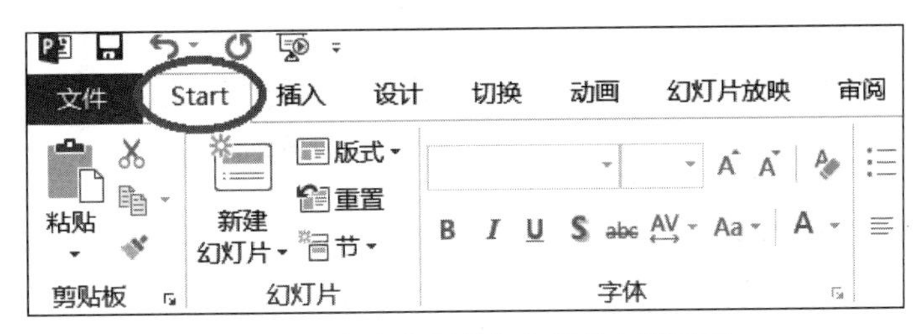

图 5-54 修改选项卡名称后的文稿页面

2. 插入 Excel 电子表格

(1) 单击“插入”工具栏中的“表格”按钮，弹出列表，单击“Excel 插入电子表格”选项，就可以插入表格，如图 5-55 所示。

(2) 此时在幻灯片中会弹出电子表格，用鼠标拖曳右下角可调整电子表格的行数和列数，如图 5-56 所示。

(3) 确定表格的行数和列数后，单击幻灯片外的任意位置，如图 5-57 所示，电子表格插入完毕。

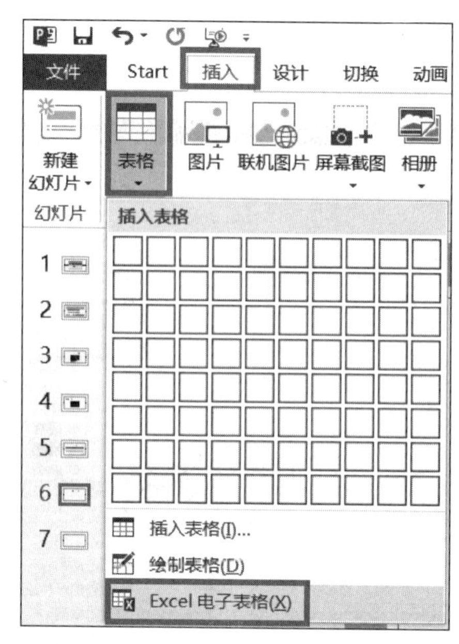

图 5-55 插入 Excel 电子表格界面

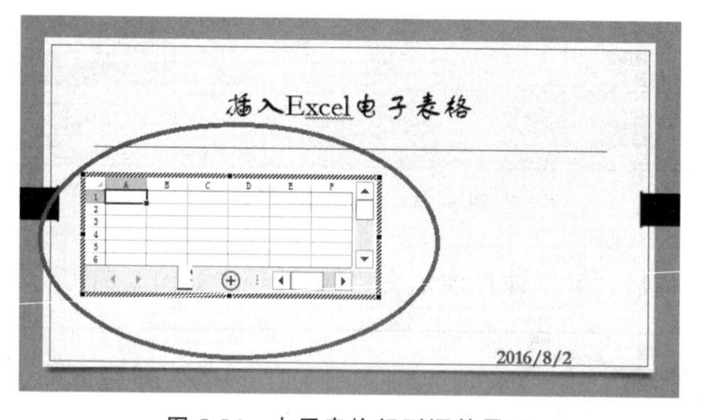

图 5-56 电子表格行列调整界面

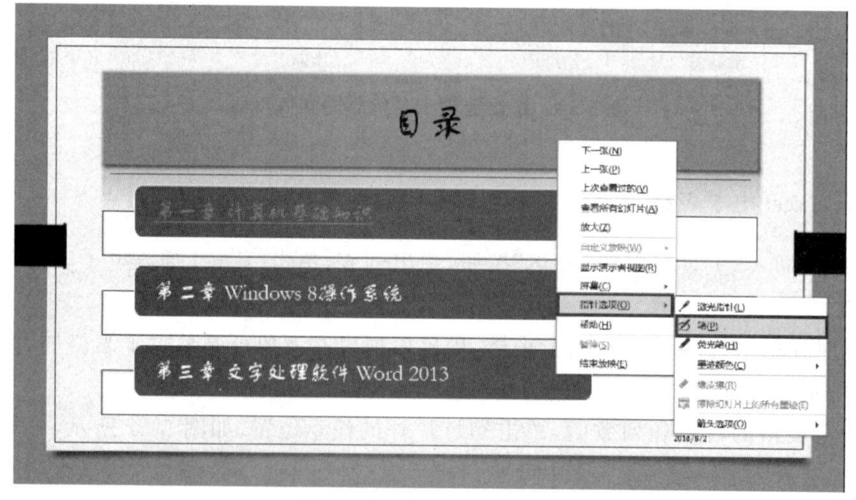

图 5-57 “指针选项”菜单

3. 播放幻灯片时划重点

（1）用 PowerPoint 2016 播放幻灯片。

（2）右击，在弹出的快捷菜单中选择“指针选项”，在“指针选项”下弹出的快捷菜单中选择“笔”选项。

（3）此时鼠标呈红色圆点的状态，单击并拖动鼠标左键，可以划出幻灯片的重点范围，然后释放鼠标即可。

（4）划完重点后，按 Esc 键退出播放幻灯片时，会弹出“是否保留墨迹注释”的提示框，用户可根据自己的需要选择“保留”或“放弃”，如图 5-58 所示。

图 5-58　“是否保留墨迹注释”对话框

4. 录制旁白声音

PowerPoint 2016 有录制旁白的功能。录制旁白常用于自动放映的演示文稿。具体操作如下。

（1）在 PowerPoint 2016 中打开演示文稿。

（2）选择“幻灯片放映”选项卡的“设置”工具组，单击“录制幻灯片演示”按钮上的下三角按钮，在弹出的列表中选择“从头开始录制”选项，单击该选项，弹出“录制幻灯片演示”对话框，勾选“旁白和激光笔”选项。如图 5-59 所示。

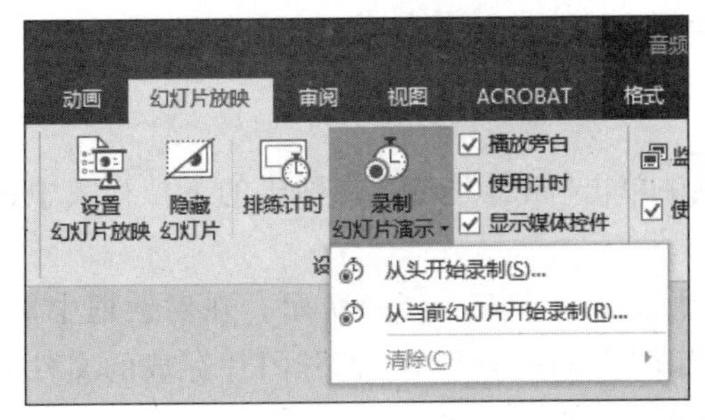

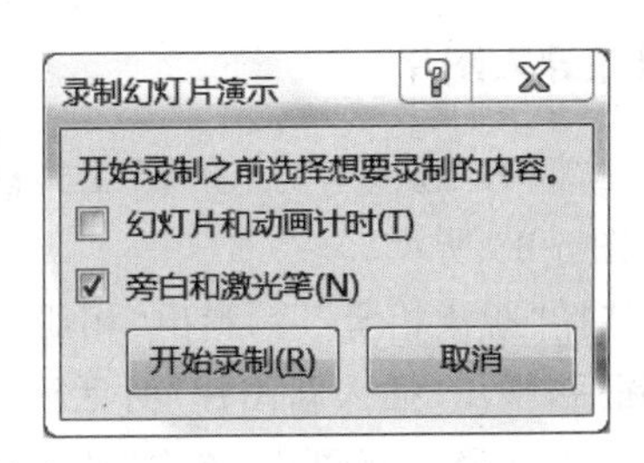

图 5-59　录制幻灯片演示

(3) 单击“开始录制”按钮后，旁白录制操作开始，此时幻灯片进入全屏放映状态，PowerPoint 2016 将录制演示者通过话筒读出的旁白内容，左上角出现如图 5-60 所示的录制图标。

(4) 退出录制状态后，PowerPoint 2016 将进入幻灯片浏览视图，此时在幻灯片中将会出现音频图标。切换为普通视图，选择幻灯片中的音频图标时，将出现浮动控制栏，如图 5-61 所示。单击浮动控制栏上的“播放”按钮即可预览旁白的录制效果。

图 5-60 录制旁白界面

图 5-61 预览旁白的录制效果

(5) 完成一张幻灯片旁白的录制后，切换到下一张幻灯片仍按照以上操作流程进行录制，录制完成后，按 Esc 键退出幻灯片放映状态。

5. 跳跃播放些幻灯片

用户在演示幻灯片时，有些幻灯片是不需要播放的，又不希望将这些幻灯片删除，可以采用以下步骤进行操作。

(1) 选中不需要播放的幻灯片页面。

(2) 选择“幻灯片放映”选项卡中的“设置”工具栏，单击“隐藏幻灯片”按钮，如图 5-62 所示。会发现该幻灯片的颜色会变淡，而且左侧页码上会出现一个删除符号。此刻放映幻灯片，这一页幻灯片就不会播放。

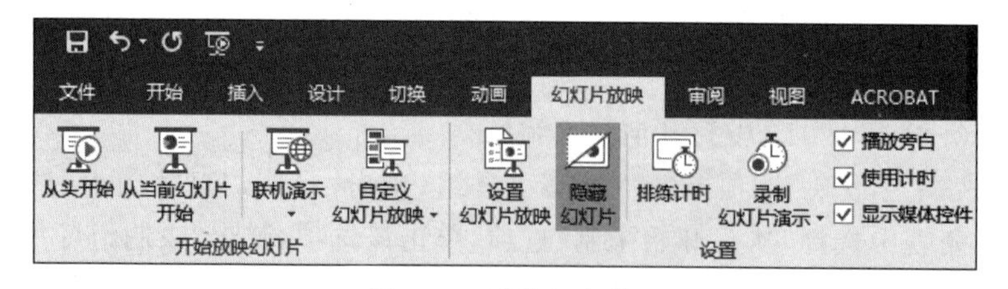

图 5-62 隐藏幻灯片

6. 批量导入图片

(1) 在“插入”选项卡的“图像”工具栏中单击“相册”按钮，在弹出的下拉列表中选择“新建相册”，如图 5-63 所示。

(2) 选择“新建相册”后，弹出“相册”对话框，如图 5-64(a)所示。在对话框中单击“文件/磁盘”按钮后，弹出“插入新图片”对话框，如图 5-64(b)所示。打开图片存放的文件夹，使用快捷键 Ctrl+A 选择全部图片，单击“插入”按钮。

图 5-63 新建相册界面

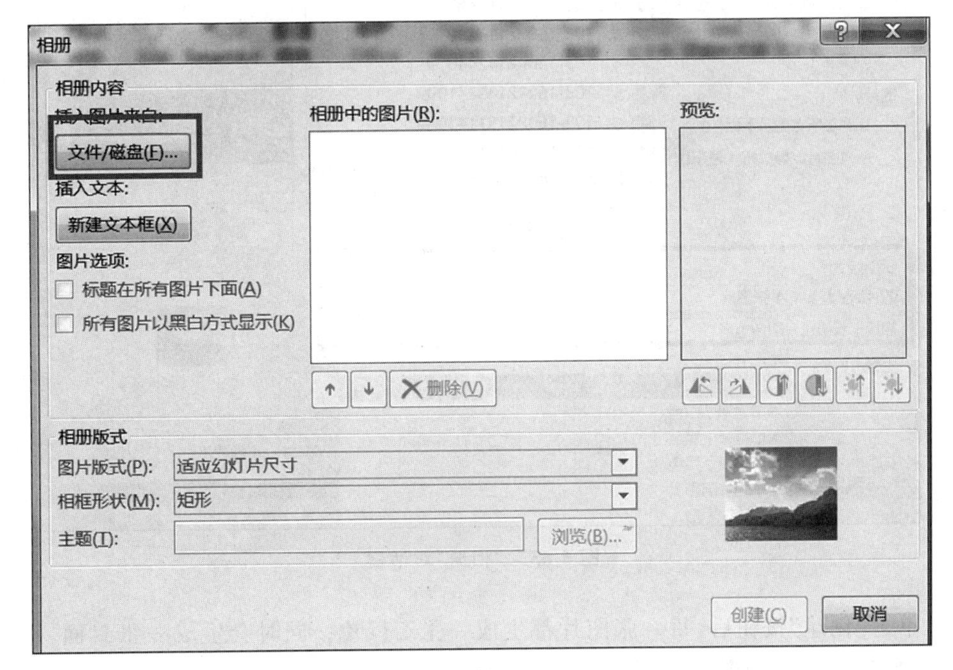

(a)

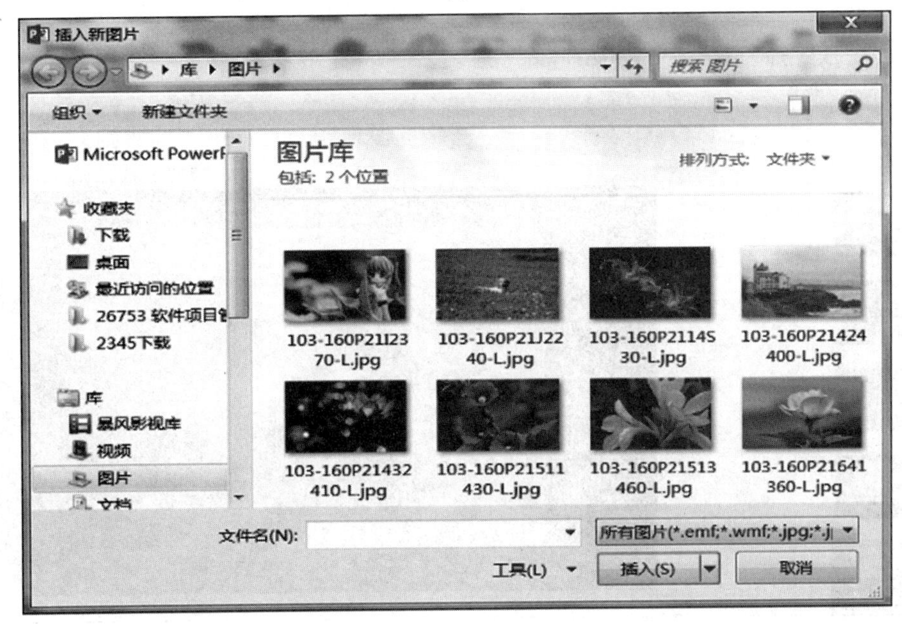

(b)

图 5-64 “插入新图片”对话框

（3）单击“插入”按钮后，在“相册”对话框中勾选要选择的图片，可以上下调整位置。通过“相册版式”工具栏中的“图片版式”和“相框形状”的下拉列表选项，可以设置图片版式以及相框形状，如图 5-65 所示。

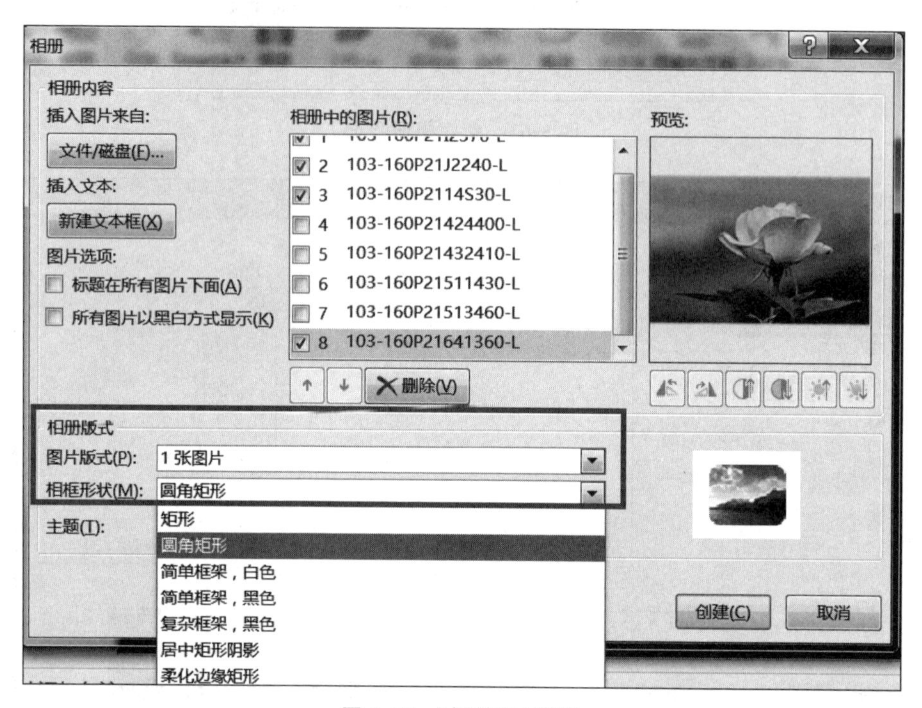

图 5-65 “相册”对话框

（4）单击“创建”按钮后，每一张图片都生成一张幻灯片。同时会生成一张封面，用户可根据情况选择是否保留，如图 5-66 所示。

图 5-66 批量插入图片页面

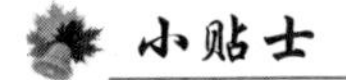

制作演示文稿的基本原则

用户在使用制作 PowerPoint 时，为了达到演示效果，需要集文字、图形、图像及声音于一体，能够极富感染力地表达出演讲人所要表达的内容。需要遵循以下几点原则。

（1）选择适当的模板和背景：用于演示的幻灯片设计精巧、美观固然重要，但不能喧宾夺主，要重点突出演示内容。

（2）恰当的处理文字：一张幻灯片中放置的文字信息不宜过多，要尽量精简，一般来说，幻灯片上的文字只是标题和提纲，必要的补充说明材料。

（3）图片的处理：在幻灯片中编辑一张好的图片可以减少大幅度的文字说明，而且制作图文并茂的幻灯片，会获得事半功倍的演示效果。

（4）尽量不要插入与内容无关的图片，这样会分散观众的注意力，影响演示效果。

5.3.3　上机实训

1. 实训目的

使学生熟悉幻灯片的基本操作，掌握应用超链接设置方法；了解“插入”选项卡中各选项的用法；掌握添加音效和视频的方法。

2. 实训内容

（1）制作学术报告演示文稿，如图 5-67 所示。

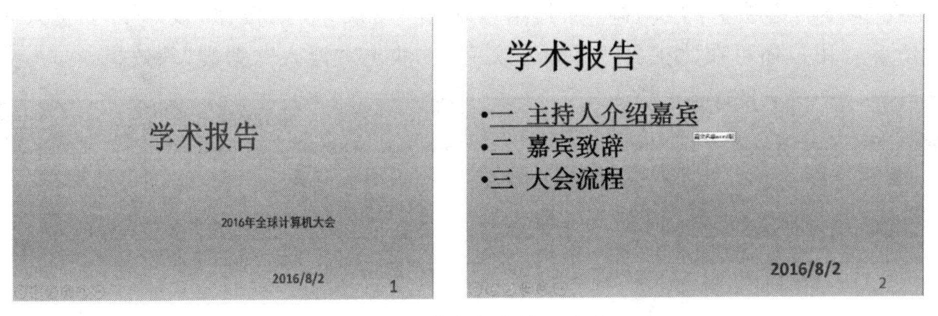

图 5-67　学术报告演示文稿

（2）设置幻灯片超链接、屏幕提示。

（3）自动更新幻灯片日期、页码。

5.4　案例 3　教学课件演示文稿动画设置

5.4.1　案例及分析

1. 案例要求

（1）制作教学课件演示文稿，如图 5-68 所示。

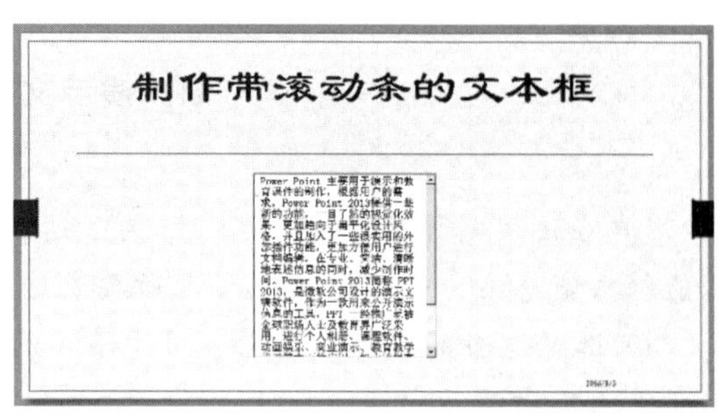

图 5-68　教学课件演示文稿

（2）设置幻灯片的动画效果，如对同一对象添加多个动画。

（3）在幻灯片中设置文字劈裂效果。

（4）设置图片按照轨迹飞行。

（5）制作带滚动字幕的文本框。

2. 案例分析

熟悉幻灯片的基本操作，熟练应用超链接设置方法；“插入”选项卡中各选项的用法；掌握添加各种动画效果的方法。

3. 操作步骤

1）设置文字飞入效果

（1）在文本框中输入要设置飞入效果的文字。

（2）在“动画”选项卡的“动画”工具组中单击“飞入”效果按钮，设定文字飞入效果，如图 5-69 所示。用户还可在此工具栏中设定文字的“淡出”“浮入”“劈裂”等效果。

图 5-69　“飞入”选项

（3）在“动画”工具栏中单击“效果选项”按钮，弹出“方向”列表，用户可以根据自己的喜好，设定文字飞入的方向，例如“自底部”“自左下部”“自左侧”“自顶部”等方向，如图 5-70 所示。

（4）单击“动画”工具组右下角的“显示其他效果选项”，弹出“飞入”对话框，在对话框内有“效果”“计时”“正文文本动画”的功能。可以设置文字飞入的状态和效果，如图 5-71 所示。

2）设置图片按轨迹飞行

（1）选择需要按轨迹飞行的图片。

（2）在“动画”选项卡的“高级动画”工具组中单击“添加动画”按钮，然后单击“自定义路径”选项，如图 5-72 所示。

（3）单击“自定义路径”按钮后，鼠标变成十字指针状“+”，一直按住鼠标左键，拖动鼠标指针，绘制要制作的动画飞行路径。双击路径终止绘制，出现飞行预览，如图5-73所示。在“动作路径”选项中，还可以将图片动作轨迹设置成“弧形”“转弯”“圆形”和“循环”等。

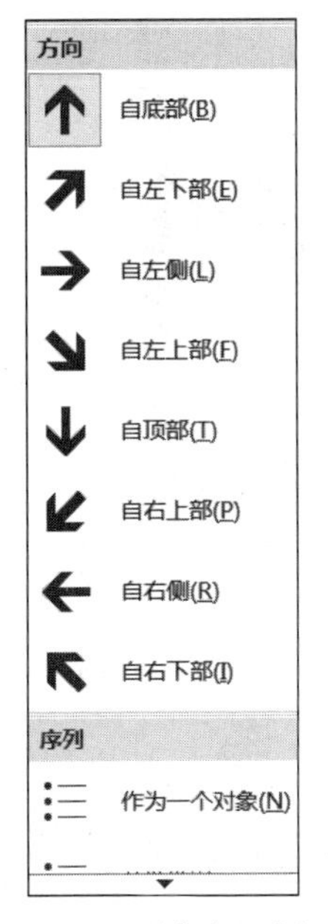

图5-70 “方向”列表

图5-71 “飞入”对话框

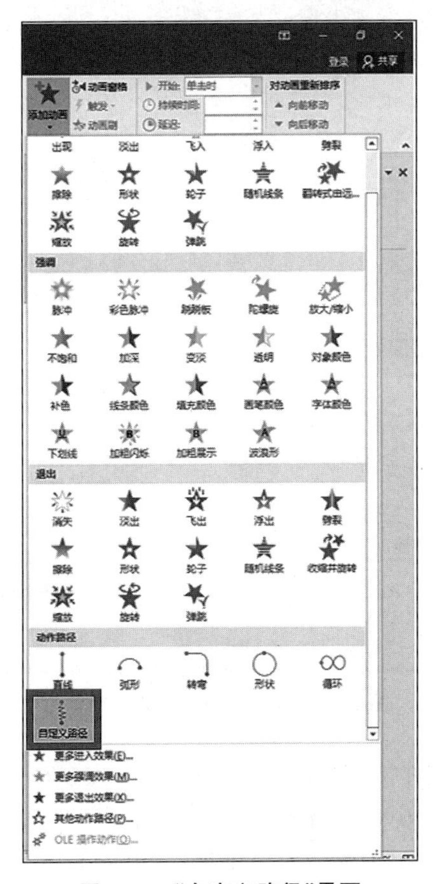

图5-72 “自定义路径”界面

图 5-73　图片飞行路径

(4) 按照以上步骤完成操作后，播放幻灯片，图片会按照预先设定的轨迹出现。

3) 设置带滚动条的文本框

(1) 单击“文件”选项卡，选择“选项”功能，在弹出的“PowerPoint 选项”对话框中，单击对话框左侧的“自定义功能区”选项，在出现的界面中，勾选右侧区域的“开发工具”选项，单击“确定”按钮，如图 5-74 所示。

图 5-74　“PowerPoint 选项”对话框

(2) 完成以上操作后，现在文档功能区就出现了“开发工具”选项卡，单击该选项卡，在“控件”工具组中单击“文本框(ActiveX 控件)”图标abl，如图 5-75 所示。

(3) 拖动鼠标在幻灯片区域绘制一个文本框，选中文本框，右击在弹出的快捷菜单中选择“属性表”选项，如图 5-76 所示。

图 5-75 “文本框(ActiveX 控件)”界面

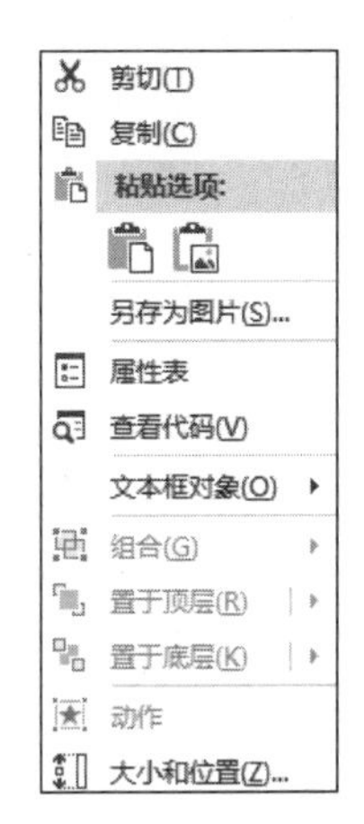

图 5-76 “属性表”选项

(4) 此时弹出“属性”对话框,在“按字母序”选项卡中,将 MultiLine 值设置为 True。在“按分类序”选项卡中,将 ScrollBars 后面的下拉按钮选择“滚动”形式,这里以选择 2-fnScrollBarsVertical 为例,设置完后关闭“属性”对话框,如图 5-77 所示。

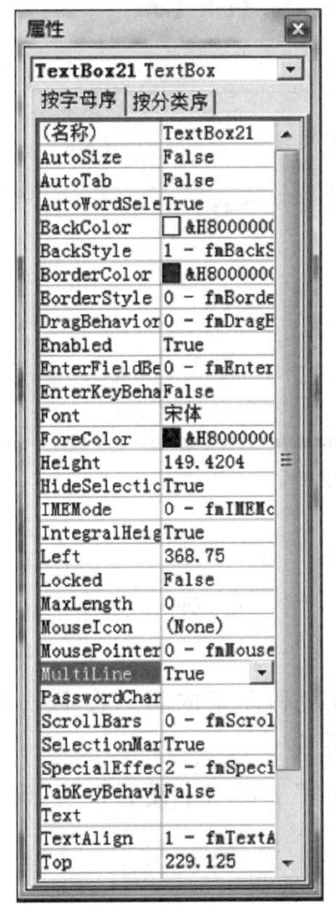

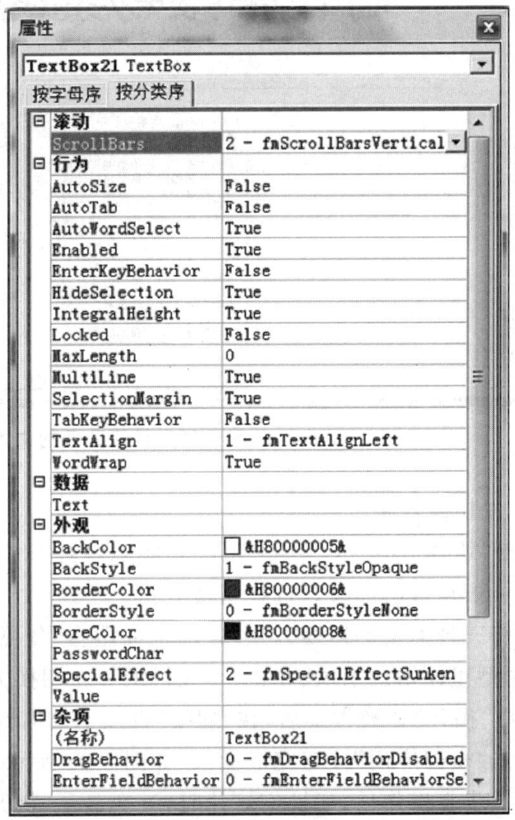

图 5-77 “属性”对话框

(5) 选中文本框,右击,在弹出的快捷菜单中选择“编辑”选项,如图 5-78 所示。

(6) 现在可以在文本框中输入文字,效果如图 5-79 所示。放映幻灯片时拉动滚动条,就可以读取文本框中的内容。

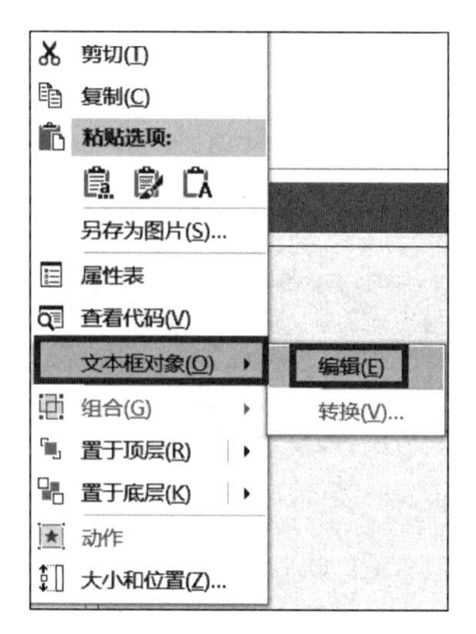

图 5-78　编辑文本框界面

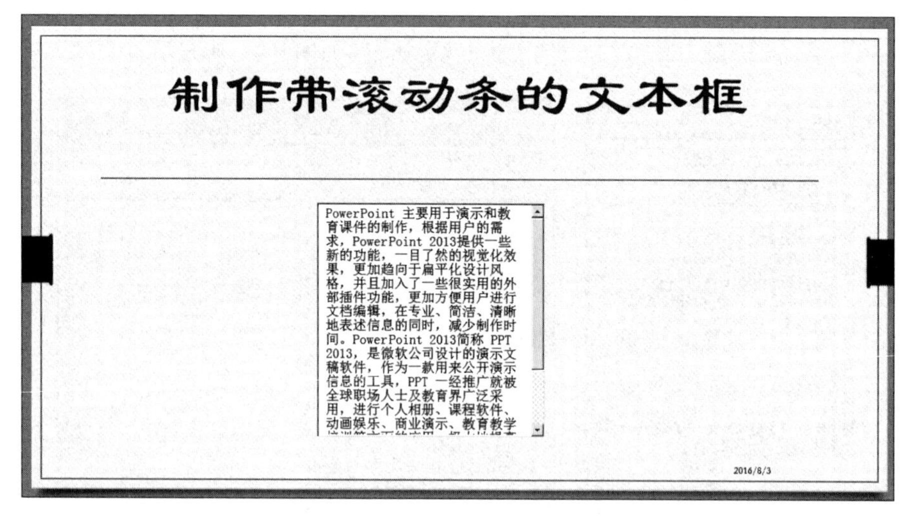

图 5-79　带滚动条的文本框

4）幻灯片切换效果

（1）单击“切换”选项卡，单击“切换到此幻灯片”的下拉三角，弹出如图 5-80 所示的下拉列表。用户可根据自己的喜好选择切换方式。

列表里有三种类型的切换方式，分别是细微型、华丽型和动态内容。在 PowerPoint 2016 版本中，华丽型里面增加了风、飞机、日式折纸等新切换方式。

（2）选择“揭开”切换方式后，在“切换”选项卡的“计时”工具组中设置声音、时间等切换效果。最后单击“全部应用”按钮完成操作，如图 5-81 所示。

按照以上步骤操作后，切换幻灯片时，就会显示“揭开”效果。

5）设置同一对象添加多个动画

在幻灯片页面中设置“笑脸”形状，从页面自右下部进入，“弹跳”两次后淡出页面。以此为案例，详细介绍操作步骤如下。

（1）单击“插入”选项卡的“形状”工具组，在“基本形状”下单击“笑脸”形状，如图 5-82 所示。在幻灯片上拖放以绘制笑脸。

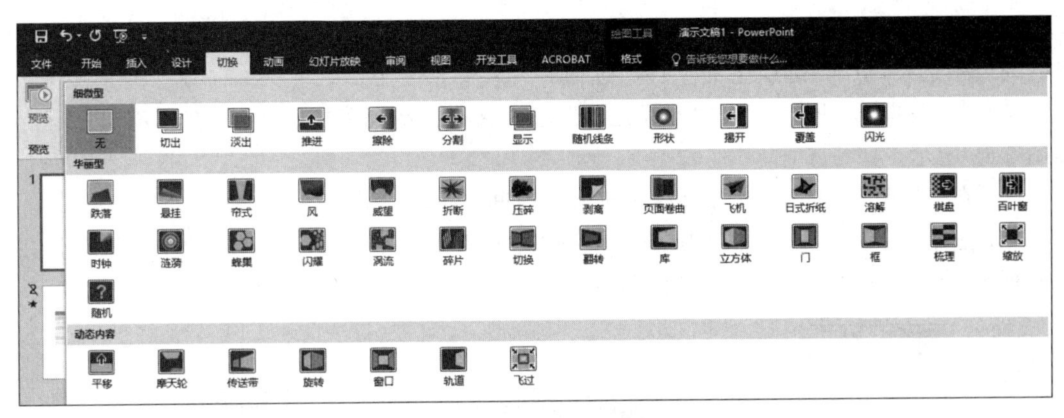

图 5-80 切换方式界面

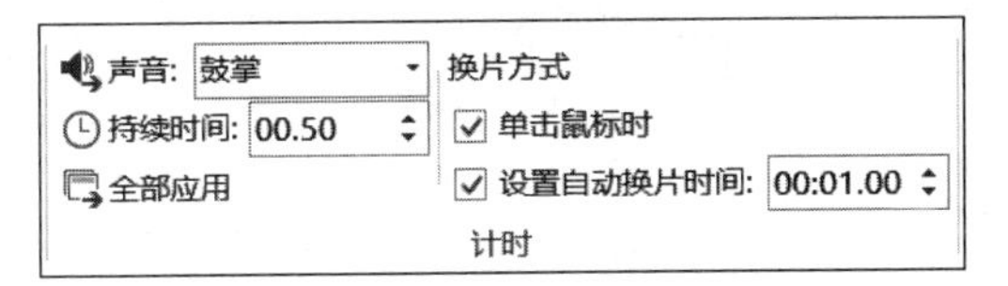

图 5-81 “计时”工具组

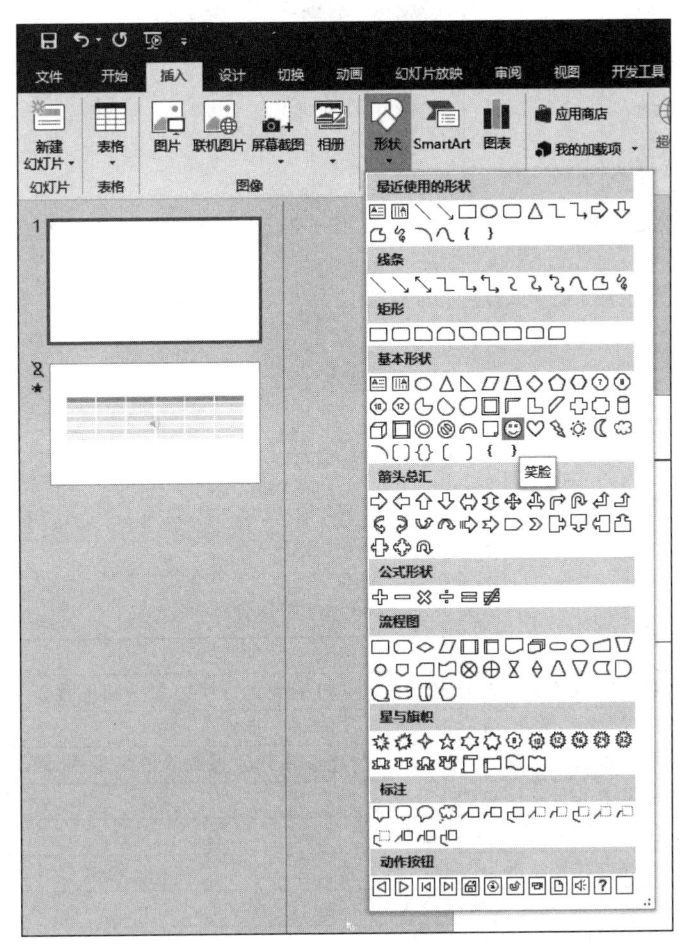

图 5-82 “形状”界面

（2）选中“笑脸”图形，在“动画”选项卡的“高级动画”工具组中单击“添加动画”按钮，在弹出的列表中选择“进入”选项中的“飞入”选项。

（3）在“动画”选项卡中单击“效果选项”按钮，在弹出的列表中选择“自右下部”进入效果，如图 5-83 所示。

（4）在“计时”菜单中可以设定动画进入的时间。

（5）选中“笑脸”形状，在“动画”选项卡的“高级动画”工具组中单击“添加动画”按钮，在弹出的列表“退出”选项里单击“弹跳”按钮，如图 5-84 所示。

图 5-83 设置动画效果界面

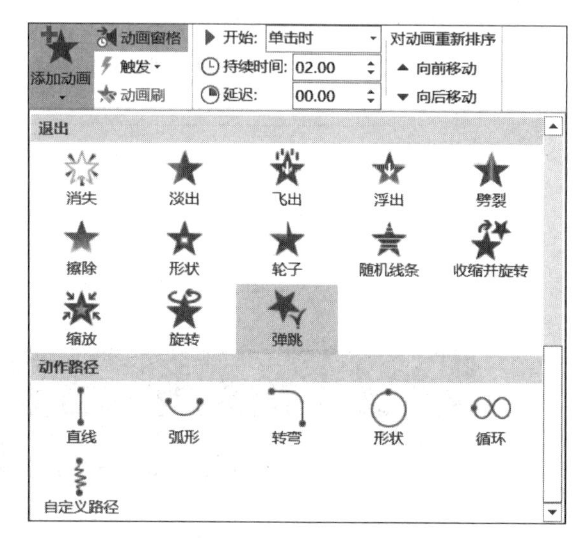

图 5-84 “弹跳”效果设置界面

按照以上步骤设定后，播放幻灯片时就会显示“笑脸”形状，从页面自右下部进入，弹跳两次后淡出页面。

小贴士

SmartArt 图形介绍

SmartArt 图形的类型包括列表、流程、循环、层次结构、关系、矩阵、棱锥、图片等，其使用简介见表 5-1。

表 5-1 SmartArt 图形介绍

类型	说明
列表	用于显示非有序信息块或者分组信息块。可最大化形状的水平和垂直显示空间
流程	用于显示行进，或者任务、流程或工作流中的顺序步骤
循环	用于以循环流程表示阶段、任务或事件的连续序列。强调阶段或步骤，而不是连接箭头或流程
层次结构	用于显示组织中的分层信息或上下级关系
关系	用于显示包含关系、比例关系或互连关系
矩阵	用于以象限的方式显示部分与整体的关系
棱锥	用于显示比例关系、互连关系或层次关系
图片	用于显示非有序信息块或分组信息块

5.4.2　相关知识点

1. 添加批注

（1）选中要对其添加批注的文本或对象。

（2）在“审阅”选项卡的“批注”工具组中单击“新建批注”选项，会出现批注标志。用鼠标可以移动批注标志。此时，在幻灯片右侧出现“批注”窗格，如图 5-85 所示。

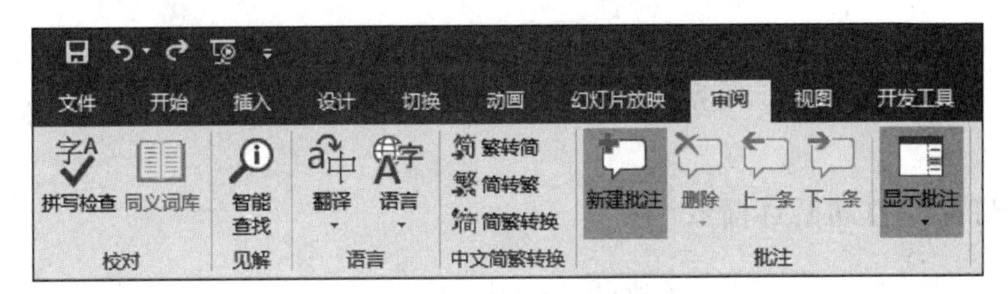

图 5-85　添加批注

（3）在“批注”窗格的文本输入框中输入批注，完成操作。

（4）如果已打开“批注”窗格，用户则可以单击“新建批注”按钮来添加批注到选定的文本、对象或幻灯片。此方法将多个批注附加到同一文本或对象。

（5）用户在“批注”窗格还可以进行“回复批注”和“删除批注”操作。

2. 添加 Logo 标志

（1）打开需要加入 Logo 标志的幻灯片。

（2）在“视图”选项卡的“母版视图”工具组中单击“幻灯片母版”选项，如图 5-86 所示。

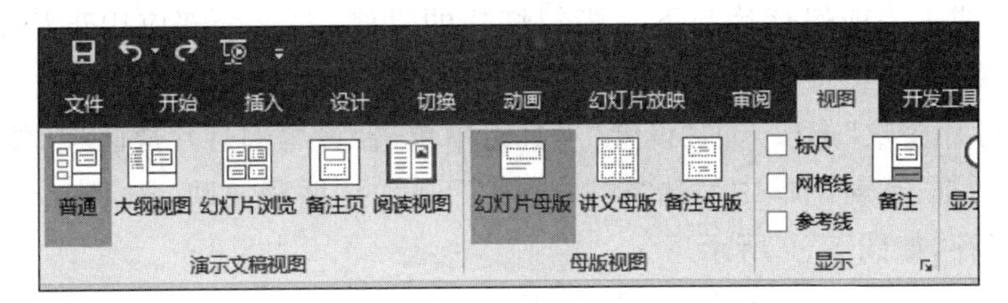

图 5-86　“母版视图”界面

（3）单击“幻灯片母版”选项，如图 5-87 所示。将 Logo 放在灯片中合适的位置后，单击“关闭母版视图”按钮。

图 5-87　“幻灯片母版”视图界面

（4）关闭母版视图后，幻灯片返回到普通视图，就可以看到在幻灯片上添加了 Logo，在普通视图上无法对 Logo 进行编辑，如图 5-88 所示。

图 5-88 添加了 Logo 标志的幻灯片

3. 设置幻灯片的自动循环播放

(1) 打开要设置进行自动循环播放的幻灯片。

(2) 在“切换”选项卡的“计时”工具栏中勾选“设置自动换片时间”选项。设置换片的具体时间值为 2 秒，如图 5-89 所示。

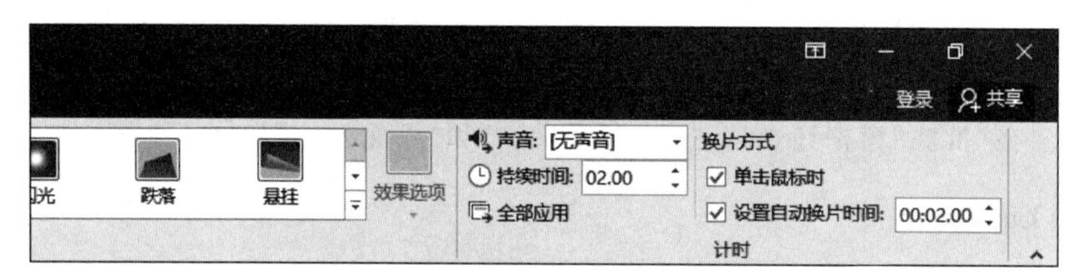

图 5-89 “设置自动换片时间”选项界面

此设置只完成了当前幻灯片与下一张幻灯片的过渡，并未全部应用于整个幻灯片播放。因此，用户还需要单击“全部应用”选项，然后单击“保存”按钮，对当前设置进行保存。

(3) 在“幻灯片放映”选项卡的“设置”工具组中单击“设置幻灯片放映”功能键后，弹出“设置放映方式”对话框，在对话框中勾选“放映选项”下面的“循环放映，按 ESC 键终止”，最后单击“确定”按钮保存，如图 5-90 所示。

按照以上步骤操作后，按下播放快捷键 F5，可查看幻灯片的连续播放效果。若想退出放映，按下 ESC 键即可。

4. 将示文稿转换为 Word 文档

(1) 打开需要转换的演示文稿。

(2) 单击“文件”选项卡中的“导出”按钮。在弹出的“导出”列表中单击“创建讲义”选项后，单击“创建讲义”按钮，最后单击“确定”按钮，完成设置，如图 5-91 所示。

按照以上步骤完整操作后，用户就可以在 Microsoft Word 中创建讲义了。此时，系统会启动 Word，新建一个文件，保存幻灯片和备注的内容。在 Word 文档中，用户可以编辑内容和设置内容格式，当演示文稿发生更改时，将自动更新讲义中的幻灯片。

5. 快速切入第 N 张幻灯片

用户在放映幻灯片过程中，如果想回到或进入第 N 张幻灯片，只要同时按数字 N、“+”

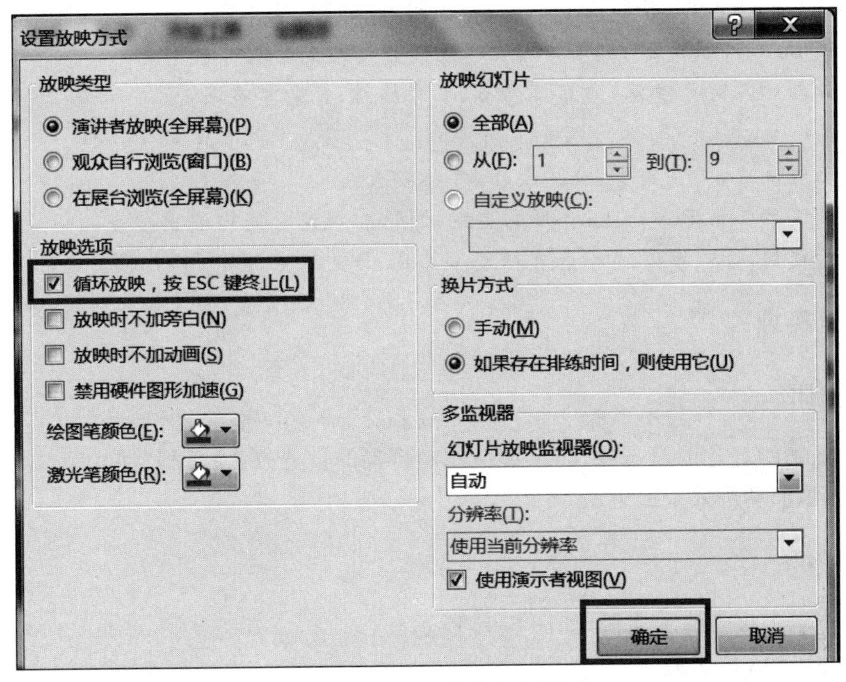

图 5-90 “设置放映方式”对话框

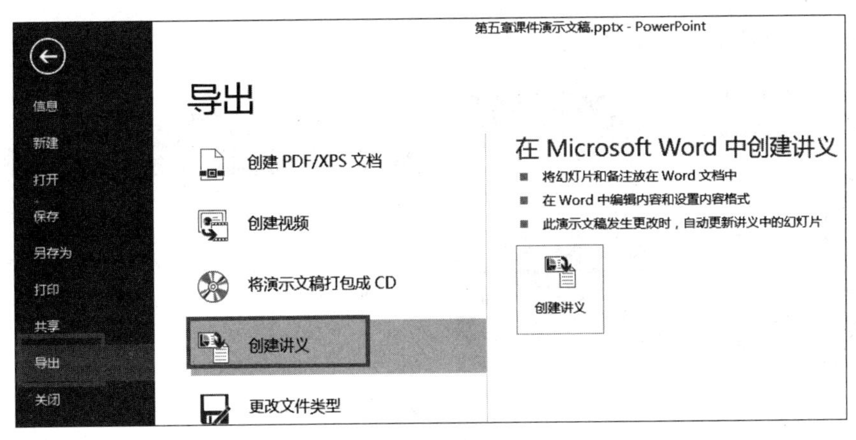

图 5-91 “创建讲义”界面

和回车键，就可以实现切换到第 N 张幻灯片的操作。

6. 快速返回首张幻灯片

用户在放映幻灯片时，只需要同时按住鼠标的左、右键 2 秒以上，就可以从任意放映页面快速返回到第一张幻灯片。

小贴士

幻灯片制作技巧

PowerPoint 2016 是 Microsoft Office 旗下一款制作和播放幻灯片的软件，是当前比较流行且易于掌握的幻灯片软件。用 PowerPoint 2016 制作幻灯片有以下技巧。

（1）幻灯片包括内容、母版、配色、动画、演讲和互动六项内容。

（2）使用 PowerPoint 2016 提供的最新模板会大大提高制作效率。

（3）设计幻灯片时要注意，内容不在多，贵在精练；色彩不在多，贵在和谐；动画不在多，贵在需要。

（4）在幻灯片中，文字要少，公式要少，字体要大。

（5）计算演示单张 PowerPoint 所需要的时间，在规定时间内突出重点。

（6）善于使用网格、参考线和垂直标尺等工具，使文本更整齐。

5.4.3 上机实训

1. 实训目的

使学生熟悉幻灯片的基本操作，掌握应用超链接的设置方法；了解“插入”选项卡中各选项的用法；掌握添加动画效果的方法。

2. 实训内容

（1）制作学术报告演示文稿，如图 5-92 所示。

（2）添加 Logo 标志。

（3）在幻灯片中设置文字劈裂效果。

（4）设置图片按照轨迹飞行。

（5）制作带滚动字幕的文本框。

图 5-92　学术报告演示文稿

第6章

常用工具软件

Chapter 6

目 标

掌握360安全卫士、Nero刻录软件、迅雷下载软件、光影魔术手基本操作。

重 点

熟悉各软件的运行环境，掌握软件的基本功能。

引 言

软件是用户与硬件之间的接口界面。用户主要是通过软件与计算机进行交流。软件是计算机系统设计的重要依据。为了方便用户，为了使计算机系统具有较高的总体效用，在设计计算机系统时，必须通盘考虑软件与硬件的结合，以及用户的要求和软件的要求。

应用软件是为了某种特定的用途而被开发的软件。它可以是一个特定的程序，比如一个图像浏览器，也可以是一组功能联系紧密、可以互相协作的程序的集合，还可以是一个由众多独立程序组成的庞大的软件系统。

6.1 360安全卫士

360安全卫士是当前功能最强、效果最好、最受用户欢迎的上网必备的安全软件。360安全卫士拥有木马查杀、恶意软件清理、漏洞补丁修复、计算机全面体检等多种功能。目前木马威胁之大已远超病毒，360安全卫士运用云安全技术，在查杀木马、防盗号、保护网银和游戏的账号密码安全等方面表现出色，被誉为“防范木马的第一选择”。

此外，360安全卫士自身非常轻巧，同时还具备开机加速、垃圾清理等多种优化功能，可以大大加快计算机的运行速度。

用户可以从网站 http://www.360.cn 下载360安全卫士软件，本文中以360安全卫士12版本为例。

6.1.1 查杀病毒

1. 案例要求

运行360安全卫士的病毒查杀功能。

2. 操作步骤

(1) 启动“360安全卫士”软件，单击“木马查杀”选项，即可打开如图6-1所示界面。

图 6-1 360 安全卫士木马查杀界面

（2）单击“快速扫描”按钮，对计算机进行病毒查杀，如发现木马，按照软件提示进行操作即可，如图 6-2 所示。

图 6-2 木马查杀结果界面

3. 相关知识点

定期进行木马查杀可以有效保护各种系统账户安全。

每天不定时地进行快速扫描，只需几十秒，迅速又安全；检测到系统危险时会有提示进行全盘扫描，快速扫描和全盘扫描无须设置，单击后自动开始。

6.1.2 清理系统垃圾

360 安全卫士具有清理系统垃圾的功能，该功能可以释放被占用的空间，让系统运行更流畅。

1. 案例要求

运行 360 安全卫士的清理垃圾功能。

2. 操作步骤

(1) 启动“360 安全卫士”软件，单击“电脑清理”按钮即可，如图 6-3 所示。

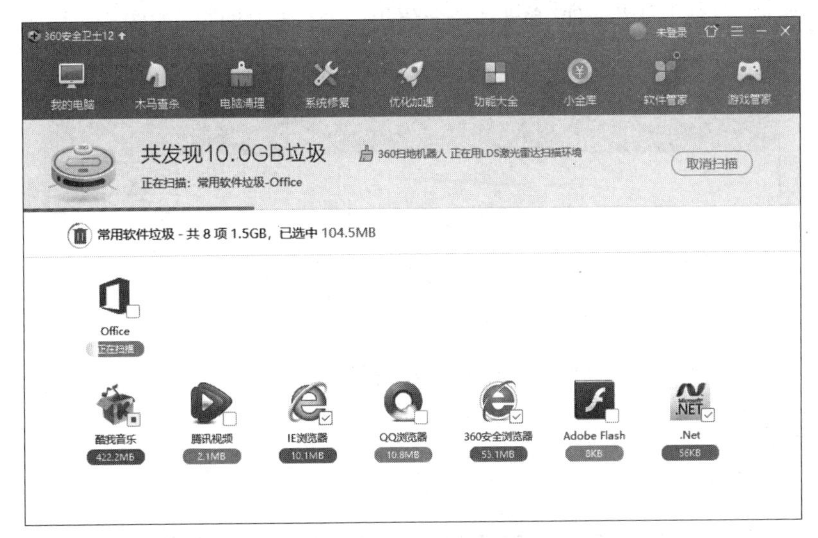

图 6-3　电脑清理界面

(2) 单击“一键扫描”按钮，可以立即检查出系统中存在的垃圾文件、不必要的插件和上网痕迹等，如图 6-4 所示。

图 6-4　清理完成界面

6.1.3　安全防护

安装 360 安全卫士后系统即开启安全保护功能，在第一时间保护系统安全，最及时地阻击恶意插件和木马的入侵。

1. 案例要求

打开 360 安全卫士的安全防护中心。

2. 操作步骤

（1）启动“360 安全卫士”软件，单击“安全防护中心”选项即可，如图 6-5 所示。

图 6-5　安全防护中心

（2）进入安全防护中心界面，根据软件提示，可以自主选择开启或关闭防护项目，如图 6-6 所示。

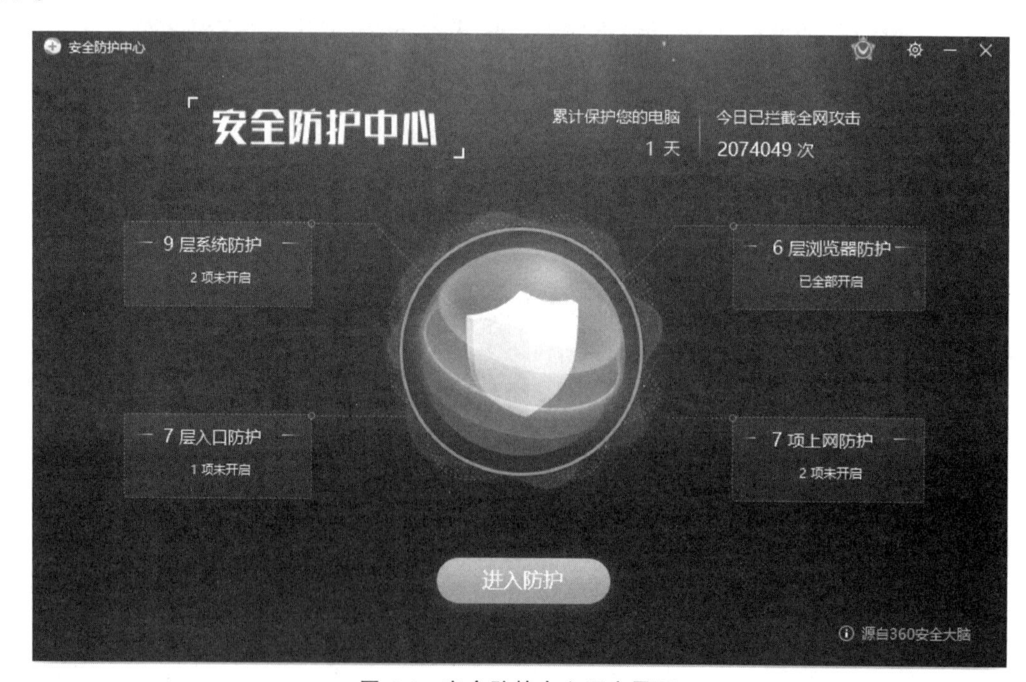

图 6-6　安全防护中心开启界面

6.1.4 常规修复

1. 案例要求

运行 360 安全卫士常规修复功能。

360 安全卫士常规修复功能可以清除本地计算机中的垃圾插件,可以提高计算机安全程度。

2. 操作步骤

(1) 启动“360 安全卫士”软件,单击“系统修复”按钮,如图 6-7 所示。

图 6-7 系统修复界面

(2) 单击“常规修复”选项,根据软件提示可以自主选择修复的项目,如图 6-8 所示。

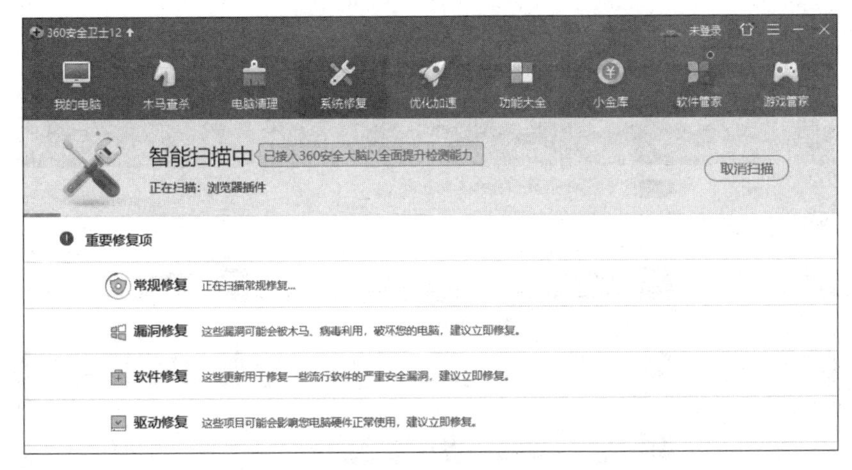

图 6-8 常规修复界面

6.1.5 路由器卫士

1. 案例要求

掌握360安全卫士路由器卫士的功能。

360安全卫士无线防蹭网功能可以禁止非本机外的移动设备接入本地无线网，达到防止外来移动设备占用本地无线网的现象。

2. 操作步骤

（1）打开“360安全卫士”软件，在首页找到“功能大全”，如图6-9所示。

图6-9 功能大全界面

（2）在该界面中单击“网络优化”选项，进入360网络优化设置，单击“路由器卫士”选项，如图6-10所示。

图6-10 路由器卫士

(3) 启用路由器卫士后就会自动搜索当前的无线网络，等待检测完成就可以看到用户的无线网络有多少连接，如图 6-11 所示。

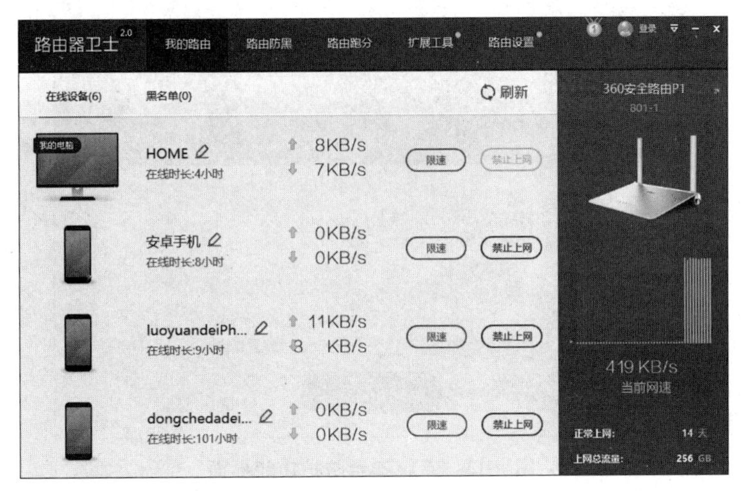

图 6-11　检测接入设备窗口

6.1.6 系统安全防护

系统安全防护是扫描检测以下经常被黑客利用的安全弱点，包括 Telnet 服务、远程连接服务、远程注册表服务、MS-SQL 数据库密码、MySQL 数据库密码、隐藏的盘符共享等，提示用户方便快速地加固薄弱项目，让计算机固若金汤。设置系统安全防护功能。

1. 案例要求

掌握 360 安全卫士系统安全防护功能。

2. 操作步骤

(1) 打开"360 安全卫士"软件，在首页找到"功能大全"中的"更多"选项，查找"系统安全防护"图标，若没有安装，则到"未添加功能"里添加，如图 6-12 所示，添加所需功能。

图 6-12　添加小工具界面

（2）添加成功后，运行系统安全防护功能，如图 6-13 所示。

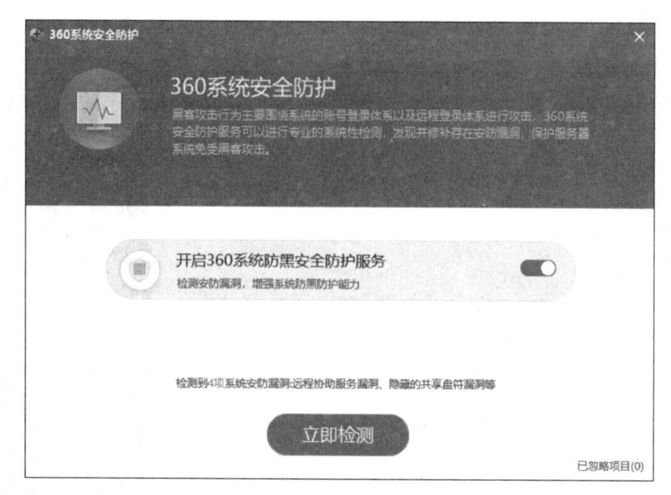

图 6-13　系统安全防护功能界面

（3）单击“立即检测”按钮，进行系统检测，结果如图 6-14 所示。

图 6-14　系统检测结果界面

（4）根据加固建议进行设置。

6.1.7　上机实训

1. 实训目的

能够使用 360 安全卫士软件对计算机进行体检，并且及时对发现的常规问题进行修复；能够对计算机系统进行病毒查杀、系统优化设置等操作。

2. 实训内容

(1) 使用360安全卫士软件对计算机进行木马查杀,并对查出的病毒进行及时处理。

(2) 使用360安全卫士软件的路由器卫士功能,对占用本地无线网络的非法用户进行清除。

(3) 使用360安全卫士软件的清理插件功能,对发现的恶意插件进行立即清理,以提高系统运行速度。

(4) 使用360安全卫士软件的系统安全防护功能,防止黑客利用安全弱点攻击计算机系统,提高系统的安全性。

6.2 光影魔术手

光影魔术手是一款对数码照片画质进行改善及效果处理的软件。用户不需要任何专业的图像技术,就可以制作出专业胶片摄影的色彩效果,是摄影作品后期处理、图片快速美容、数码照片冲印整理时常用的图像处理软件。本文中以光影魔术手4.4.1.304版本为例。

6.2.1 修改照片尺寸

1. 案例要求

运用光影魔术手修改照片尺寸。

2. 操作步骤

(1) 启动"光影魔术手"软件,单击"打开"按钮,选取要修改的照片文件,单击"打开"按钮,如图6-15所示。

图6-15 照片导入后界面

(2) 单击“尺寸”按钮，软件会调出修改图片尺寸的选项框，如图 6-16 所示。

图 6-16　修改尺寸界面

(3) 在选项框内输入想要修改高度与宽度的数值，单击“确定”按钮。

(4) 单击“保存”按钮，软件会自动弹出保存文件对话框，会提示是否覆盖原图片，单击“确定”按钮，软件会自动生成刚才修改后保存的照片。

6.2.2　批量修改照片

批处理就是以同样的设置处理批量的照片，如果要在微博或论坛上贴很多张漂亮的游记照片，就要用到这个方法。同样需要提醒的是，要先把需要修改的照片挑选出来，保存在另一个目录中，对这个目录中的照片无论怎么修改，都不会破坏原来的照片。

1. 案例要求

掌握光影魔术手批量修改照片功能。

2. 操作步骤

(1) 启动“光影魔术手”软件，单击“批处理”按钮，软件会自动弹出“批量处理”对话框，如图 6-17 所示。

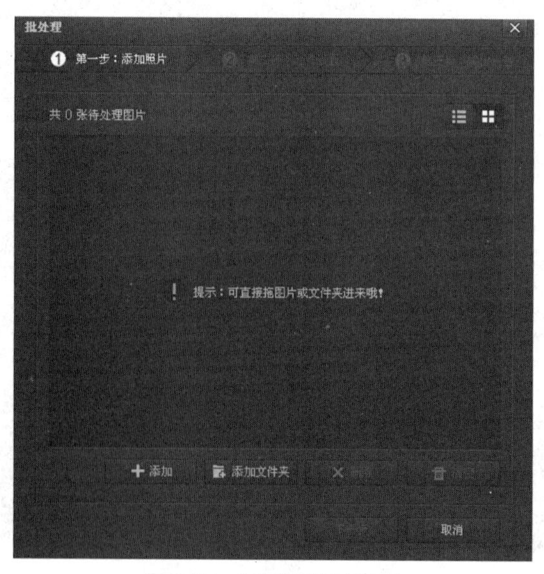

图 6-17　“批处理”对话框

（2）单击“添加”或“添加文件夹”按钮，选取需要批量修改的照片。

（3）单击“打开”按钮，软件会自动提示之前所选择的图片，如图 6-18 所示。

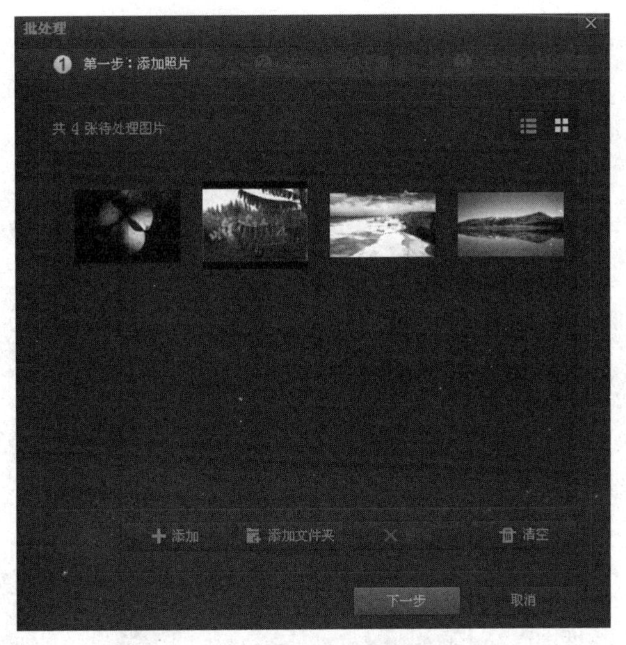

图 6-18　增加批量照片成功界面

（4）单击“下一步”按钮，然后单击“调整尺寸”按钮，根据实际选择“按长短边”或是“按宽高”进行尺寸调整，在框内输入需要修改的像素数值。修改好数值然后单击“确定”按钮，如图 6-19 所示。

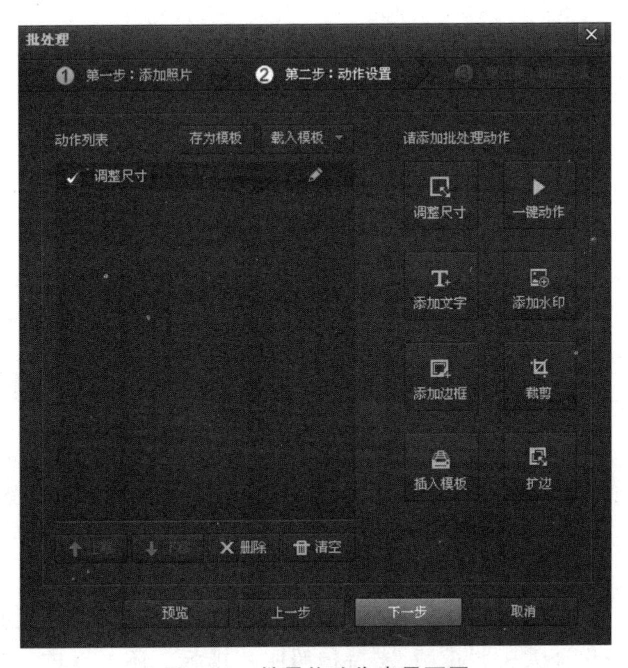

图 6-19　批量修改像素界面图

(5) 单击“下一步”按钮，进行输出设置，包括输出批量照片路径、名称、输出格式及输出文件质量等，如图 6-20 所示。

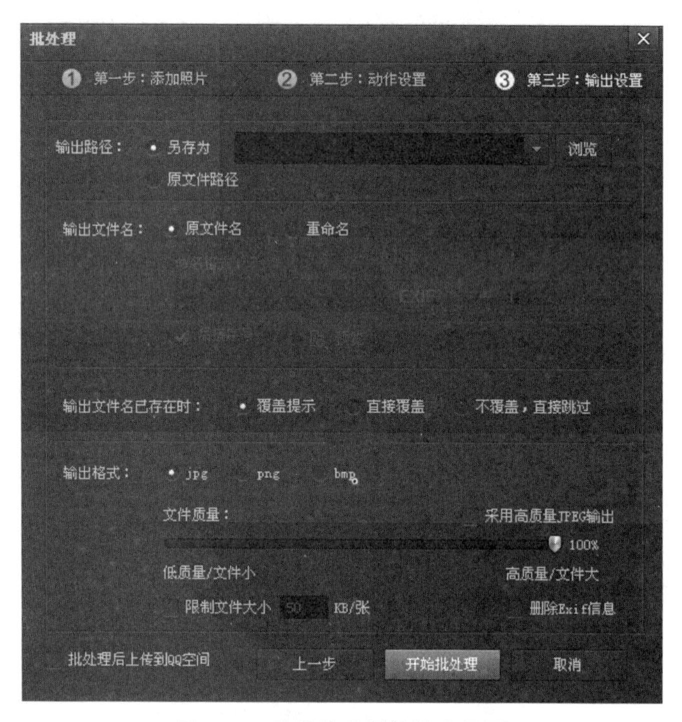

图 6-20　批量修改照片输出界面

(6) 单击“开始批处理”按钮，即可生成刚才批量修改的照片。

6.2.3　给图片加水印

1. 案例要求

掌握光影魔术手给图片加水印的功能。

2. 操作步骤

(1) 启动“光影魔术手”软件，单击“打开”选项，选取要加水印的照片文件后，单击“水印”按钮，出现“水印”界面，如图 6-21 所示。

(2) 单击“添加水印”按钮，选取需要加入的水印图片，然后根据实际需要调节不透明度、缩放数值及位置，如图 6-22 所示。

(3) 添加水印后的效果如图 6-23 所示。

(4) 单击“保存”按钮，然后单击“确定”按钮，软件会自动生成刚才修改后保存的图片。

6.2.4　照片排版

运用光影魔术手可以很方便地进行证件照排版，在一张 5 寸或者 6 寸照片上排多张 1 寸或者 2 寸照片，支持身份证大头照排版、支持护照照片排版。还可以进行 1 寸、2 寸混排，多人混排。一张 6 寸照片最多可以冲 16 张 1 寸小照片。

图 6-21 “水印”界面

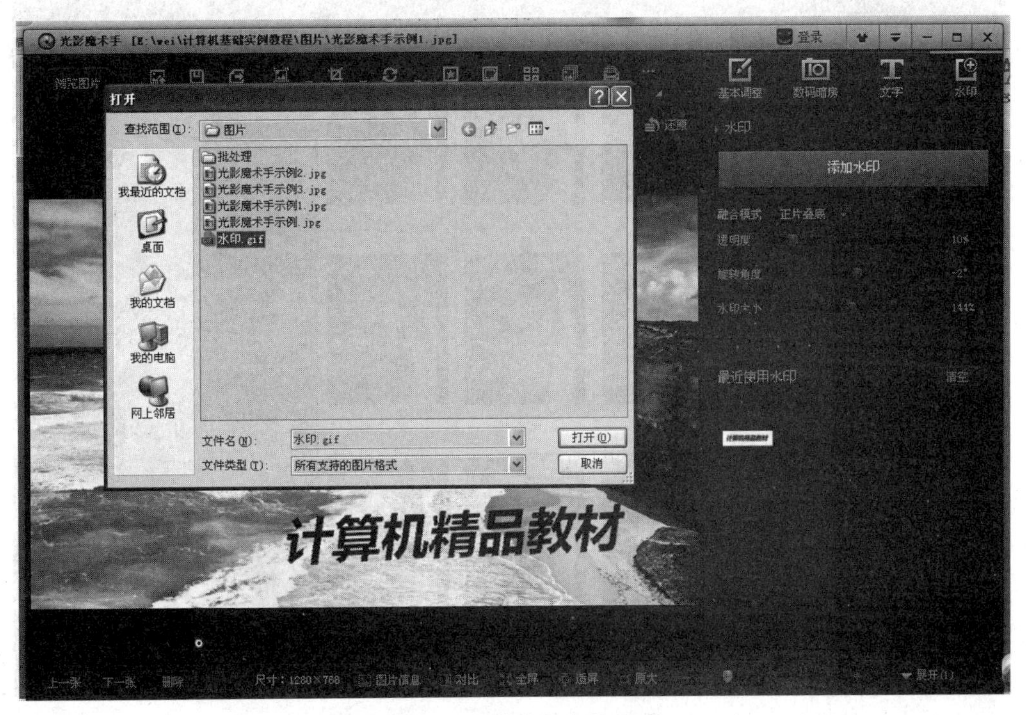

图 6-22 图片水印标签界面

图 6-23　添加水印后的图片效果

1. 案例要求

掌握光影魔术手照片排版的功能。

2. 操作步骤

(1) 启动“光影魔术手”软件，单击“打开”选项，选取要排版的照片文件，然后在菜单栏单击“排版”按钮，进入“照片冲印排版”界面，如图 6-24 所示。

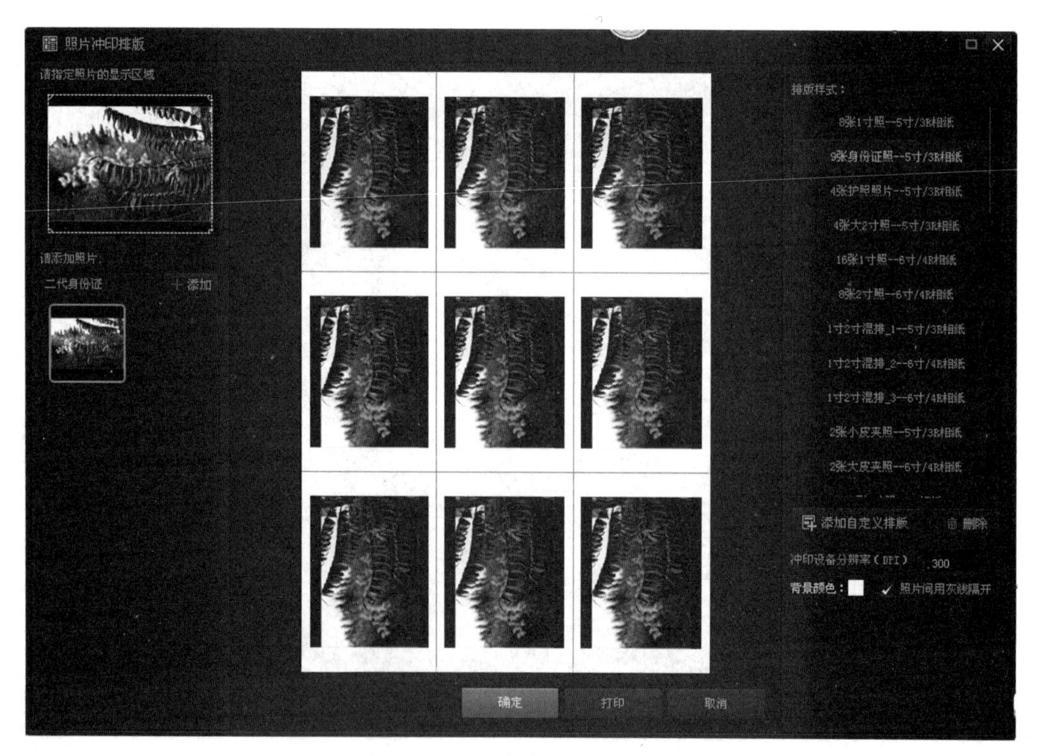

图 6-24　“照片冲印排版”界面

(2) 选择排版样式，在右侧的下拉菜单选项中选择实际需要的样式，如图 6-25 所示。

(3) 选择好排版样式后单击“确定”按钮，如图 6-26 所示。

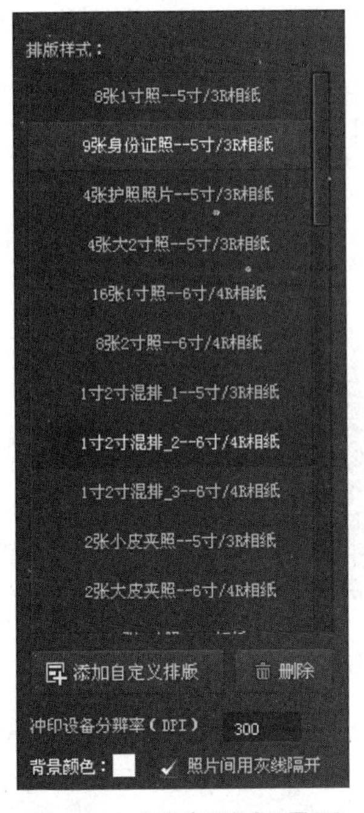

图 6-25 “排版样式”界面

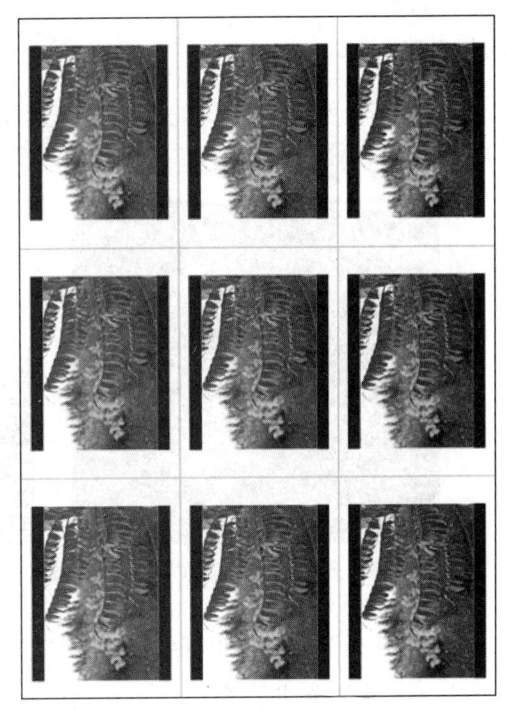

图 6-26 排版后的图片

(4) 单击“文件”选项，单击“保存”选项，然后单击“确定”按钮，软件会自动生成刚才排版后保存的图片。

6.2.5 图片数码补光

光影魔术手的数码补光的作用是挽救照片中曝光不足的部位。例如，背光拍摄的人脸，或者天空下的阴影物体等。

1. 案例要求

掌握光影魔术手数码补光功能。在曝光正常的情况下，叶子的边缘很暗，轮廓看不清楚，如图 6-27 所示。而经过数码补光处理以后，叶子的轮廓全部表现出来了，原来背景很暗的地方也变亮了，光线透过叶子的明亮感觉保持得更好了，整个图片也更加明亮，如图 6-28 所示。

图 6-27 原图

图 6-28 数码补光图

2. 操作步骤

（1）启动“光影魔术手”软件，单击“打开”选项，选取要补光的照片文件。选择菜单栏右侧的“基本调整”选项，单击“数码补光”或“一键补光”选项，如图 6-29 所示。

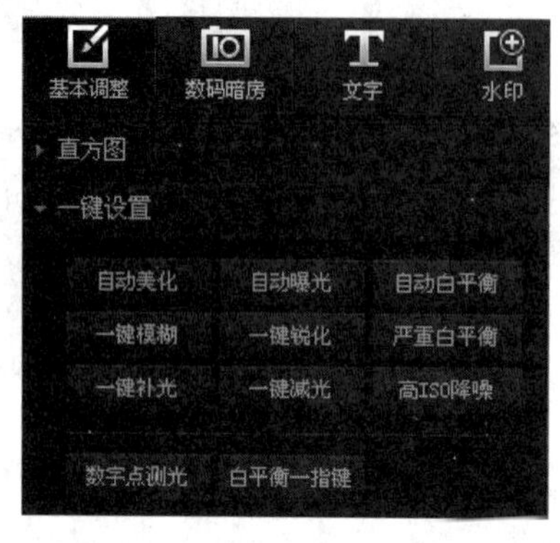

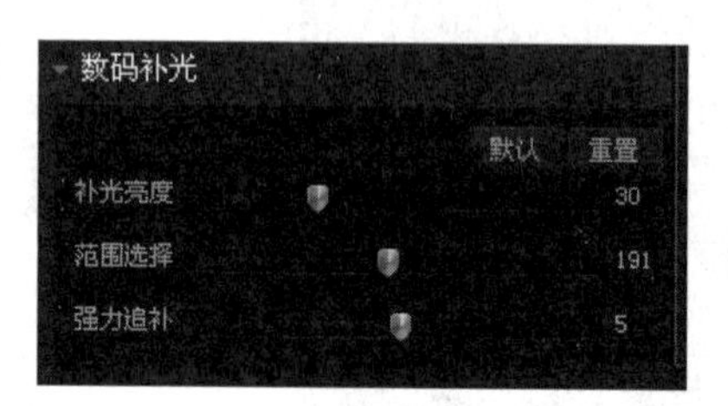

图 6-29　数码补光界面

（2）在“数码补光”选项里，根据实际需要调节三种参数的数值，得到需要的补光效果。三种参数各自代表的意义如下所述。

- 范围：范围主要是用来控制照片中需要补光的面积。这个数字越小，补光的面积就越小。这有一个好处，当它比较小的时候，不会影响画面中亮的部位的曝光，如范围设为 0，天空的曝光就不会被影响，而暗的地方仍旧可以得到补光。
- 亮度：确定好范围以后，提高亮度，就可以直接有效地提高暗部的亮度了。一般这个参数设置在 80 以下是比较合适的。如果太高，有些照片的对比度可能会受到影响。
- 追补：如果照片的欠曝情况比较严重，提高亮度以后，暗的地方还是很暗，效果不明显，那么就需要动用这个参数了。

数码补光这个功能，是光影魔术手比较独特的一个功能，好用、易用、值得一用。

如果觉得调整参数麻烦，也可以直接单击“一键补光”，通过多次单击达到自己想要的补光效果。

6.2.6　制作黑白图片

1. 案例要求

掌握光影魔术手制作黑白图片的功能。

2. 操作步骤

（1）启动“光影魔术手”软件，单击“打开”选项，选取要修改为黑白的照片文件，然后选择菜单栏右侧的“数码暗房”选项，单击下方的“黑白效果”选项，如图 6-30 所示。

（2）单击“黑白效果”选项后，软件会自动生成修改图片的黑白图片效果，也可以通过设置右侧面板里的反差和对比选项进行调节，如图 6-31 所示。

（3）单击“确定”按钮，生成黑白效果图，再单击“保存”按钮，保存修改后的图片。

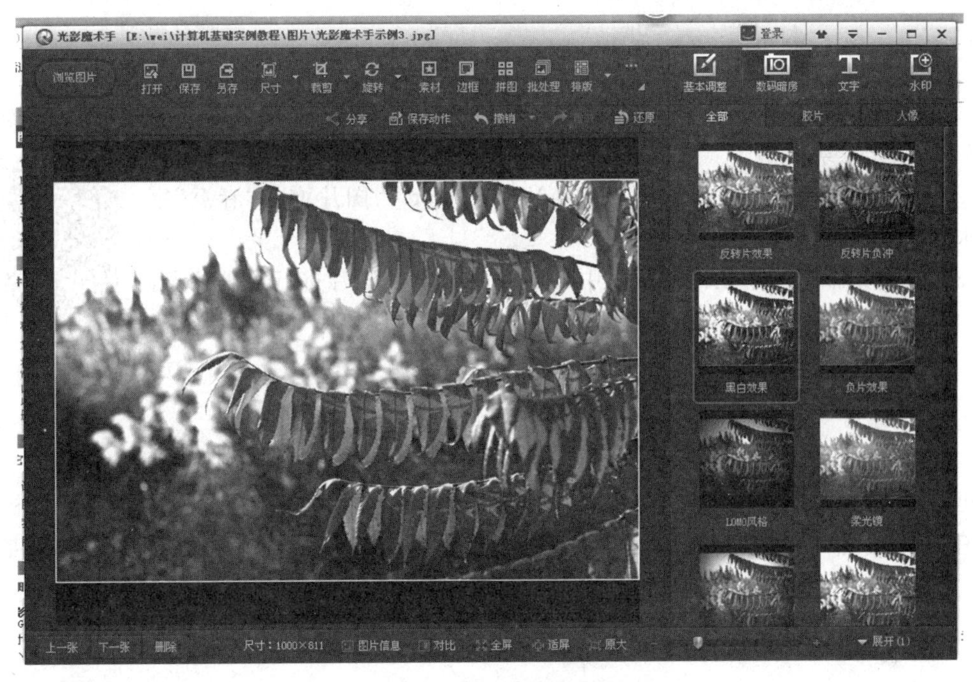

图 6-30 黑白魔术图界面

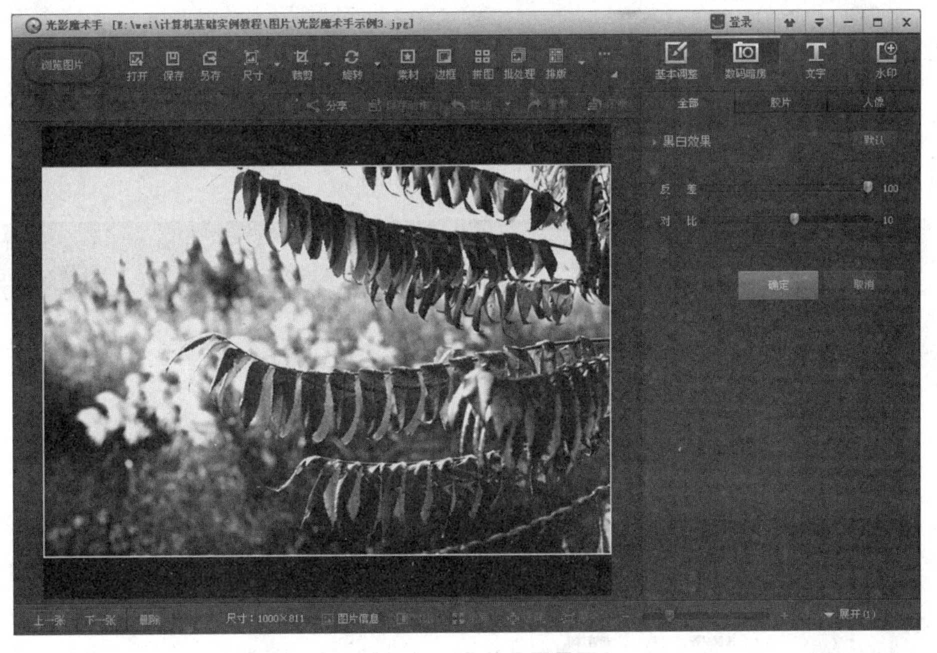

图 6-31 黑白效果图界面

6.2.7 上机实训

1. 实训目的

能够熟练使用光影魔术手软件，能够对图片进行修改尺寸、加水印、数码补光、照片排版等操作。

2. 实训内容

（1）使用光影魔术手软件对素材中 LX6-2-71.jpg 的图片修改尺寸，由原尺寸修改为 400 像素×300像素大小。

素材图片

（2）使用光影魔术手软件对素材中 LX6-2-71.jpg 的图片增加“春意”字样的水印。

（3）使用光影魔术手软件对素材中 LX6-2-72.jpg 的图片进行数码补光。

（4）将 LX6-2-73.jpg 的图片转换为黑白照片。

6.3 迅雷下载软件

迅雷使用的多资源超线程技术基于网格原理，能够将网络上存在的服务器和计算机资源进行有效的整合，构成独特的迅雷网络，通过迅雷网络各种数据文件能够以最快速度进行传递。

6.3.1 更改默认文件的存放目录

1. 案例要求

运行迅雷软件更改下载文件的存放目录。

2. 操作步骤

（1）启动“迅雷”软件，打开“设置中心”选项卡，如图 6-32 所示。

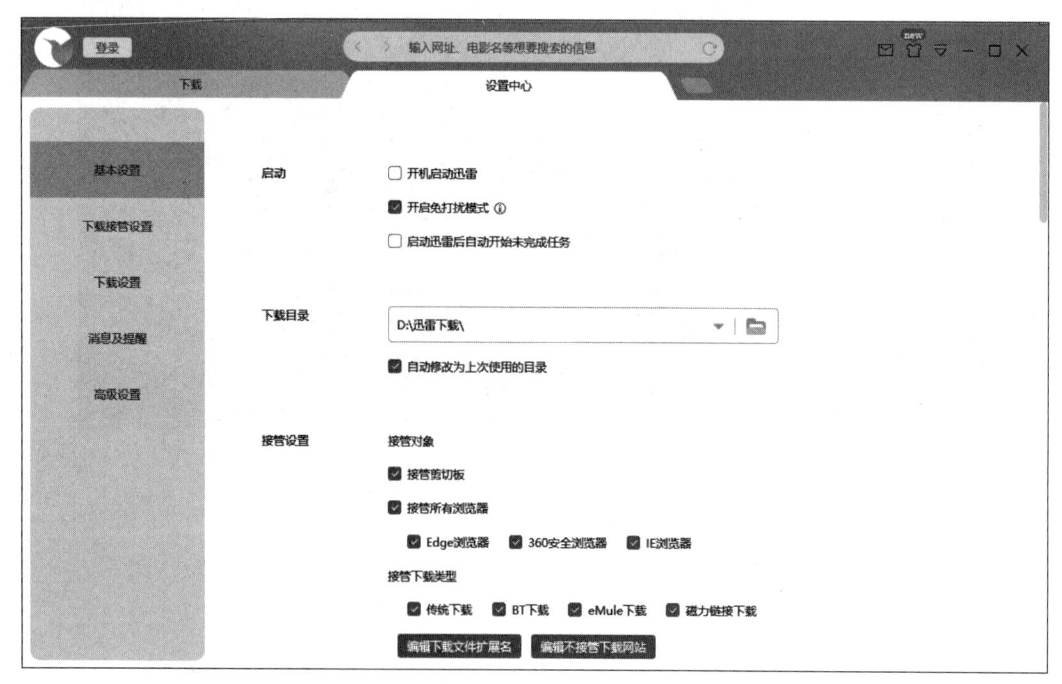

图 6-32　设置中心选项界面

(2) 单击“基本设置”选项，单击“下载目录”选项中的“选择目录”选项，根据实际需求修改存储地址，如图 6-33 所示。

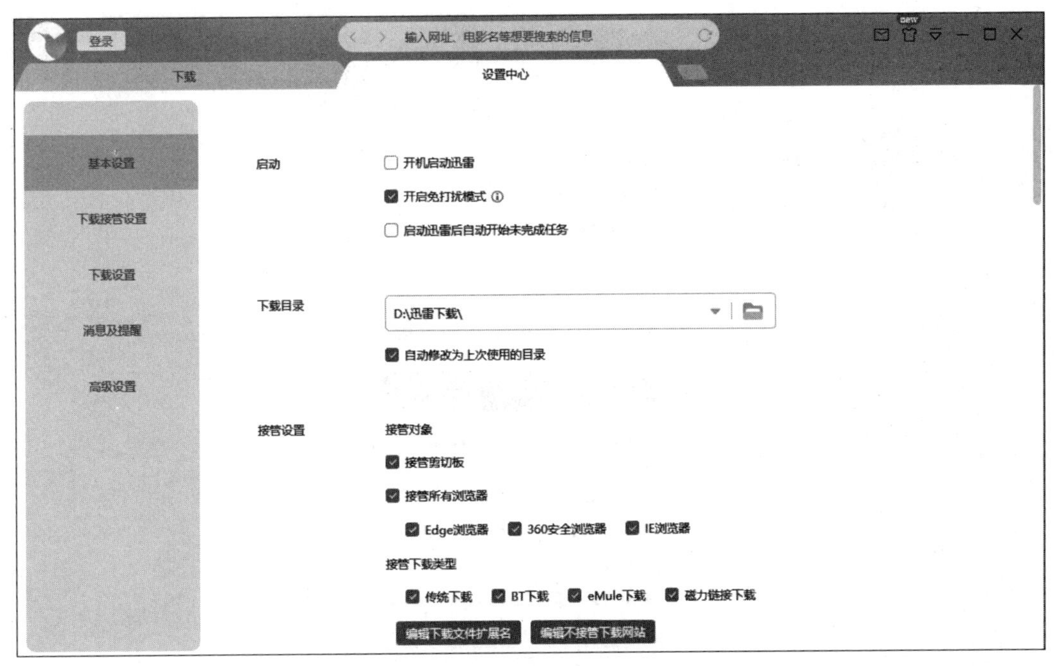

图 6-33　基本设置界面

6.3.2　下载文件

1. 案例要求

运行迅雷软件从互联网下载 360 杀毒软件的安装文件。

2. 操作步骤

(1) 启动“迅雷”软件，打开 360 官网，找到 360 杀毒软件下载地址，右击下载地址，在出现的快捷菜单中选择“复制链接地址”或“使用迅雷下载全部链接”命令，如图 6-34 所示。

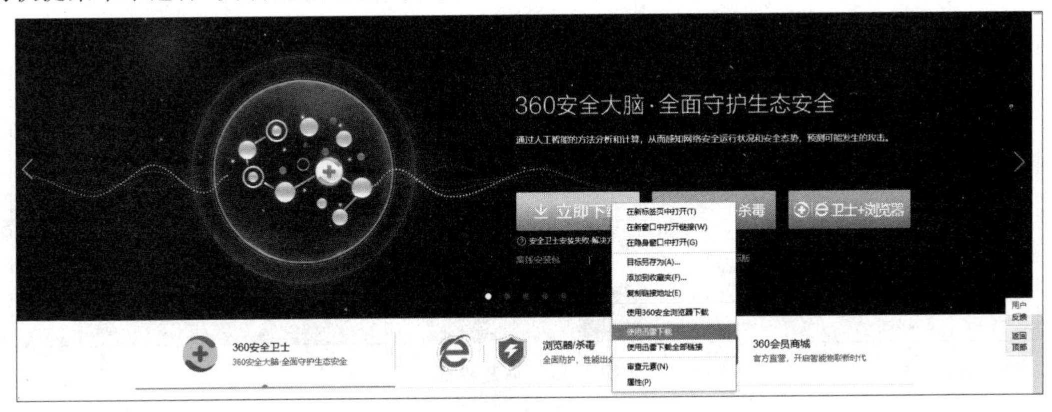

图 6-34　复制链接界面

（2）单击“使用迅雷下载”按钮后，迅雷会自动弹出下载框，下载默认存储地址，如图 6-35 所示。

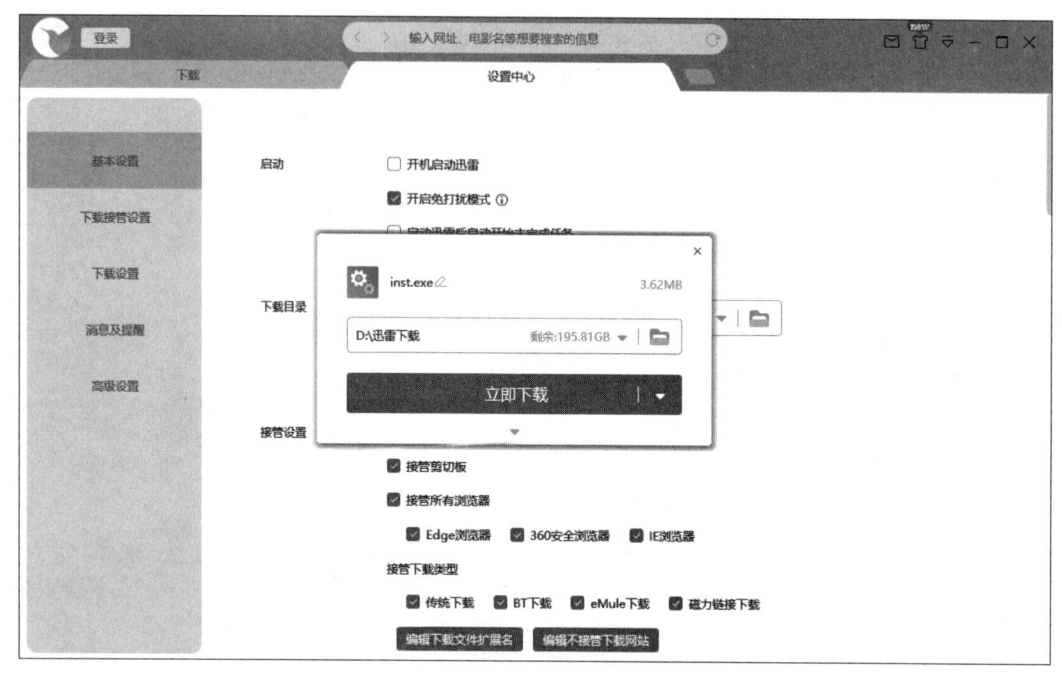

图 6-35 新建任务下载界面

（3）单击“立即下载”按钮，软件会自动进行下载直至文件下载完毕，如图 6-36 所示。

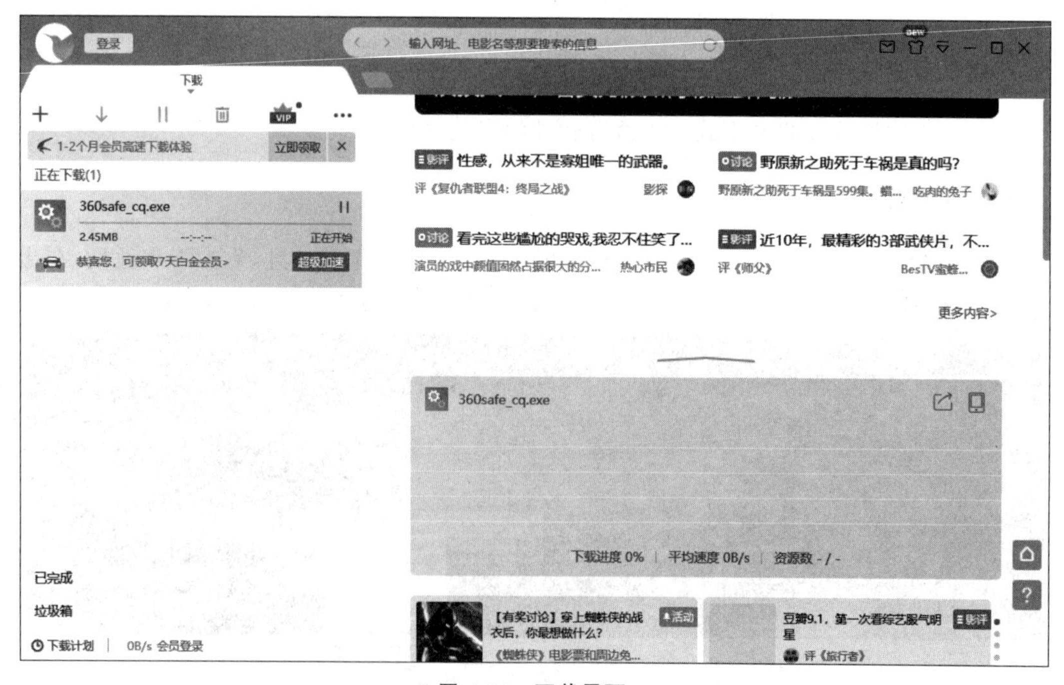

图 6-36 下载界面

（4）文件下载完成后会自动在存储目录中生成。

6.3.3 下载文件完成后自动关机

1. 案例要求

掌握迅雷软件的下载文件完成后自动关机功能。

2. 操作步骤

(1) 启动“迅雷”软件,单击左下角的“下载计划”按钮,如图 6-37 所示。

图 6-37 单击“下载计划”按钮

(2) 单击“计划任务管理”选项,界面如图 6-38 所示。
(3) 单击“下载完成后”选项,单击“关机”按钮,设置下载完成后关机,如图 6-39 所示。

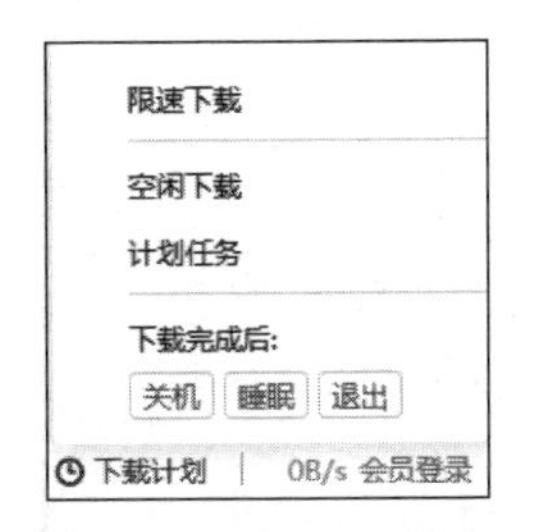

图 6-38 “计划任务管理”界面

图 6-39 下载完成后关机界面

6.3.4 上机实训

1. 实训目的

使用迅雷软件,在互联网下载需要的音频、视频、文档等文件,并且掌握设置下载文件存储目录与下载文件完成后自动关机的功能。

2. 实训内容

（1）使用迅雷软件，从互联网下载一首 mp3 歌曲文件。

（2）使用迅雷软件，将默认的文件存储地址更改为存储到“我的文档”。

（3）使用迅雷软件，设置为文件下载完成后自动关机。

6.4 Nero 刻录软件

Nero 是一款非常出色的刻录软件，它支持数据光盘、音频光盘、视频光盘、启动光盘、硬盘备份以及混合模式光盘刻录，操作简便并提供多种可以定义的刻录选项，同时拥有经典的 Nero Burning ROM 界面和易用界面 Nero Express。

6.4.1 制作数据光盘

1. 案例要求

将数据刻录到 CD 光盘中，掌握 Nero 软件制作数据光盘的功能。

2. 操作步骤

（1）启动 Nero Burning ROM 10 弹出“新编辑”对话框，在对话框左上方可以选择光盘类型，如图 6-40 所示。

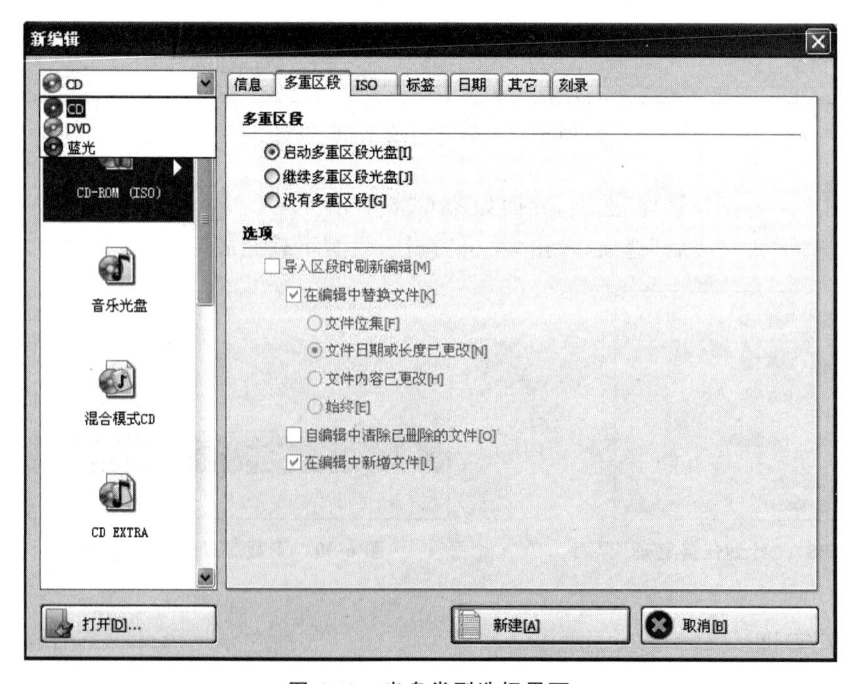

图 6-40 光盘类型选择界面

(2) 选择 CD 选项,单击“启动多重区段光盘”按钮。这里多重区段分为三个选项,其代表的意思如下。

- 启动多重区段光盘:在第一次刻盘里把光盘初始化成区段光盘,意思就是可以多次往未满的光盘里写入数据,第一次写入一部分数据,下次如果还有数据可以继续往原光盘里写入。
- 继续多重区段光盘:第二次往光盘里写入数据时就需要选第二个选项了,这样系统会把原多重区段光盘里的内容以灰色的形式显示出来,并会告之光盘还剩多少空间可供刻录。
- 没有多重区段:让光盘只能刻一次,不管光盘满不满都不能再次向光盘里写入任何数据。

(3) 单击“刻录”标签,打开“刻录”选项卡,在“写入速度”下拉列表中选择实际需要的速度,一般选择 32x,这个速度既安全又保证一定的刻录速度,如图 6-41 所示。

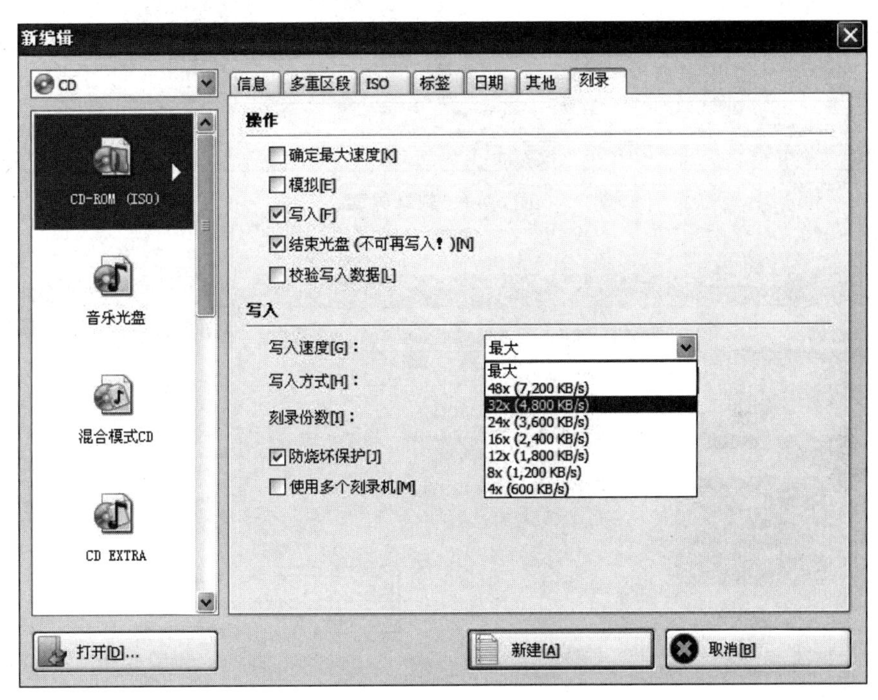

图 6-41 设置写入速度界面

(4) 单击“新建”按钮,在文件浏览器中找到想刻录的文件直接拖到图中键头所指的目标区域即可,单击图中上方的“刻录”按钮就可以进行刻录,如图 6-42 所示。

6.4.2 制作音乐光盘

1. 案例要求

使用 Nero 软件将歌曲制作成音乐光盘。

2. 操作步骤

(1) 启动 Nero Burning ROM 10,弹出“新编辑”对话框,在对话框左侧选择“音乐光盘”选项，如图 6-43 所示。

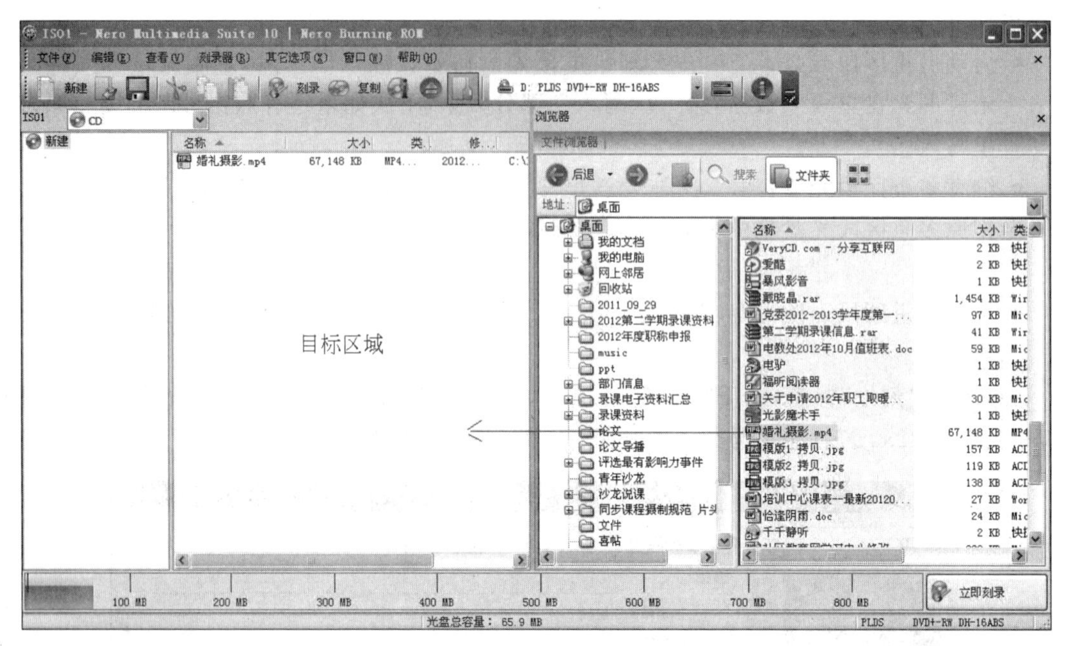

图 6-42　刻录界面

图 6-43　音乐光盘选项界面

(2) 单击软件上方的“音乐光盘”标签，上方有“轨道间无间隔”字样，其含义是所刻录的音乐之间没有时间间隔，Nero 默认的有 2 秒的时间间隔，如图 6-44 所示。

(3) 单击“新建”按钮，软件自动弹出如图 6-45 所示界面。

(4) 把需要刻录的音乐一首一首拖到音乐区域后，软件会自动排序，如图 6-46 所示。

图 6-44　音乐光盘界面

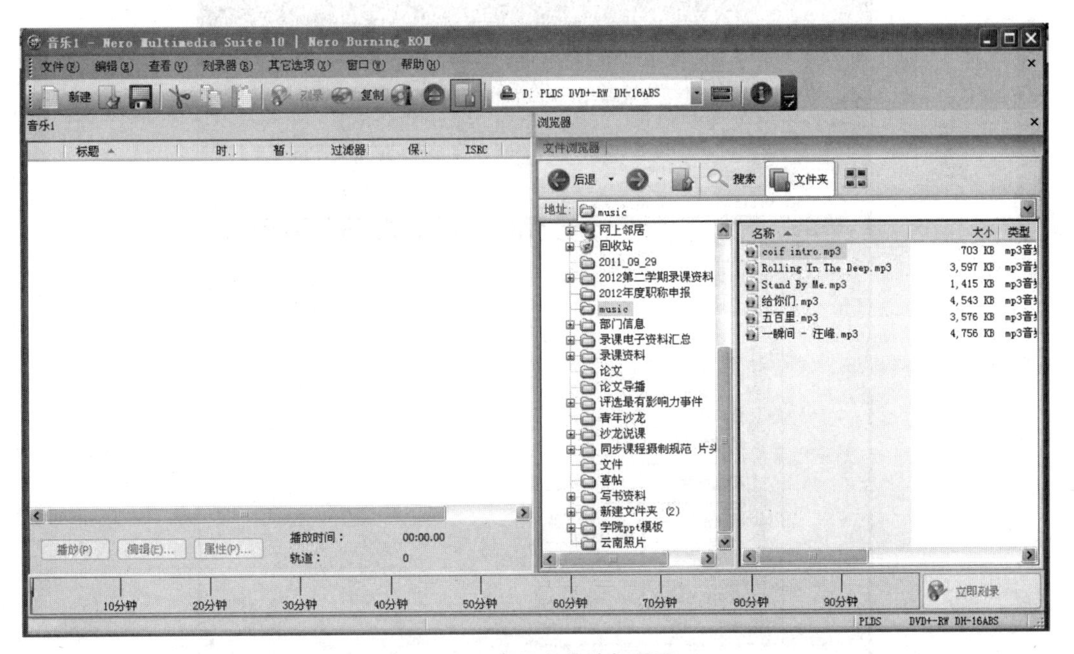

图 6-45　音乐文件选择界面

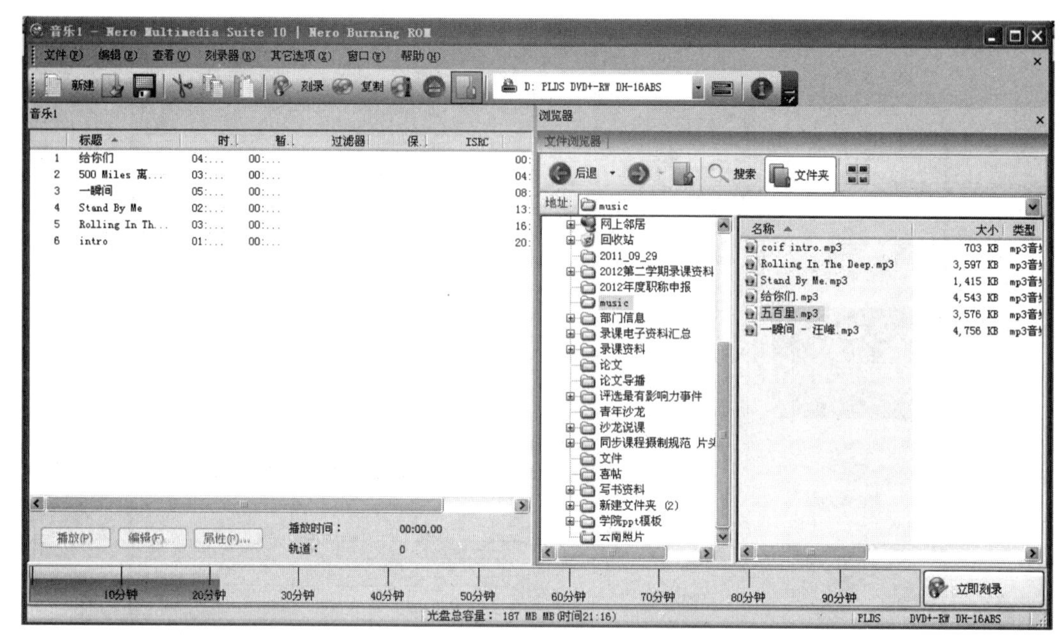

图 6-46　刻录音乐自动排序界面

（5）当需要对其中的音乐加特殊效果时，可以在其属性里进行设置。右击需要添加效果的歌曲，在弹出的快捷菜单中选择“属性”命令，如图 6-47 所示。

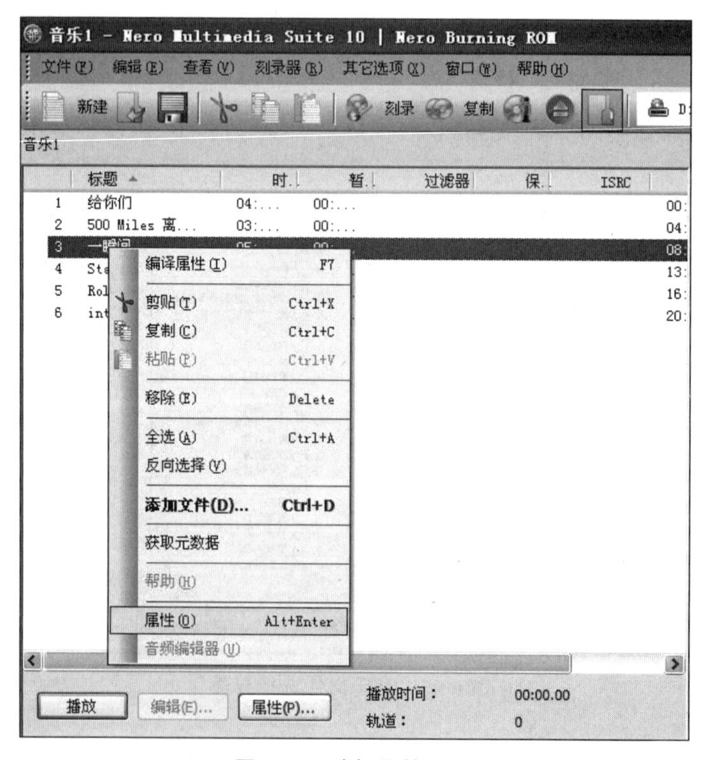

图 6-47　选择属性界面

(6) 单击“属性”选项后，软件会自动弹出“音频轨道属性”对话框，在“轨道属性”选项卡中，如标题、演唱者以及暂停时间都可以手动修改，如图 6-48 所示。

音频轨道属性
轨道属性 索引、限制、分割 过滤器
源信息
文件： 一瞬间 - 汪峰.mp3
频率： 44,100 Hz
声道： 2
分辨率： 16 位
属性
标题(光盘文本)[F]： 一瞬间
演唱者(光盘文本)[G]： 汪峰
暂停[D]： 2 秒
国际标准刻录代码(ISRC)[I]：
保护：
与前一个音轨交叉淡入淡出： 0 秒
确定[A] 取消[B] 应用[C]

图 6-48 音频轨道属性界面

(7) 切换到“索引、限制、分割”选项卡，还可以对所选定的音乐进行编辑，如从什么时间开始、什么时间结束等，如图 6-49 所示。

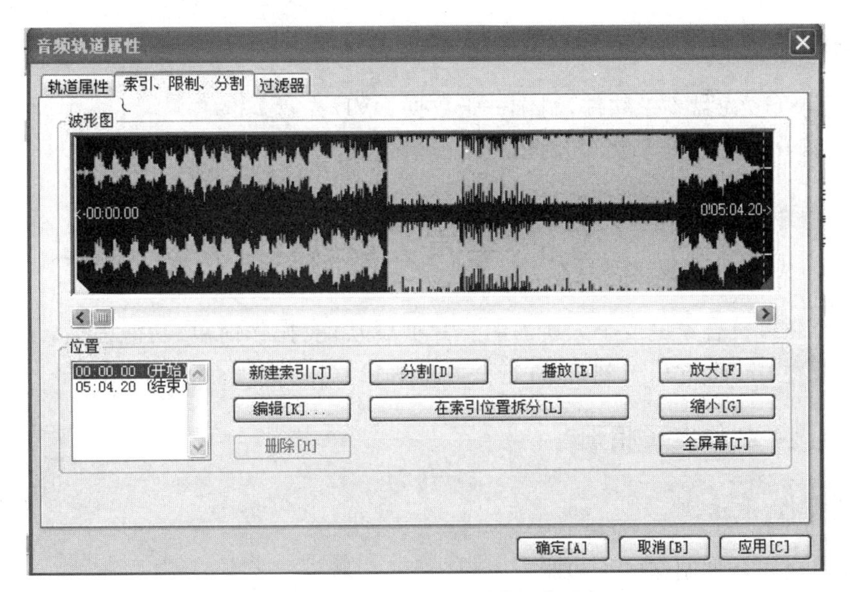

图 6-49 “索引、限制、分割”选项卡

(8) 切换至“过滤器”选项卡，可以对所选定的音乐加入一些音频特效，如图 6-50 所示。

(9) 确定后回到主界面单击“刻录”按钮就可以进行刻录了，在刻录音乐 CD 时最好把刻录速度放慢点，这样刻出来的 CD 才不容易产生爆音。

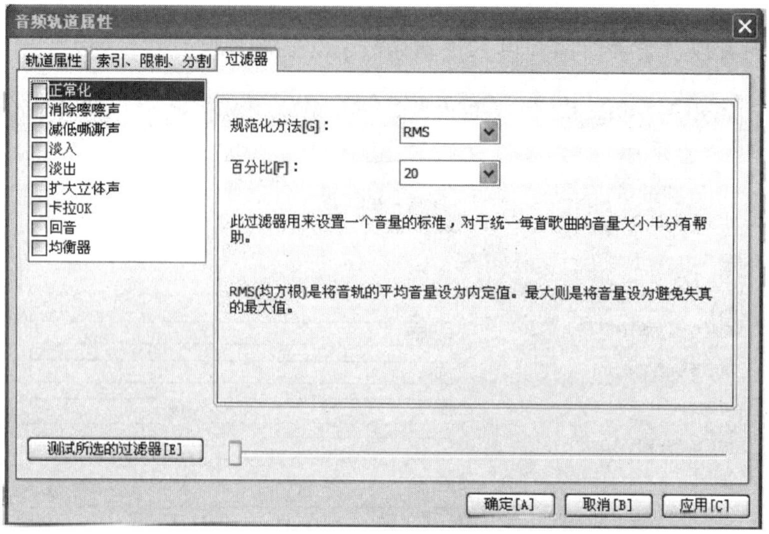

图 6-50 “过滤器”选项卡

6.4.3 上机实训

1. 实训目的

熟练掌握 Nero 光盘刻录软件，能够使用 Nero 刻录软件制作数据光盘与音乐光盘。

2. 实训内容

（1）使用 Nero 光盘刻录软件，制作一张数据 DVD 光盘。
（2）使用 Nero 光盘刻录软件，制作一张音乐光盘。

6.5 会声会影软件

会声会影软件符合家庭或个人所需的影片剪辑功能，操作简单、功能强大，从捕获、剪接、转场、特效、覆叠、字幕、配乐到刻录，进行全方位剪辑。

6.5.1 案例 1 制作电子相册

1. 案例要求

使用会声会影软件制作电子相册。

2. 操作步骤

（1）双击 Corel VideoStudio Pro X4，启动会声会影软件，启动画面如图 6-51 所示。
（2）选择文件菜单中的“新建项目”命令，新建一个项目，在视频轨道右击，在弹出的快捷菜单中选择“插入图片”命令，在弹出的“浏览媒体文件”对话框中选择三张图像素材，如图 6-52 所示。

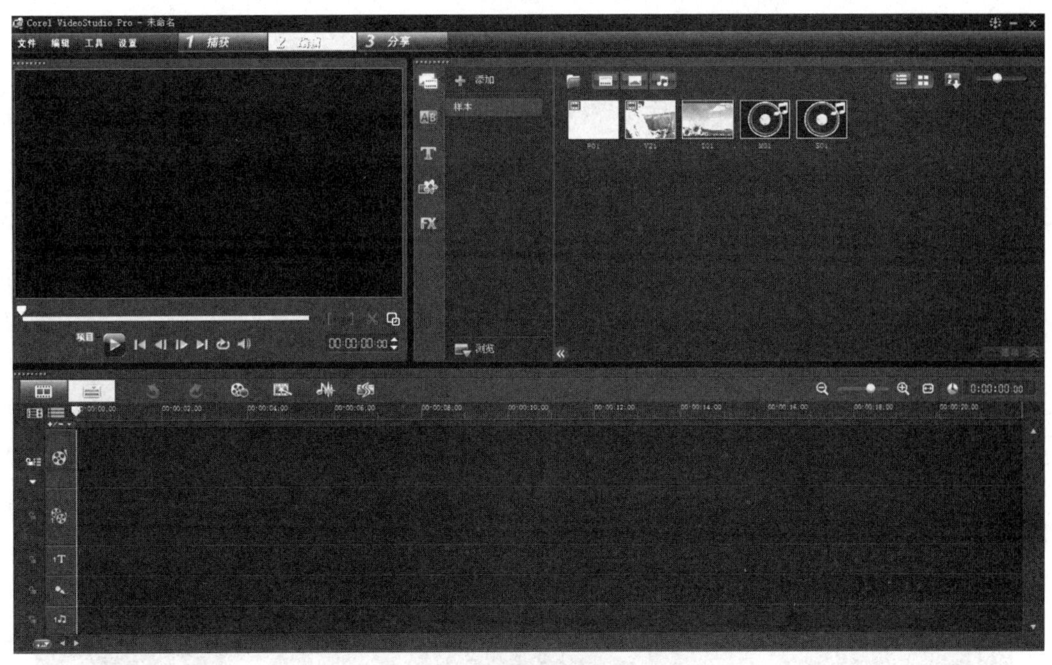

图 6-51 会声会影 X4 启动画面

图 6-52 加载图像至视频轨界面

(3) 给相册添加封面。从素材库中拖动一张图像到视频轨道的最前面作为封面，如图 6-53 所示。

(4) 给相册添加封底。从素材库中拖动一张图像到视频轨道的最后面作为封底，如图 6-54 所示。

图 6-53 添加相册封面界面

图 6-54 添加相册封底界面

(5) 给相册素材添加转场特效。单击"转场"按钮,软件会自动显示转场特效,如图 6-55 所示。

图 6-55 转场特效界面

在两个素材之间分别拖入转场特效,在封面与图像 A 之间添加溶解效果,在图像 A 与图像 B 之间添加交叉淡化效果,在图像 B 与图像 C 之间添加交差淡化效果,在图像 C 与封底之间添加单向效果,如图 6-56 所示。

图 6-56 添加转场效果界面

(6) 给相册素材添加滤镜效果。单击"滤镜"按钮,软件会自动显示滤镜特效,如图 6-57 所示。

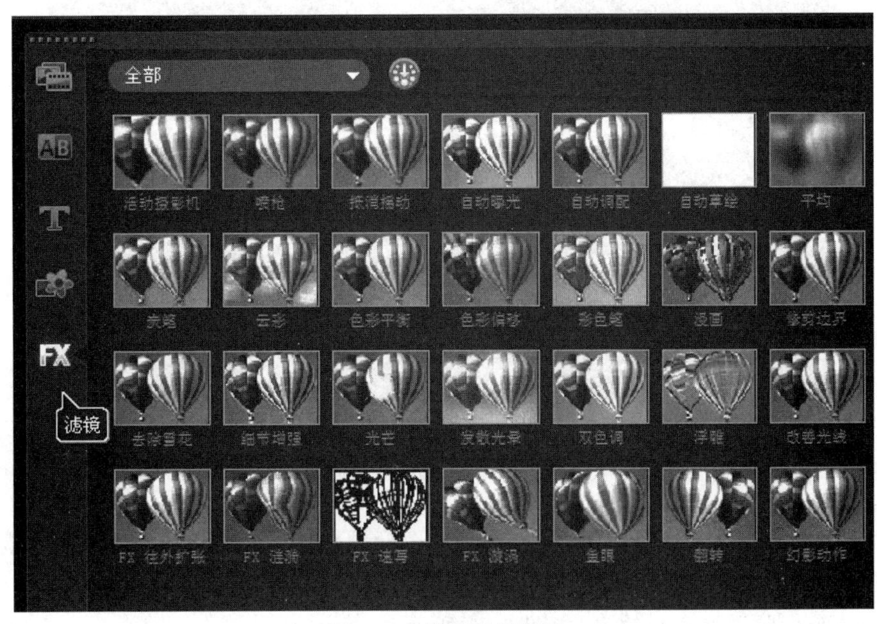

图 6-57 滤镜效果界面

从滤镜效果库中选择需要的效果拖动到封面素材上，这里选择云彩滤镜效果。如果需要更换滤镜，拖动一个新的滤镜到素材上即可，但在属性面板中，需要选中“取代上一个滤镜”选项，如图 6-58 所示。

图 6-58 替换滤镜效果界面

（7）给相册添加标题。单击“标题”按钮，软件会自动显示标题页面，如图 6-59 所示。

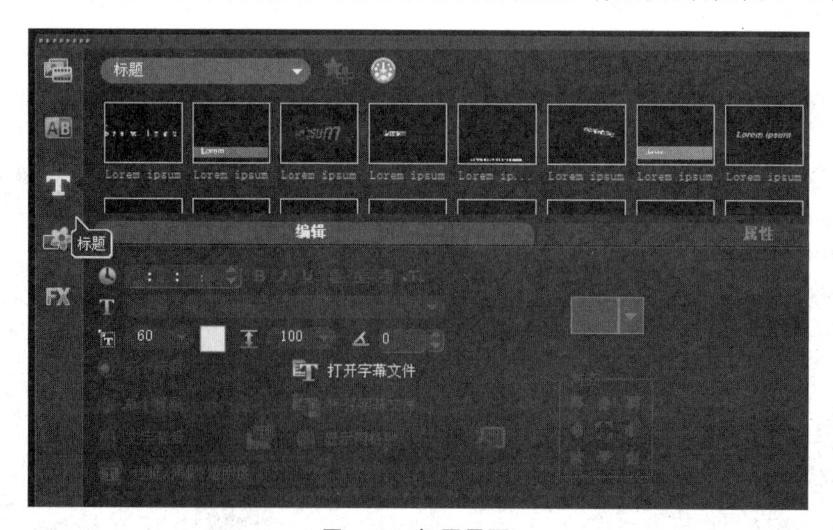

图 6-59 标题界面

在“标题”选项窗口中选择编辑面板中的“单个标题”选项，在预览窗口添加文字标题“我的相册”，如图 6-60 所示；设置标题的时间与封面的时间一致，在“动画”面板中选择“应用动画”选项，给每一个标题添加动画效果，如图 6-61 所示。

图 6-60 添加标题界面

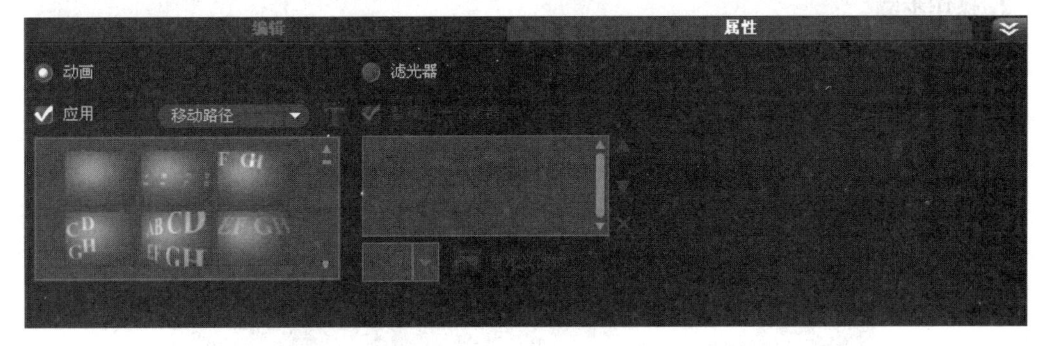

图 6-61 设置标题动画界面

（8）插入音乐到电子相册。在声音轨上右击，选择“插入音频”选项之后再选择“到音乐轨”选项，单击“确定”按钮，软件会自动弹出“打开音频文件”对话框，在此选择需要插入的音频文件，单击“打开”按钮，音乐自动铺到声音轨上。

（9）导出文件时，单击“分享”按钮，选择“创建视频文件”选项，在下拉菜单中，选择要保存的文件类型为 WMV HD 720 25p 格式，如图 6-62 所示。

在弹出的保存文件对话框中输入“电子相册”文件名，单击“确定”按钮，文件即进入渲染阶段，渲染结束后，电子相册制作完成。

6.5.2 案例 2 视频剪辑

1. 案例要求

对视频素材进行剪辑，将视频的声音删除，把视频素材第 20 秒到第 30 秒的视频剪切删除，添加背景音乐，最后输出格式为 mpeg2 格式，文件名为“视频练习”。

图 6-62 导出文件类型界面

2. 操作步骤

(1) 将视频素材输入视频轨，如图 6-63 所示。

图 6-63 插入视频素材

(2) 右击视频素材,在弹出的快捷菜单中选择"分割到音频"命令,此时声音分离到音乐轨,选中声音,按 Delete 键删除,如图 6-64 所示。

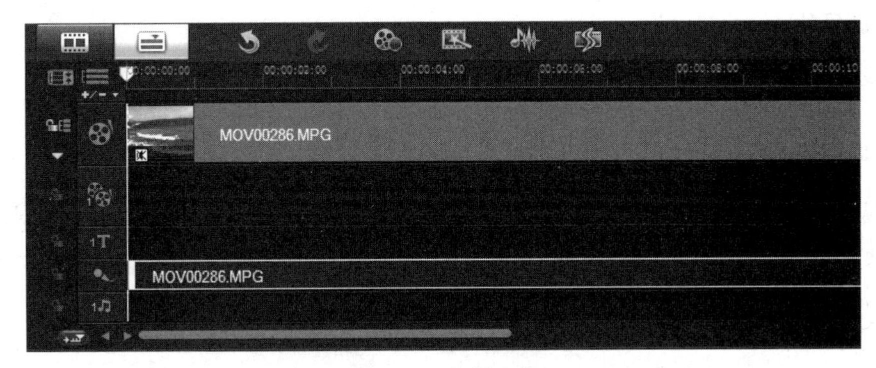

图 6-64 分割音频

(3) 播放视频,到第 20 秒时按下暂停键,单击"剪刀"按钮,如图 6-65 所示。继续播放视频,到第 30 秒时按下暂停键,单击"剪刀"按钮。

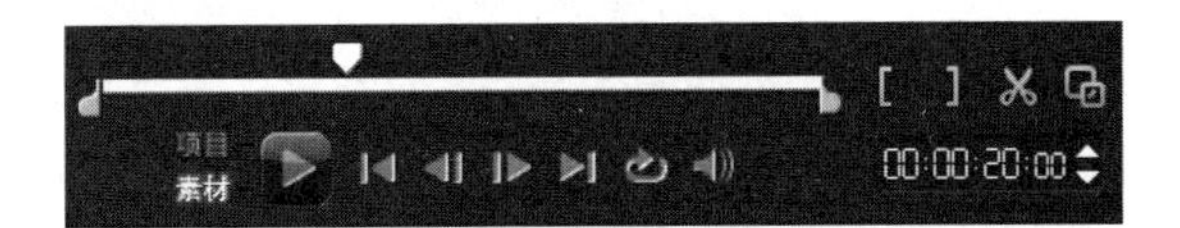

图 6-65 剪切视频

(4) 右击剪切下来的中间的一段视频,在弹出的快捷菜单中选择"删除"命令。

(5) 插入背景音乐。

(6) 导出视频,选择"分享"菜单,选择"创建视频文件"→DVD→MPEG2 命令,如图 6-66 所示。

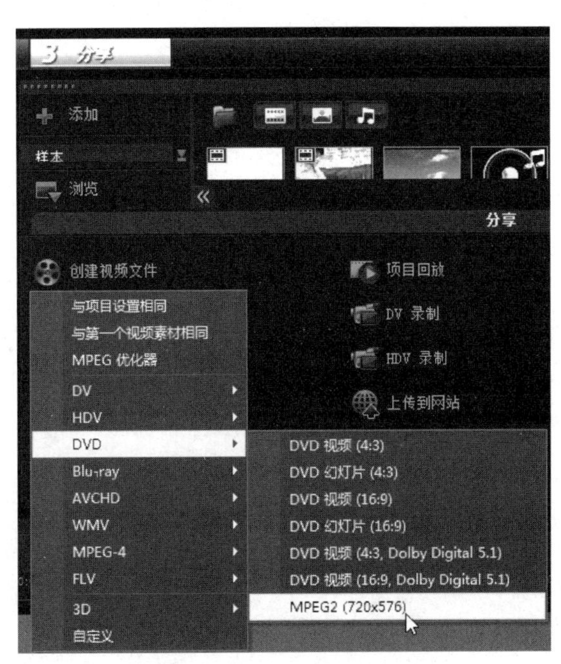

图 6-66 创建视频文件

6.5.3 上机实训

1. 实训目的

使用会声会影软件制作电子相册；对视频进行剪辑合成。

2. 实训内容

(1) 从网上下载10张中国风景的图片，将这10张图片制作成电子相册。要求：标题为“中国美景”，每张图片显示5秒，图片之间有转场，图片加字幕进行说明，插入背景音乐，输出为WMV格式。

(2) 将素材中的视频1和视频2进行合成，视频1剪辑为35秒，视频2剪辑为15秒，删除素材中的声音，添加背景音乐，添加转场效果，添加标题为“大海”，输出为MPEG2格式。

第 7 章

计算机网络基础与应用

Chapter 7

目　标

了解计算机网络的基础知识，掌握 Internet 网络的原理和基本应用，掌握电子邮件的基本操作。

重　点

Internet 的原理和基本操作、网络搜索功能以及电子邮件的使用。

引　言

计算机网络建立的主要目的是实现计算机资源的共享。计算机资源主要是指计算机硬件、软件与数据。当今，计算机网络以及 Internet 的兴起和快速发展，掌握计算机网络及 Internet 的使用方法，已经逐渐成为当代人工作和生活不可或缺的一项重要工作技能。

7.1　计算机网络基础知识

7.1.1　计算机网络定义

计算机网络是指将多台地理位置不同的具有独立功能的计算机及其外部设备，通过通信线路互联成为一个网络操作系统，在网络管理软件及网络通信协议的管理和协调下，实现计算机软件、硬件等资源共享和信息传递的计算机系统。计算机网络的逻辑结构如图 7-1 所示。

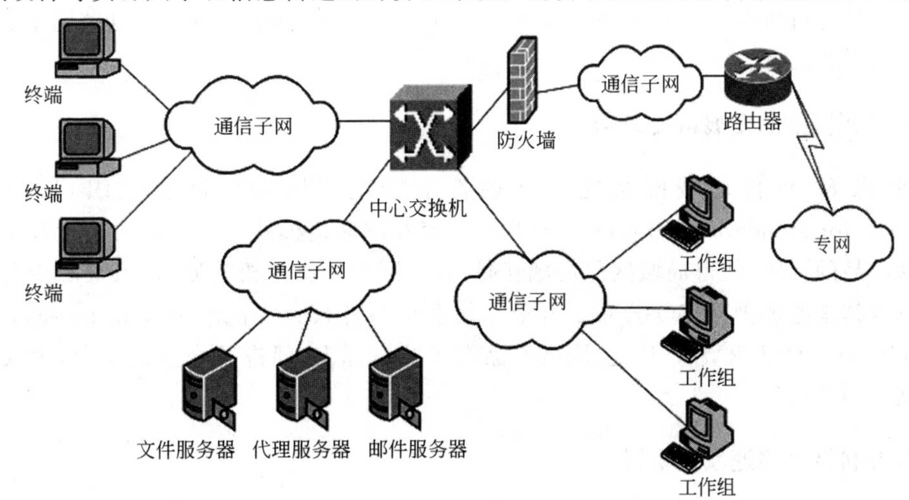

图 7-1　计算机网络逻辑结构图

这里的独立功能是指每台计算机的工作是独立的，任意两台计算机之间没有主从关系，任何一台计算机都不能干预其他计算机的启动、关闭、操作等工作。互联是指互相连接的两台或两台以上的计算机能够互相交换信息和资源共享。

由此可看出，计算机网络涉及三个方面的问题。

(1) 两台或两台以上的计算机互联才能构成网络，达到资源共享的目的。

(2) 两台或两台以上的计算机连接，通过传输介质互相通信交换信息。例如，电缆、光纤、激光、微波或卫星等。

(3) 计算机之间要通信交换信息，要遵守网络管理软件和网络通信协议的规则和协调。

7.1.2 计算机网络发展历程

计算机网络起源于20世纪50年代初，美国建立了一个半自动地面防空系统，称为SAGE系统。SAGE系统被誉为计算机通信发展史上的里程碑。该系统由雷达录取设备、通信线路以及含有数台大型计算机的信息处理中心组成。计算机网络从产生到发展，可分为4个阶段。

1. 计算机网络发展的萌芽阶段

20世纪60年代末到20世纪70年代初，为了增加系统的计算和资源共享能力，美国国防部把小型计算机连成实验性的网络，这就是远程分组交换网ARPANET。第一次实现了由通信网络和资源网络复合构成的计算机网络系统。

雷达获取空中飞机在飞行中的变化数据，通过通信设备传送到军事部门的信息处理中心，经过加工计算，判明是否有入侵的敌机并得到它的航向、位置等，以便通知防空部队做战斗准备，这标志着计算机网络的真正产生，ARPANET是这一阶段的典型代表。ARPANET网是当今互联网的前身。ARPANET网中采用的许多网络技术，如分组交换、路由选择等，至今仍在使用。

2. 计算机网络的发展阶段

20世纪70年代中后期，局域网络作为一种新型的计算机体系结构开始进入产业部门。局域网技术是从远程分组交换通信网络和I/O总线结构计算机系统派生出来的。1974年，英国剑桥大学计算机研究所开发了著名的剑桥环局域网(Cambridge Ring)。这些网络的成功实现，标志着局域网络的产生。

3. 计算机网络的发展重要时期

20世纪80年代局域网络完全从硬件上实现了国际标准化组织(international organization for standardization，ISO)的开放系统互联通信模式协议的能力。计算机局域网及其互联产品的集成，使得局域网与局域互联、局域网与各类主机互联，以及局域网与广域网互联的技术越来越成熟。ISO公布了开放系统互联参考模型(open system interconnection/reference model，OSI/RM)。从此，网络产品有了统一标准，促进了企业的竞争，大大加速了计算机网络的发展。

4. 计算机网络飞速发展阶段

20世纪90年代初至今，计算机的发展已经完全与网络融为一体，逐渐形成网络化，局域网络开始走向产品化、标准化，形成了开放系统的互联网络。随着网络互联技术、光纤通信、卫星通信技术和信息高速公路的发展，实现了在更大范围的全球互联网络(Internet)的盛行。

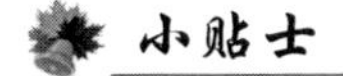

互联网网站分类

互联网网站分类如图 7-2 所示。

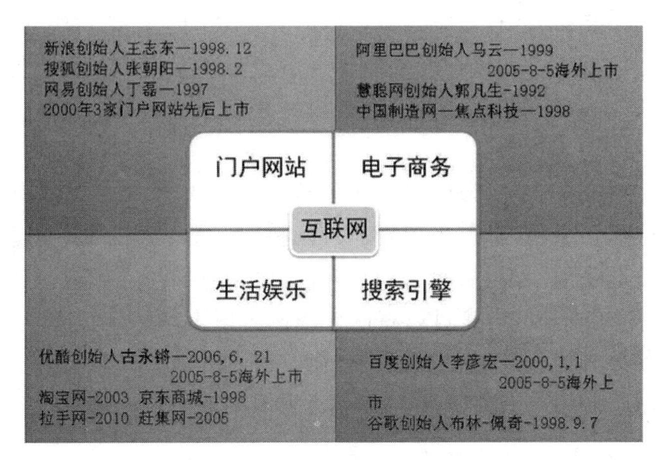

图 7-2 互联网网站分类

7.1.3 计算机网络系统组成

计算机网络系统是能够实现资源共享的现代化综合服务系统。计算机网络系统的组成可分为三个部分，即硬件系统、软件系统及网络信息系统。

1. 计算机网络硬件系统

计算机硬件系统是计算机网络的基础构成。硬件系统包括计算机、通信设备、连接设备及辅助设备等。硬件系统中设备的组合形式决定了计算机网络的类型。计算机网络中常用的硬件设备有以下几种。

(1) 计算机服务器。服务器是运行速度快、存储量大，具有较强功能和信息资源丰富的高级计算机。它是计算机网络系统的核心设备，其主要功能是向网络客户提供资源共享服务、管理网络资源、处理网络通信、响应工作站的网络请求、提供网络打印服务等。服务器可分为文件服务器、远程访问服务器、数据库服务器、打印服务器等。在互联网中，每台服务器的地位都是平等的，它们之间互通信息、相互提供服务，同时也需要专门的技术人员对其进行管理和维护，以保证整个网络的正常运行。

(2) 网络工作站。工作站是具有独立处理能力的计算机，它向服务器发出各种申请服务请求，从网络上接收传送给用户数据的终端设备。

(3) 网络接口卡。网络接口卡(NIC)简称网卡，又称网络接口适配器，是计算机与通信介质的接口。其主要功能是连接计算机与通信设施，将计算机的数字信号转换成通信线路能够传送的电子信号或电磁信号，实现网络数据格式与计算机数据格式的转换，以及网络数据的接收与发送。网卡的功能，直接影响用户将来的软件使用效果和物理功能的发挥。目前，常用的有 10Mbps、100Mbps 和 10Mbps/100Mbps 自适应网卡，网卡的总线形式有 ISA 和 PCI 两种。

(4) 调制解调器。调制解调器(modem)是一种信号转换装置。它可以把计算机的数字信号"调制"成通信线路的模拟信号，将通信线路的模拟信号"解调"回计算机的数字信号。调制解调器的作用是将计算机与公用电话线相连接，使得现有网络系统以外的计算机用户，能够通过拨号的方式利用公用电话网访问计算机网络系统。

(5) 集线器。集线器(hub)是具有多个端口，可连接多台计算机局域网的连接设备。工作人员在局域网中常以集线器为中心，用双绞线将所有分散的工作站与服务器连接在一起，形成星形拓扑结构的局域网系统。即使在网上的某个节点发生故障时，也不会影响其他节点的正常工作。集线器分为普通型和交换型(switch)，集线器的传输速率有 10Mbps、100Mbps 和 10Mbps/100Mbps 自适应等类型。

(6) 网桥。网桥(bridge)是局域网中用来扩展网络距离、减轻网络负载的连接设备。网桥将负担过重的网络分成多个网络段，当信号通过网桥时，网桥会将非本网段的信号过滤掉，使网络信号能够更有效地使用信道，从而达到减轻网络负担的目的。

(7) 路由器。路由器(router)是可以将两个或两个以上网络连接在一起，组成更大的网络的连接设备。路由器具有网桥和路径选择的功能，可根据网络上信息拥挤的程度，自动地选择适当的线路传递信息。而用路由器隔开的网络属于不同的局域网地址。

2. 计算机网络软件系统

计算机网络中的软件按其功能可以划分为网络操作系统、网络协议和网络应用软件。

(1) 网络操作系统。网络操作系统(NOS)是网络系统管理和通信控制软件的集合，负责整个网络的软、硬件资源的管理以及网络通信和任务的调度，并提供用户与网络之间的接口。网络操作系统主要包括服务器操作系统、网络服务软件、工作站软件、网络环境软件和网络数据库管理系统。

网络服务器操作系统要完成目录管理、文件管理、安全性、网络打印、存储管理和通信管理等主要服务。工作站的操作系统软件主要完成工作站任务的识别以及与网络的连接。常用的网络操作系统有 NetWare 系统、Windows NT 系统、UNIX 系统和 Linux 系统等。

(2) 网络协议。网络协议为计算机网络中所有设备(网络服务器、计算机及交换机、路由器、防火墙等)之间通信和数据交换的规则、标准或约定的集合。网络协议规定了通信时信息必须采用的格式和这些格式的意义。一个协议至少包括三个要素，分别是语法、语义和同步。

① 语法：定义了所用信号的电平和传送数据的格式。

② 语义：是指所包含的用于网络中计算机之间实现协调配合和错误处理的管制信息。

③ 定时：是指速率匹配及数据的排序。

目前，Internet 采用的标准网络协议是 TCP/IP(transmission control protocol/internet protocol)，即传输控制协议/互联网协议。TCP/IP 是由 ARPA 于 1977—1979 年推出的一种网络体系结构和协议规范。随着 Internet 网的发展，TCP/IP 也得到进一步的研究开发和推广应用。

(3) 网络应用软件。网络应用软件是指为某一应用目的而开发的，为用户提供访问网络服务、资源共享和信息传输的软件。如 Office 办公套件、浏览查询软件、存储软件、传输软件、远程登录软件、电子邮件等。

3. 网络信息系统

网络信息系统是指以计算机网络为基础开发的信息系统，如各类网站、基于网络环境的管理信息系统等。

7.1.4　计算机网络分类

计算机网络按照不同的分类方法，可以分为不同的类型。

1. 计算机网络按其规模大小与通信距离远近分类

（1）局域网。局域网 LAN（local area network）指规模相对较小的网络，地理范围在10km以内，数据传输速率高，通常都在100Mbps左右，有的主干网可以达到1000Mbps。误码率低，一般在10^{-9}左右。

（2）城域网。城域网 MAN（metropolitan area network）的规模较之局域网要大一些，通常覆盖一个地区或城市，地域的范围从几十千米到几百千米。

（3）广域网。广域网 WAN（wide area network）的覆盖面最大，不但可以将多个局域网或城域网连接起来，还可以把世界各地的局域网连接在一起，传送距离可达上千千米。但是传输速率相对局域网较慢，误码率偏高，一般在10^{-5}～10^{-3}之间。

2. 计算机网络按照拓扑结构分类

结构拓扑就是网络的物理连接形式。目前常见的网络拓扑结构主要有星形拓扑结构、环形拓扑结构和总线型拓扑结构。

（1）星形拓扑结构。星形拓扑结构是局域网中应用得最为普遍的一种拓扑形式。星形网络是网络中的各工作站节点设备通过一个网络集中设备（如集线器或者交换机）连接在一起，各节点呈星状分布。这类网络目前用得最多的传输介质是双绞线。

星形拓扑结构配置灵活、管理维护容易、故障检测与隔离方便。但是这种结构对中心节点的依赖性大，一旦中心节点出现故障将导致整个网络的瘫痪。所以这种中心设备在各单位都被放在专用房间里面由专人负责管理。

（2）环形拓扑结构。环形拓扑结构的网络形式主要应用于令牌网中，在这种网络结构中各设备是直接通过电缆来串接的，最后形成一个闭环，整个网络发送的信息就是在这个环中传递，通常把这类网络称为"令牌环网"。环形拓扑结构初始安装比较容易、故障诊断比较方便。但是重新配置时较为困难。

（3）总线型拓扑结构。总线型拓扑结构中所有设备都直接与总线相连，所采用的介质通常是同轴电缆或光缆。总线型拓扑结构的主要特点是组网费用低、安装简便，但介质的故障会导致网络瘫痪，其监控比较困难。

7.1.5　网络体系结构

计算机网络是一个复杂的具有综合性技术的系统，允许不同系统实体互连，但是不同系统的实体在通信时都必须遵从相互均能接受的规则，这些规则的集合称为协议（protocol）。计算机网络体系结构就是为不同的计算机之间互联和互操作提供相应的规范和标准。

20世纪80年代，国际标准化组织ISO提出了开放系统互联参考模型OSI，这个模型用物理层、数据链路层、网络层、传输层、对话层、表示层和应用层七个层次描述网络的结构。

在 OSI 网络体系结构中，除了物理层之外，网络中数据的实际传输方向是垂直的。数据由用户发送进程发送给应用层，向下经表示层、会话层等到达物理层，再经传输媒体传到接收端，由接收端物理层接收，向上经数据链路层等到达应用层，再由用户获取。数据在由发送进程交给应用层时，由应用层加上该层有关控制和识别信息，再向下传送，这一过程一直重复到物理层。在接收端信息向上传递时，各层的有关控制和识别信息被逐层剥去，最后数据送到接收进程。每一层的主要功能如下。

1. 物理层

物理层（physical layer）建立在物理通信介质的基础上，作为系统和通信介质的接口，用来实现数据链路实体间透明的比特（bit）流传输。主要作用是物理连接的建立与拆除、物理服务数据单元传输以及对物理层收发进行管理。物理层实际上是设备之间的物理接口，物理层传输协议主要用于控制传输媒体。物理层的主要设备有中继器和集线器。

2. 数据链路层

数据链路层（data link layer）是在物理层提供比特流服务的基础上，建立相邻节点之间的数据链路，为网络层相邻实体间提供传送数据及数据流链路控制，并检测和校正物理链路的差错。其主要作用是物理地址寻址、数据的成帧、流量控制、数据的检错、重发等。数据链路层主要设备是二层交换机和网桥。

面向比特的通信规程典型是以帧（frame）为传送信息的单位，帧分为控制帧和信息帧。在信息帧的数据字段（即正文）中，数据为比特流。比特流用帧标志来划分帧边界，帧标志也可用作同步字符。

3. 网络层

网络层（network layer）广域网络通常划分为通信子网和资源子网。通信子网由物理层、数据链路层和网络层组成。网络层是通信子网的最高层，完成对通信子网的运行控制，支持网络层的连接。主要功能是建立和拆除网络连接、路径选择、中继和多路复用、分组、组块和流量控制以及差错的检测与恢复等。

网络层的任务就是选择合适的网间路由和交换节点，确保数据及时传送。网络层协议的代表包括 IP、IPX、RIP、ARP、RARP、OSPF 等，主要设备是路由器。

4. 传输层

传输层（transport layer）是网络体系结构中最核心的一层。传输层独立于所使用的物理网络，主要功能是传输服务的建立、维护和连接拆除、选择网络层提供的最适合的服务。传输层接收会话层的数据，分成较小的信息单位，再送到网络层，实现两传输层间数据的无差错透明传送。所谓透明的传输是指在通信过程中传输层对上层屏蔽了通信传输系统的具体细节。传输层协议的代表包括 TCP、UDP、SPX 等。

5. 会话层

会话层(session layer)是用户连接到网络的接口。具体指两个用户进程之间的一次完整通信。它提供包括访问验证和会话管理在内的建立和维护应用之间通信的机制。主要功能是提供一个面向应用的连接服务,以及不同系统间两个进程建立、维护和结束会话连接;提供交叉会话的管理功能。

6. 表示层

表示层(presentation layer)主要解决用户信息的语法表示问题,提供格式化的表示和转换数据服务。主要功能是数据的压缩、解压、加密和解密等工作。例如图像格式的显示,就是由位于表示层的协议来支持。表示层协议的主要功能有:为用户提供执行会话层服务原语的手段;提供描述负载数据结构的方法;管理当前所需的数据结构集和完成数据的内部与外部格式之间的转换等。

7. 应用层

应用层(application layer)为用户访问网络的接口层,是操作系统或网络应用程序提供访问网络服务的接口,为应用进程提供了访问 OSI 环境的手段。应用层协议的代表包括:Telnet、FTP、HTTP、SNMP 等。

OSI 模型是一个定义异构计算机连接标准的框架结构,如图 7-3 所示。该模型具有如下特点。

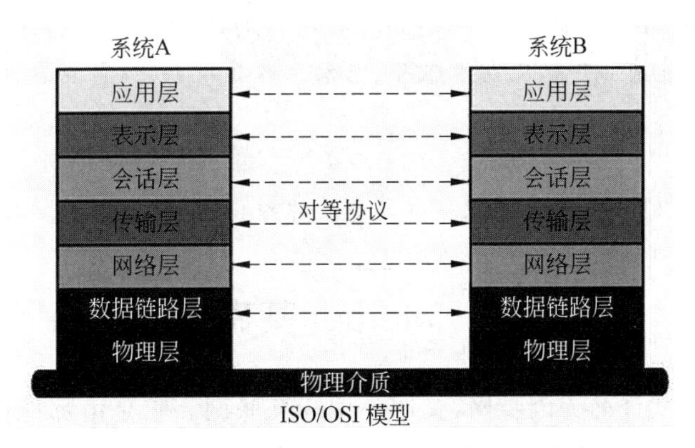

图 7-3 OSI 模型

(1) 网络中异构的每个节点均有相同的层次,相同层次具有相同的功能。

(2) 同一节点内相邻层次之间通过接口通信。

(3) 相邻层次间接口定义操作,由低层向高层提供服务。

(4) 不同节点的相同层次之间的通信由该层次的协议管理控制。

(5) 每层次完成对该层所定义的功能,修改本层次功能不影响其他层。

(6) 仅在最低层进行直接数据传送。

(7) 定义的是抽象结构,并非具体实现的描述。

小贴士

计算机网络的主要应用领域

计算机网络是信息产业的基础，在各行各业都获得了广泛应用。

1. 办公自动化系统

办公自动化系统（OAS）的核心是通信和信息。通过将办公室的计算机和其他办公设备连接成网络，可充分有效地利用信息资源，以提高生产效率、工作效率和工作质量，更好地辅助决策。

2. 管理信息系统

管理信息系统（MIS）是基于数据库的应用系统。在计算机网络的基础上建立管理信息系统，是企业管理的基本前提和特征。例如，使用 MIS 系统，企业可以实现各部门动态信息的管理、查询和部门间信息的传递，可以大幅提高企业的管理水平和工作效率。

3. 电子数据交换

电子数据交换（EDI）是将贸易、运输、保险、银行、海关等行业信息用一种国际公认的标准格式，通过计算机网络，实现各企业之间的数据交换，并完成以贸易为中心的业务全过程。电子商务系统（EB 或 EC）是 EDI 的进一步发展。我国的"金关"工程就是以 EDI 作为通信平台。

4. 现代远程教育

远程教育（distance education）是一种利用在线服务系统，开展学历或非学历教育的全新的教学模式。远程教育的基础设施是网络，其主要作用是向学员提供课程软件及主机系统的使用，支持学员完成在线课程，并负责行政管理、协同合作等。

5. 电子银行

电子银行也是一种在线服务，是一种由银行提供的基于计算机和计算机网络的新型金融服务系统，其主要功能有：金融交易卡服务、自动存取款服务、销售点自动转账服务、电子汇款与清算等。

6. 企业信息化

分布式控制系统（DCS）和计算机集成与制造系统（CIMS）是两种典型的企业网络系统。

7.2　Internet 基础知识

Internet 中文正式译名为因特网，又叫作国际互联网。它是由那些使用公用语言互相通信的计算机连接而成的全球网络。目前，Internet 用户已经遍及全球，有超过几亿人在使用 Internet，并且它的用户数还在上升。

Internet 受欢迎的主要原因在于它在为人们提供计算机网络通信设施的同时，还为广大用户提供了非常友好的、乐于接受的访问方式。Internet 网上的计算机工具、网络技术和信息资源不仅被科学家、工程师和计算机专业人员使用，同时也为广大群众服务，进入非技术领域、商业领域，进入千家万户。Internet 已经成为当今社会最有用的工具，它正在悄悄改变着我们的生活方式。

7.2.1　Internet 特点

1969 年美国开始建立全国性信息网 ARPANET，根据计算机协议将不同地方的计算机进行联机处理,这就是 Internet 的起源。美国军方于 1983 年提出的 TCP/IP 被作为因特网上所有主机间的共同协议,由此推动全球互联网快速发展。

Internet 网提供的服务主要有信息浏览、电子邮件(E-mail)、文件传送(FAT)、远程登录(telnet)、网络新闻(netnews)、信息发布(BBS)以及交互式通信等。国内的 Internet 网主要有中科院的科学技术网 CSTNET、国家教委的教育和科研网 CERNET、邮电部的 CHINANET 以及电子工业部的金桥网 CHINAGBN 等。Internet 具有如下显著特点。

1. Internet 使用 TCP/IP

互联网协议 IP(Internet protocol)的作用是控制网上的数据传输,为数据报定义标准格式,定义分配给每台计算机的地址,使互联的一组网络像一个单一的、庞大的网络一样运行,并且互联网协议有路由选择协议,从而允许 IP 数据报穿过路由器传到接收方计算机系统中。

另外传输控制协议 TCP(transmission control protocol)和 IP 协同工作,在发送和接收计算机系统之间维持连接,提供无差错的通信服务,保持数据传送的完整性。

2. Internet 采用分组交换技术

在 Internet 网上的所有数据都以分组的形式传送,发送方将信息和文本分组后在 Internet 网上传送,而接收方则将接收到的分组重新组装成原来的信息。同一时刻,在 Internet 上流动着来自许多台计算机的分组,这些分组称为数据报(datagram)。

3. Internet 有唯一的 IP 地址和域名

Internet 上的每台计算机都必须指定一个唯一的地址,称为 IP 地址。它像电话号码一样用数字编码表示。为了方便用户使用,将每个 IP 地址映射为一个名字(字符串),称为域名。

4. Internet 通过路由器将网络互联

路由器是互联网络、执行路由选择任务的专用计算机。路由器主要负责网上的数据流动路线,防止线路发生阻塞,并在阻塞发生时调节数据流量。

7.2.2 IP 地址

1. IP 地址定义

IP(Internet protocol address)地址是指根据网络传输协议(Internet protocol),对因特网上的每台计算机和其他设备都规定的唯一的地址。

网络上每一个节点都必须有一个独立的 Internet 地址(又叫 IP 地址)。所有联网主机的 IP 地址统一由 Internet 网络信息中心(InterNIC)分配,并由各级网络中心分级进行管理与分配。IP 地址的唯一性保证了用户在进行网络操作时,能够高效而且方便地从千千万万台计算机中选出自己所需的对象。我国高等学校校园网的网络地址一律由 CERNET 网络中心管理,由它申请并分配给各所学校。

2. IP 地址分类

目前使用的 IP 地址是由一组 32 位的二进制数字组成,也就是常说的 IPv4 标准。在 IPv4

标准中，地址被分为A、B、C、D、E五类，其中A、B、C三类地址可以用于分配给网络用户上网使用。

(1) A类地址。A类地址的最高位为0，后随的7位为网络号部分，剩下的24位表示主机号。这样A类网的个数为126个；每个A类网中允许主机数约为1600万台。

(2) B类地址。B类地址的最高两位为10，后随的14位为网络号部分，剩下的16位表示主机号。这样B类网的个数约为16 000个；每个B类网中的允许主机数约为65 000台。

(3) C类地址。C类地址的最高三位为110，后随的21位为网络号部分，剩下的8位表示主机号。这样C类的个数约为200万个；每个C类网中允许有254台主机。

(4) D类地址。D类IP地址第一个字节以"1110"开始，它是一个专门保留的地址。它并不指向特定的网络，目前这一类地址被用在多点广播(multicast)中。多点广播地址用来一次寻址一组计算机，它标识共享同一协议的一组计算机。D类地址供特殊协议向选定的节点发送信息时用。

(5) E类地址。E类地址用途比较特殊，保留给实验和科研使用。

这些地址适用的类型分别为大型网络、中型网络以及小型网络等。目前最常用的是B类和C类地址。

3. 设置IP地址

TCP/IP需要针对不同的网络进行不同的设置，且每个节点一般需要一个"IP地址"、一个"子网掩码"、一个"默认网关"。用户可以通过动态主机配置协议(DHCP)，给客户端自动分配一个IP地址，避免了出错，也简化了TCP/IP的设置。用户设置本机的IP地址只需按照以下步骤操作即可。

(1) 在计算机中找到"本地连接"，右击"本地连接"图标，在弹出的快捷菜单中选择"属性"命令，弹出"本地连接 属性"对话框，如图7-4所示。

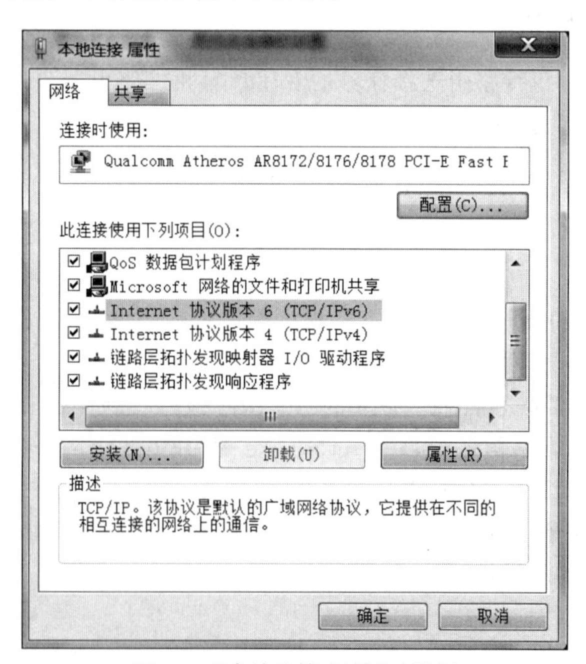

图7-4 "本地连接 属性"对话框

(2) 在“本地连接 属性”对话框中，选中“Internet 协议版本 6(TCP/IPv6)”复选框后，单击“属性”按钮。弹出“Internet 协议版本 6(TCP/IPv6) 属性”对话框，如图 7-5 所示。此时，如果网络支持自动获取 IPv6 地址的功能，则可以自动获取分配的 IPv6 设置。否则，用户需要向网络管理员咨询，以获得适当的 IPv6 设置。

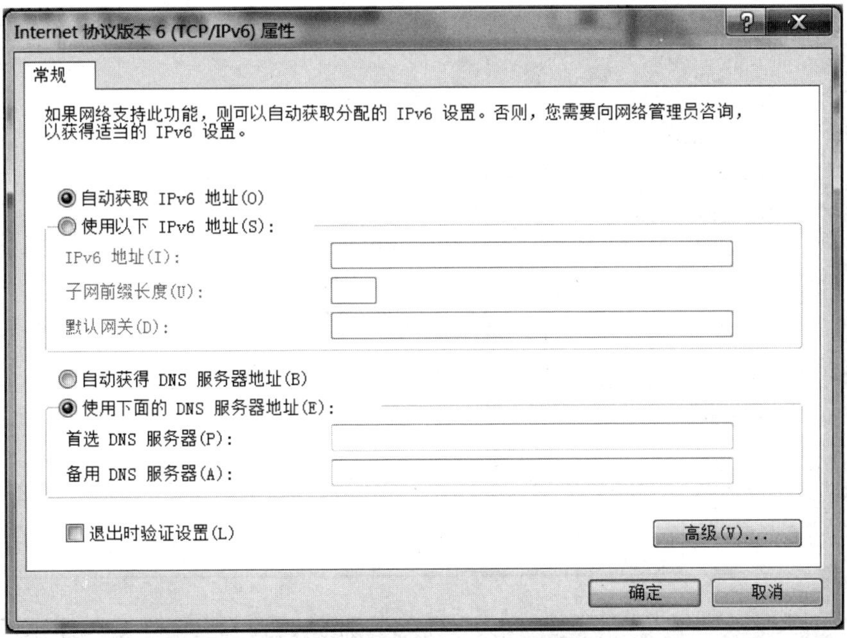

图 7-5 “Internet 协议版本 6(TCP/IPv6)属性”对话框

(3) 在“本地连接属性”对话框中，选中“Internet 协议版本 4(TCP/IPv4)”复选框后，单击“属性”按钮。弹出“Internet 协议版本 4(TCP/IPv4) 属性”对话框，如图 7-6 所示。此时，如“使用下面的 IP 地址(S)”文本框中显示地址，则是用户当前使用计算机的 IP 地址。

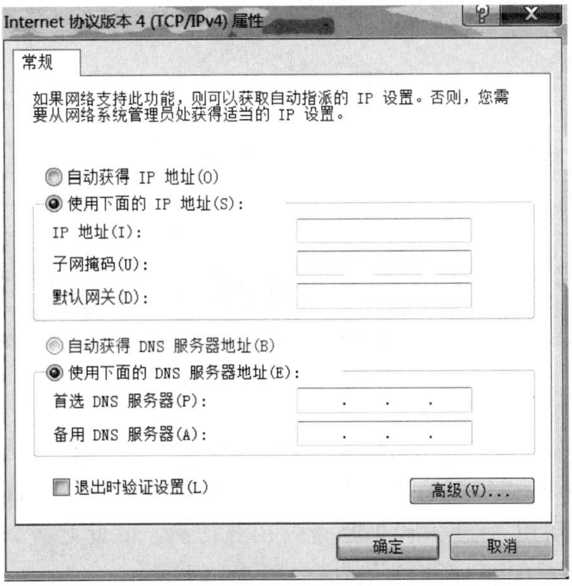

图 7-6 “Internet 协议版本 4(TCP/IPv4)属性”对话框

除上述方法外，用户也可以用输入命令的方法，获取本机 IP 地址。具体步骤如下。

（1）在计算机左下端的“搜索”工具中搜索“运行”功能，如图 7-7 所示。

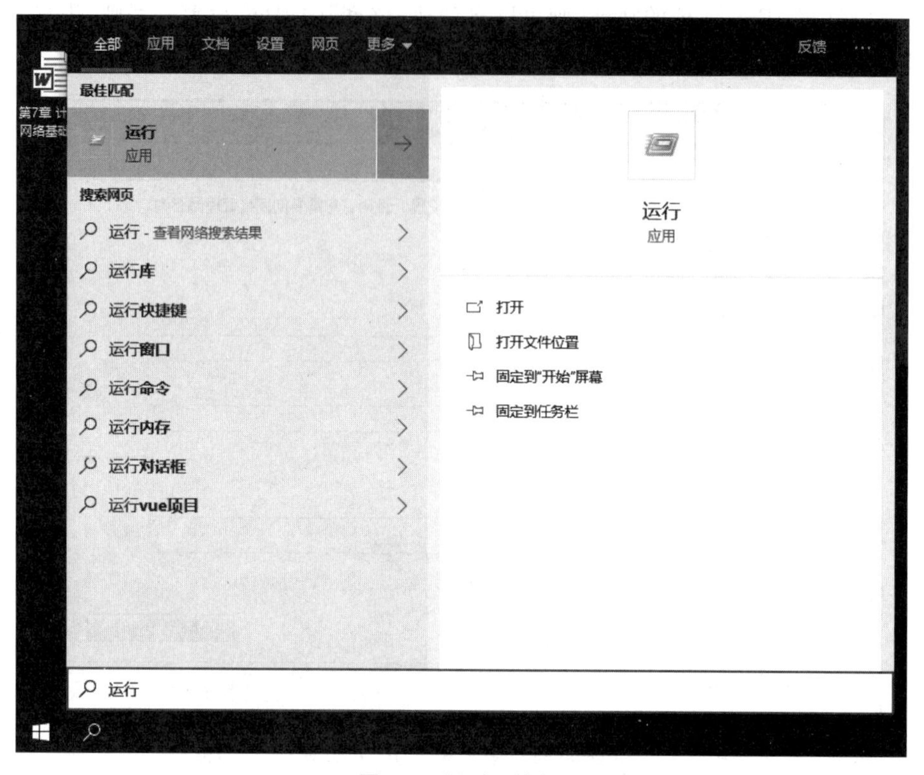

图 7-7 “运行”按钮

（2）单击“运行”按钮后，弹出“运行”对话框，在文本框中输入 cmd 后单击“确定”按钮，如图 7-8 所示。

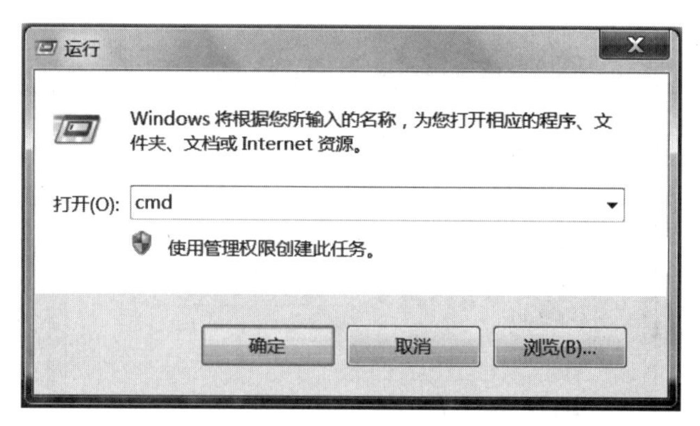

图 7-8 “运行”对话框

（3）单击“确定”按钮后，弹出“管理员 C:\Windows\system32\cmd.exe”窗口，在光标处输入 ipconfig/all 后，按 Enter 键，窗口内会显示当前用户的 IP 配置，如主机名、主 DNS 后缀、节点类型、IP 路由是否启用、WINS 代理是否启用等信息。除此之外，对话框还会显示“以太网适配器”“无线局域网适配器”等相关信息，如图 7-9 所示。

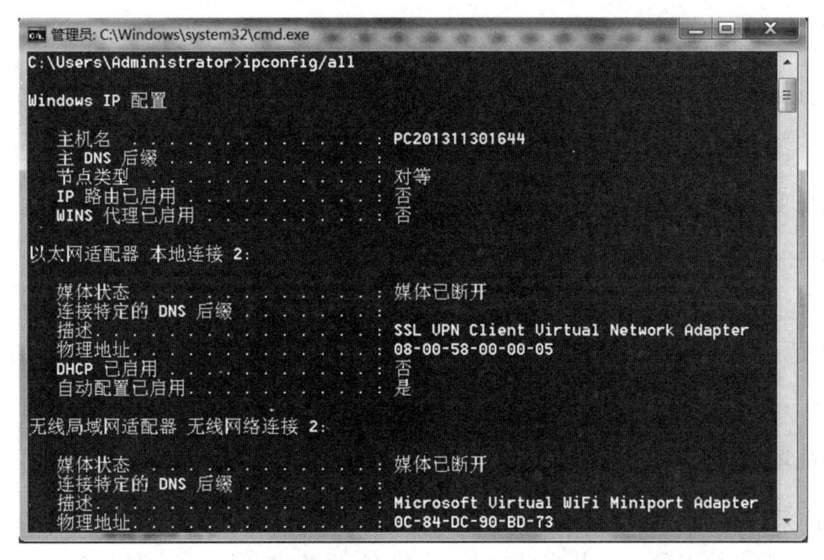

图 7-9　“管理员 C:\Windows\system32\cmd.exe”窗口

4. IPv6 地址

IPv4 标准用 32 位表示地址空间，可以容纳 40 多亿个地址，但是 IP 地址分配原则造成 IP 地址的大量浪费，随着网络技术的飞速发展，网上用户呈指数倍增长，IP 地址不足的问题则凸显出来。

IPv6 是 Internet protocol version 6 的缩写，它是 IETF（Internet engineering task force，互联网工程任务组）设计的用于代替现行版本 IP 协议 IPv4 的下一代 IP 协议。

IPv6 的协议大大扩展了 IP 地址范围，这种新的技术采用 128 位地址空间，是 IPv4 地址长度的 4 倍。因此 IPv6 的地址资源要比 IPv4 丰富得多，可以彻底解决 IPv4 地址不足的问题。除此之外，IPv6 还采用了分级地址模式、高效 IP 包头、服务质量、主机地址自动配置、认证和加密等许多技术。采用 IPv6 技术后，不需要再采用目前节省 IP 地址的手段。

IPv6 的优势和特点如下所述。

（1）地址范围扩大。IPv6 地址长度为 128 位，比 IPv4 地址空间增加了 2^{32}～2^{128}个。

（2）安全性增加。IPv6 中的加密与鉴别选项提供了分组的保密性与完整性，IPv6 网络用户可以对网络层的数据进行加密并对 IP 报文进行校验，极大地增强了网络的安全性。

（3）简化头部格式。IPv6 使用新的头部格式，其选项与基本头部分开。如果需要，还可将选项插入基本头部与上层数据之间。简化并加速了路由选择过程，使路由器可以简单路过选项而不做任何处理，提高了吞吐量，加快了报文处理速度。

（4）使用更小的路由表。IPv6 使用更小的路由表。IPv6 的地址分配一开始就遵循聚类(aggregation)的原则，这使得路由器能在路由表中用一条记录(entry)表示一片子网，大大减小了路由器中路由表的长度，提高了路由器转发数据包的速度。

（5）支持更多的服务类型。IPv6 允许协议继续演变，增加新的功能，使之适应未来技术的发展，支持更多的服务类型。

7.2.3 域名地址

IP 地址是用点分十进制的方法描述地址，但难于记忆。从数字上看不出层次结构，看不出地域分布。为此，Internet 设计了一种域名系统（domain name system，DNS）。

1. 域名含义

域名是为了便于记忆开发的 IP 地址名称，也是企业、政府、组织等机构或者个人应用互联网时需要获得的网络空间指向，也叫网址，这相当于计算机或网站在互联网上的“身份证”。域名与 IP 地址是一一对应的。世界上第一个域名是在 1985 年 1 月注册的。域名的根服务器目前在美国。

2. 域名地址层级

域名地址采用多层分级结构，按照地理位置或机构分层。各级域名按照由低到高的顺序从左向右排列，用小数点隔开。基本结构是“主机名.机构名.网络名.顶层域名”。顶级域名通常是网络机构及所在国家或地区的缩写。例如：北京大学图书馆域名为 pu12.pku.edu.cn，其中 pu12 是北京大学图书馆主机的机器名，pku 代表北京大学，edu 代表中国教育科研网，cn 代表中国。

域名根据用途和国家分类具有不同的含义，常见的机构类顶级域名如表 7-1 所示。

表 7-1 常见的机构类顶级域名

域 名	含 义	域 名	含 义
com	商业机构	name	个人
biz	商业公司	edu	教育机构
gov	政府部门	aero	航空运输业
coop	商业合作社	mil	军事机构
net	网络组织	musenm	博物馆
info	提供信息服务	int	国际机构
org	其他非营利组织	pro	医生、律师、会计师等专业人员

常见的国家或地区类顶级域名如表 7-2 所示。

表 7-2 常见的国家或地区类顶级域名

域名	国家或地区	域名	国家或地区
cn	中国	jp	日本
hk	中国香港	ca	加拿大
us	美国	kr	韩国
uk	英国	sg	新加坡
ru	俄罗斯	th	泰国
fr	法国	mo	中国澳门
gr	希腊	in	希腊
it	意大利		

域名中只能包含以下字符。

(1) 26 个英文字母(或中文、日文、韩文等字符)。字母无大小写区别,每个层次最长不能超过 63 个字母。

(2) 10 个数字 0～9。

(3) 英文中的连字符“-”。

3. 域名注册

1998 年前,国际域名由美国的 Internet 信息管理中心(InterNIC)和其分布在世界各地的认证注册商管理。1998 年以后,互联网名称与数字地址分配机构 ICANN 负责互联网协议地址的空间分配、协议比标识符指派,以及通用顶级域名、国家顶级域名系统、根服务器系统的管理。目前,国内域名的注册由中国互联网信息中心(CNNIC)管理,单位和个人均可以申请注册域名。

域名注册是互联网专业机构向用户提供的申请域名的服务。根据我国法律规定,企业申请域名需要提供营业执照、负责人身份证等,并需要向通信管理局办理备案后才能开通使用。域名注册时,需要向互联网服务机构交纳申请费用。域名申请费和使用费按年计算,因此域名到期前必须及时续费,否则会被注销使用资格。

域名如同商标,是企业或个人在因特网上的标志。由于域名具有唯一性,所以全世界没有重复的域名。随着新一代互联网浏览器 IE 7.0 的问世,中文上网的普及时代已经走近我们的生活,中文域名也将彻底升级为我国广大互联网用户的上网习惯。

随着中文上网时代的到来,企业不仅要为其品牌进行中文域名注册、保护、应用,同时要对可能产生误解、歧义的词汇进行保护性注册,为企业今后的网络品牌发展创造一个良好的网络基础环境。2006 年 3 月 17 日中国互联网络信息中心最新修订的《域名争议解决办法》正式实施。新办法强调了“先注先得”的国际通行注册制度,体现了保护广大域名注册者权益的大原则,同时对“恶意注册”的概念有了清晰的界定。

小贴士

WWW 环球网

WWW(world wide web)环球网也称 Web,是一种组织和管理信息浏览或交互式信息检索的系统。它以超文本方式提供世界范围的多媒体信息服务。用户只要操纵鼠标,就可以迅速而有效地从 Internet 这一信息的汪洋大海中获取所需的文本、图像、影视或声音等信息。WWW 是 Internet、超文本和超媒体技术相结合的产物。

超文本(hypertext)是一种人机界面友好的计算机文本显示技术,它将菜单嵌入文本中,“http”是超文本传输协议的英文缩写。超媒体(hypermedia)是将图像、声音等信息嵌入文本的技术。Netscape 软件除了能发送、接收电子邮件和进行文件传输外,其主要功能是作为 WWW 浏览器。

7.3 案例 1 漫游 Internet Explorer

IE 浏览器是微软公司推出的免费浏览器,直接绑定在微软的 Windows 操作系统中,当用户计算机安装了 Windows 操作系统之后,无须专门下载安装浏览器即可利用 IE 浏览器实现网页浏览。

7.3.1 案例及分析

1. 案例要求

（1）启动IE浏览器，访问网站并设置为主页。
（2）查看网站相关内容，将网页添加到收藏夹。
（3）查看历史浏览记录。
（4）在网站上搜索图片，并保存在计算机中。

2. 案例分析

熟练掌握IE浏览器的使用和信息搜索的操作。

3. 操作步骤

1）打开清华大学官网主页并设置为浏览器首页

（1）在Windows 10的桌面上双击IE 11.0浏览器图标启动IE浏览器。

（2）在地址栏中输入 http://www.tsinghua.edu.cn/publish/newthu/index.html 进入清华大学主页。

（3）在IE浏览器上，单击工具按钮，选择"Internet选项"命令，弹出"Internet选项"对话框。

（4）在"Internet选项"对话框中选择"常规"选项卡。在"主页"文本框中输入 http://www.tsinghua.edu.cn/publish/newthu/index.html，单击"使用当前页"按钮，再单击"确定"按钮，如图7-10所示。

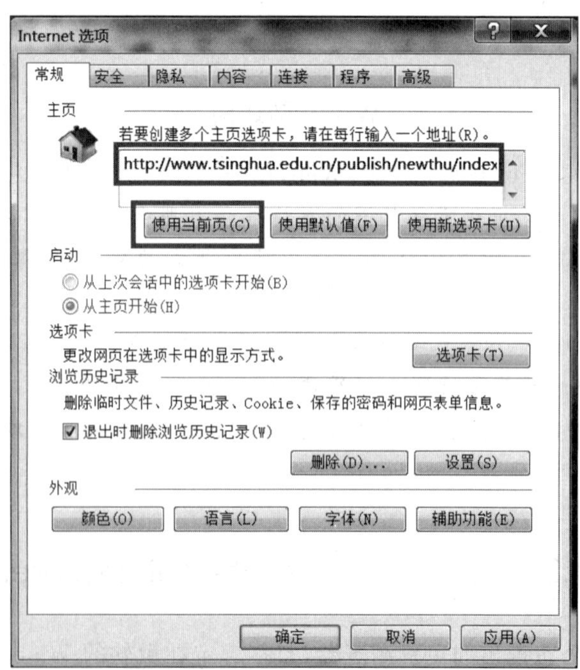

图7-10 "Internet选项"对话框

此时清华大学官网被设为IE浏览器主页，使用快捷键Alt+Home或者单击主页按钮时，都会出现清华大学官网页面。

2）将“清华大学图书馆”页面添加到收藏夹

（1）在主页中单击“图书馆”进入“清华大学图书馆”页面，如图7-11所示。

图7-11 “清华大学图书馆”页面

（2）单击“收藏夹”按钮或者使用快捷键Alt+C，弹出“添加收藏夹”对话框，单击向下箭头，在下拉菜单中选择“添加到收藏夹”命令，如图7-12所示。

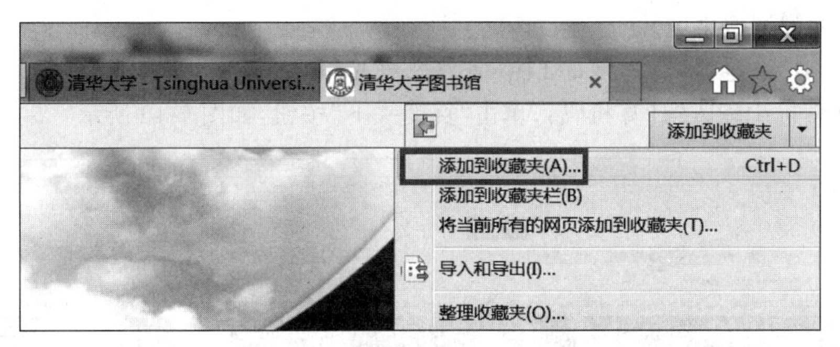

图7-12 “添加到收藏夹”下拉菜单

（3）在弹出的对话框中输入网址名称，单击“添加”按钮，将网址名称保存到收藏夹中，如图7-13所示。

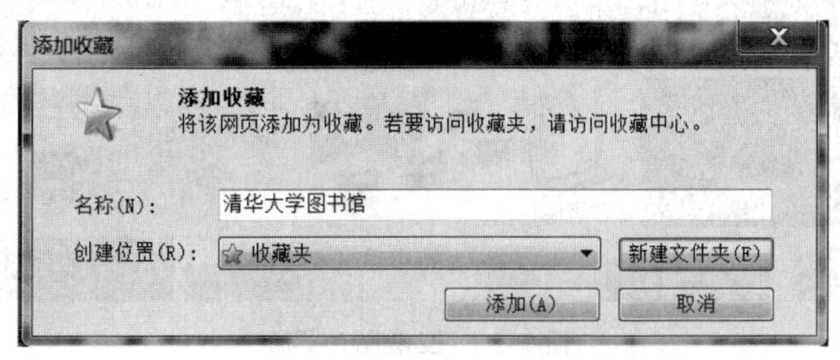

图7-13 “添加收藏”对话框

（4）若在图 7-12 所示的“添加到收藏夹”下拉菜单中选择“添加到收藏夹”选项，则网页保存在地址栏下一行，如图 7-14 所示。

图 7-14　添加到收藏夹页面

3）查看历史浏览记录

单击“收藏夹”按钮☆或者使用快捷键 Alt+C，弹出“添加收藏夹”对话框，选择“历史记录”选项，在弹出的列表中可以按照日期查看历史浏览记录，如图 7-15 所示。

图 7-15　“历史记录”页面

4）通过关键词搜索图片

（1）打开 IE 浏览器，输入网址 https://www.baidu.com/，进入百度网首页，单击“图片”超链接，在搜索框中输入“计算机”后，单击“百度一下”按钮，如图 7-16 所示。

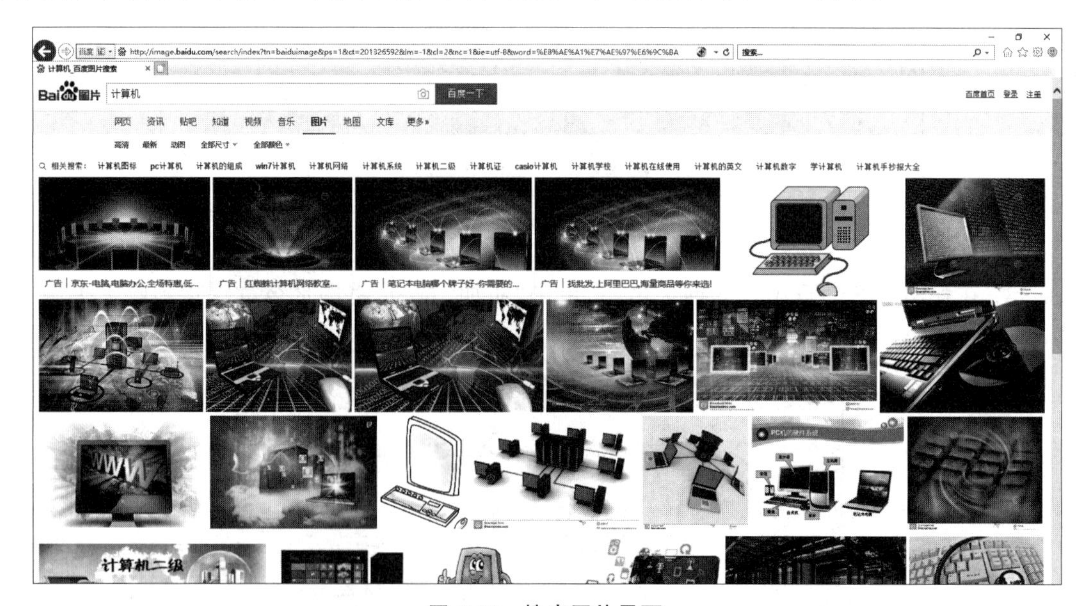

图 7-16　搜索图片界面

(2) 单击要下载的图片,打开图片窗口。单击可以查看“源网页”。右击,在弹出的快捷菜单中选择“图片另存为”命令,弹出“保存图片”对话框。选择保存位置和文件名后,单击“保存”按钮,如图 7-17 所示。

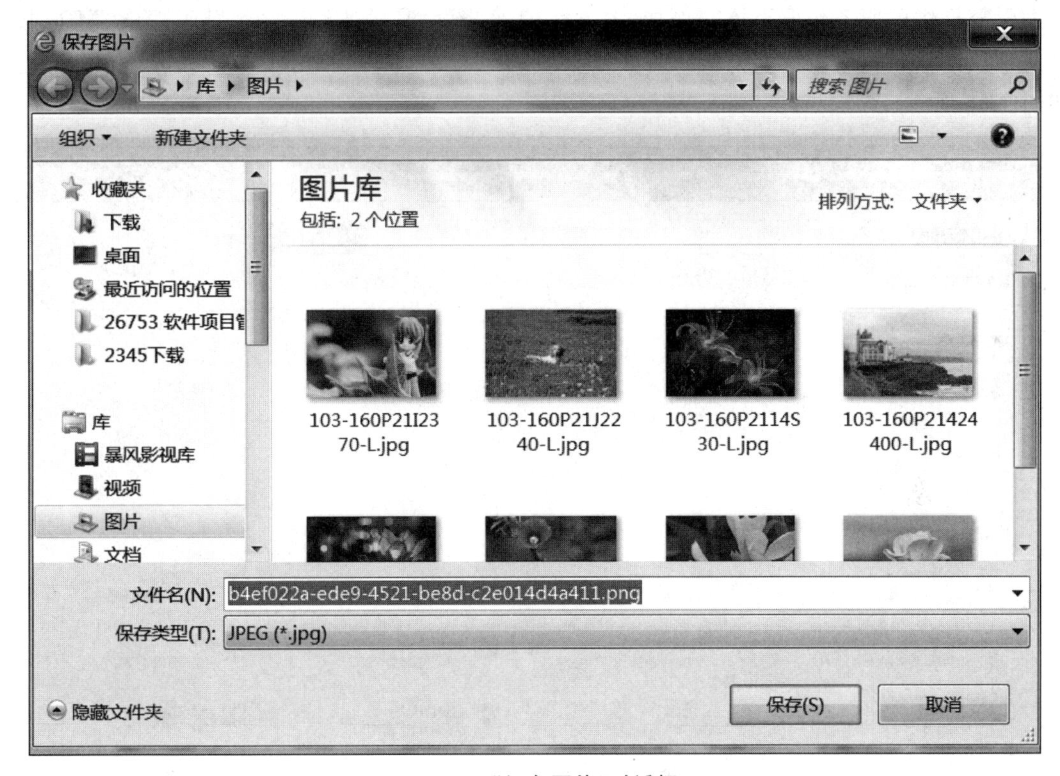

图 7-17 “保存图片”对话框

用户可以在“保存图片”对话框中,“文件名”文本栏中修改图片的名称。同时可以在“保存类型”文本栏中,修改图片保存的格式。

7.3.2 相关知识点

1. IE 11.0 功能简介

IE(Internet explorer) 11.0 是美国微软公司推出的一款全新的浏览器,属于 Windows 10 的内嵌浏览器,同时与 Windows 7 版兼容。

IE 11.0 相比以前的版本更加快速、更安全并与现有网站兼容性更好,为用户提供网络互动新体验。例如,为用户提供了一个完善的下载列表,允许用户查看、运行和删除下载文件,允许用户编辑书签,而且每个书签都可以有自己自定义的图标,这样用户一眼就能识别出特定书签等。

IE 11.0 加快了页面载入与响应速度,JavaScript 执行效果比 IE 10 快 9%,比同类浏览器快 30%,继续降低 CPU 使用率,减少移动设备上网电量。此外,IE 11.0 还是首个直接从 HTML 代码复制粘贴图片至本地的版本,同时用户还可以通过 Data URI 或 Blob 来对图像编码进行编辑,支持与其他浏览器之间进行图像的直接复制粘贴。

2. 搜索引擎简介

目前用户常用的搜索引擎有搜狐、网易、搜狗、百度等。本节以百度为例进行介绍。百度搜索引擎提供的服务包罗万象。例如，关键字搜索、图片搜索、资讯搜索、贴吧搜索、MP3 搜索等搜索模块。最近百度又新上线了许多功能，例如广播开放平台、百度 VR 社区、百度 H5 等，如图 7-18 所示。

图 7-18　百度产品功能大全

百度的产品主要分为以下三类。

(1) 网页搜索。作为全球最大的中文搜索引擎公司，百度一直致力于让网民更便捷地获取信息，找到所需。用户通过百度主页，可以瞬间找到相关的搜索结果，这些结果来自百度超过百亿个的中文网页数据库。百度搜索包括地图搜索、新闻搜索、视频搜索、购物搜索、博客搜索、论坛搜索、学术搜索和财经搜索等。

(2) 社区服务。信息获取的最快捷方式是人与人直接交流，百度贴吧、百度文库、百度网盘、百度百科、百度优课等都是围绕关键词服务的社区化产品，而百度 Hi 更是将百度所有社区产品进行了串联，为人们提供一个表达和交流思想的自由网络空间。

(3) 移动服务。随着手机 APP 系统的广泛应用，用户对移动服务的需求与日俱增。百度推出的百度手机输入法、翻译 APP、手机浏览器、百度手机助手、手机卫士、百度音乐 APP 等服务，都非常受手机用户欢迎。

3. 脱机浏览功能简介

脱机浏览功能是 IE 浏览器的特色之一。IE 浏览从远程服务器把要访问的页面和数据下载到本机硬盘，程序并不需要继续维持和远程服务器的动态连接。用户再次访问同一页面时，系统就会自动从本地硬盘读取信息。这种功能为用户提供了简洁方便的浏览网页方法。

7.3.3 上机实训

1. 实训目的

熟练掌握 IE 浏览器的各项功能，熟悉各类搜索引擎的特点。

2. 实训内容

在浏览过程中，尝试使用 IE 浏览器提供的各项功能。

7.4 案例2 电子邮件的使用

电子邮件是 Internet 网上应用最广泛的服务项目，也称为 E-mail(electronic mail)，是利用计算机网络交换电子信件的方式。与传统的通信手段相比，电子邮件具有快捷、方便、价廉等特点，解决了时空的限制，大大提高了工作效率，为办公自动化、商业活动提供了很大便利。电子邮件可同时传送文本、图像、声音、动画等多种信息，已成为互联网中最重要的信息交流工具。

7.4.1 案例及分析

1. 案例要求

(1) 注册一个电子邮箱。
(2) 发送邮件。

2. 案例分析

学会注册申请邮箱，掌握收发邮件的操作方法。

3. 操作步骤

1) 注册电子邮箱

(1) 打开 http://www.163.com 网页，单击进入 163 网易免费邮箱页面，选择"注册网易免费邮"选项，如图 7-19 所示。

(2) 单击"注册网易免费邮"按钮，弹出注册新用户的页面。本节以注册字母邮箱为例，按照所给出的系统提示依次输入信息，注意填写内容中标有 * 号的地方是必须填写的。最后单击"立即注册"按钮，如图 7-20 所示。用户还可以按照此操作步骤注册手机号码邮箱和 VIP 邮箱。

用户在输入用户名时，系统会检查用户名是否被别人使用，完成此操作步骤后，再进行下一步——设置密码。输入密码时，系统会从安全性角度给出提示，分为"弱""中""强"三个档次，当然"强"档是表示密码最安全。这种密码一般要求是数字、字母和特殊符号的组合。

(3) 按照系统提示填写完信息后，单击"立即注册"按钮，出现如图 7-21 所示的成功页面，这时系统提示新邮箱注册成功，可以使用了。

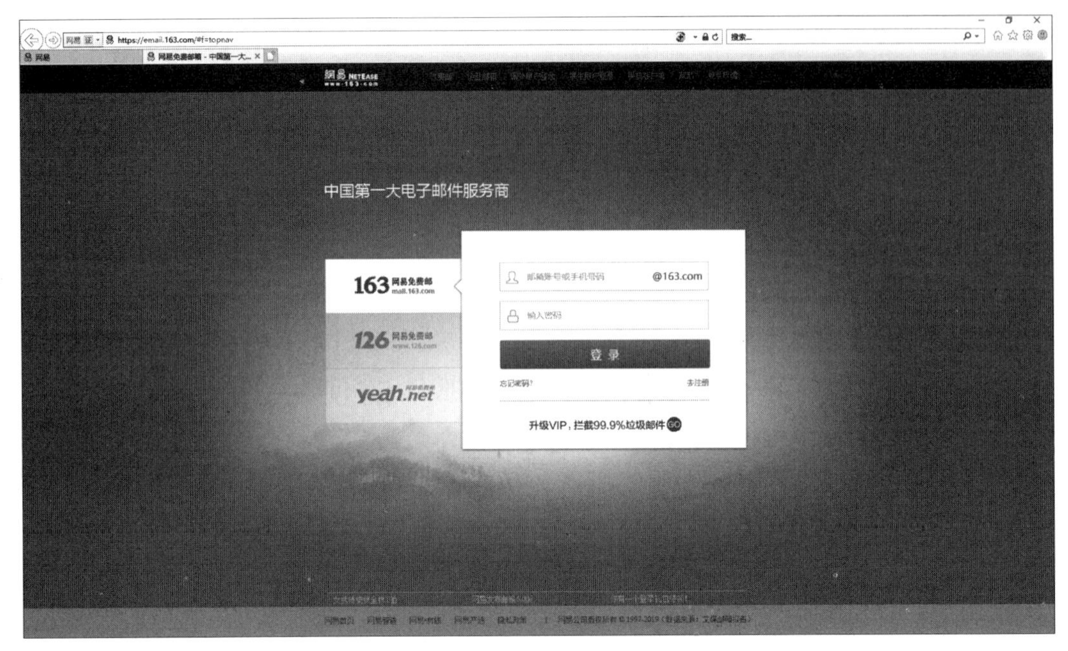

图 7-19　163 网易免费邮首页

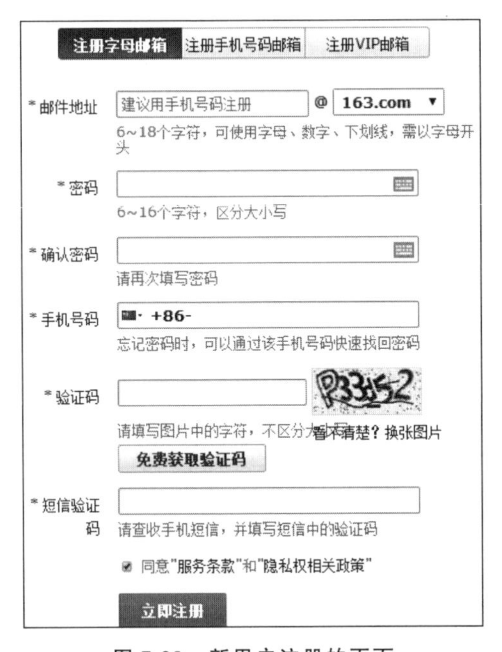

图 7-20　新用户注册的页面

2）登录邮箱发送邮件

（1）单击进入登录页面，用户按照注册的用户名和密码可以登录到邮箱。

（2）单击“写信”选项，进入邮件编辑状态。需要依次填写“收件人邮箱”“主题”和“正文”。若需要上传附件，则单击“添加附件”按钮，选择要发送的文件。用户也可以选择“从手机上上传图片”功能，如图 7-22 所示。

图 7-21　163 邮箱注册成功页面

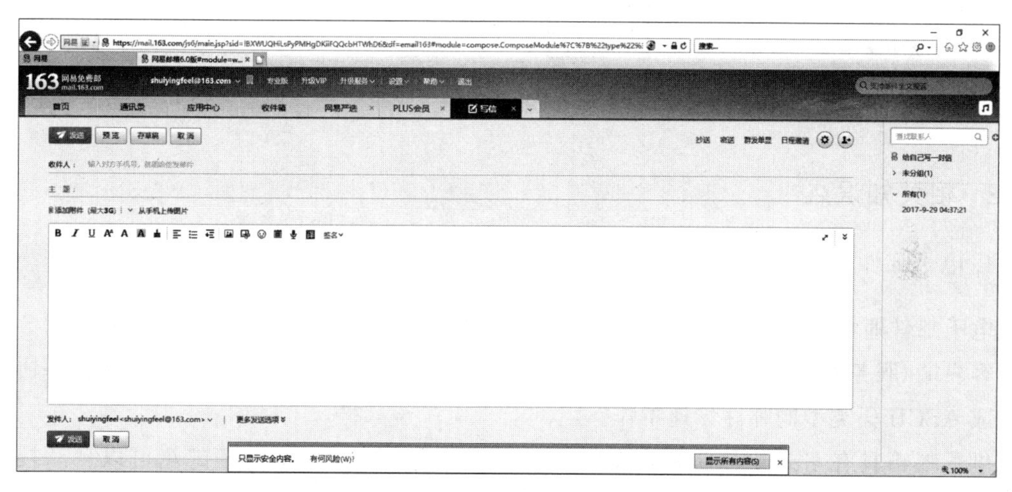

图 7-22　163 邮箱“写信”页面

(3) 写完邮件后，单击页面最下端 更多选项 按钮，出现如图 7-23 所示的选项，有“紧急”“已读回执”“邮件存证”等选项，用户可以根据自己的需求在复选框中勾选相应的复选框。最后单击“发送”按钮。

图 7-23　“更多选项”页面

(4) 正确发送邮件后，系统会提示邮件发送成功。用户在发送邮件前选择了“紧急”“已读回执”和“保存到有道云笔记”功能，在邮件发送成功页面有相应的提示，如图 7-24 所示。

图 7-24　邮件发送成功页面

(5) 最新版的163邮箱，新增了“群发单显”“录制音视频”和“邮件存证”功能。在页面右侧工具栏中有“所有联系人”选项，用户可以通过此选项，对联系人进行分组或群发，如图7-25所示。

图7-25 163邮箱新增功能

7.4.2 相关知识点

1. 电子邮件

电子邮件通常采用简单的邮件传输协议SMTP(simple mail transfer protocol)。SMTP采用客户端/服务器模式，有传送代理程序(服务方)和用户代理(客户方)两个基本程序协同工作完成ASCII码类型的邮件传递工作。

电子邮箱具有Gmail存储和收发电子信息的功能，在网络中，电子邮箱可以自动接收网络任何电子邮箱所发的电子邮件，并能存储规定大小的多种格式的电子文件。电子邮箱具有单独的网络域名，其电子邮局地址在@后标注。

2. 电子邮件的工作方式

用户在Internet上收发电子邮件时，信件不是直接发送到接收人的计算机上。而是先发送到信件发送人的ISP邮件服务器上，它再将信件发送到信件接收人的ISP邮件服务器上，等收件人接收邮件时，需要先和自己的邮件服务器连接，然后服务器再把信件传送到用户的计算机上，如图7-26所示。

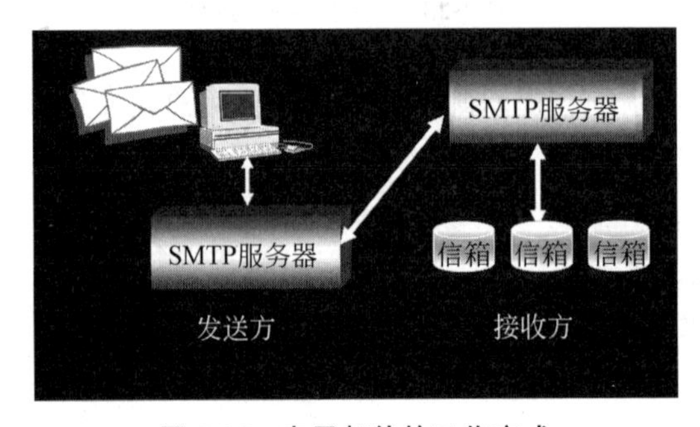

图7-26 电子邮件的工作方式

3. 电子邮件地址的格式

完整的 Internet 邮件地址由“登录名@主机名.域名”组成。@符号之前是登录名，该名称在同一个邮件服务器中是唯一的，以便服务器能够正确地将邮件发送到每个收件人的手中。@是分隔符。@符号之后是主机名与域名，表示用户信箱的邮件接收服务器域名，用以标志其所在的位置。

其中，域名由几部分组成，每一部分称为一个子域(subdomain)，各子域之间用圆点“.”隔开，每个子域都代表用户的相关信息。例如：电子邮件地址 dczd_123@publicl.tpt.tj.cn，其中，@前面的 dczd_123 是用户名，@后面依次是主机名、机构名、机构性质代码和国家或地区代码。如果接收者是同一服务器的用户，则可只写其用户名，如果是外部邮件地址，则必须写全名。

4. 常用免费邮箱

目前用户比较常用的免费邮箱有以下几类，Gmail 邮箱、腾讯邮箱、Tom 邮箱、搜狐邮箱、Hotmail 邮箱、雅虎邮箱、网易邮箱(163 邮箱、yeah.net 和 126 邮箱)、手机 139 邮箱、QQ 邮箱、新浪邮箱，还有一些以企业或公司为域名注册的邮箱等。

5. 垃圾邮件的危害和防范措施

“垃圾邮件”通常指含有病毒、恶意代码、色情、反动等不良信息或有害信息的邮件，收件人事先没有提出要求或者同意接收的广告、电子刊物、各种形式的宣传品等宣传性质的电子邮件，收件人无法拒收的电子邮件，含有虚假的信息源、发件人、路由等信息的电子邮件或隐藏发件人身份、地址、标题等信息的电子邮件。

这些垃圾邮件不仅侵犯收件人的隐私权，侵占收件人信箱空间，耗费收件人的时间、精力和金钱，还占用网络带宽，造成邮件服务器拥塞，降低整个网络的运行效率。严重的容易被黑客利用，成为攻击工具，传播不健康信息，对现实社会造成危害。

用户要采取措施防范垃圾邮件，可以在日常使用时注意以下几点。

(1) 不要回复垃圾邮件。

(2) 不要打开垃圾邮件中的任何超链接或下载任何附件。

(3) 注意保护隐私，不要把邮件地址随意泄露。

(4) 不订阅不健康的电子杂志。

(5) 注册的用专门的邮箱进行私人通信或连接手机、注册支付宝，而用其他邮箱订阅电子杂志。

7.4.3 上机实训

1. 实训目的

熟练使用邮件的操作。

2. 实训内容

(1) 在网上注册一个邮箱。

（2）用附件发送邮件，使用抄送或者密送功能。

（3）制作电子贺卡并群发。

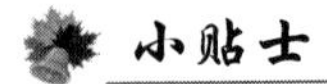
小贴士

中国 Internet 应用发展史

我国最早连入 Internet 的单位是中国科学院高能物理研究所。1994 年 8 月 30 日，中国原邮电部同美国 Sprint 电信公司签署合同，建立了 CHINANET 网，使 Internet 真正开放到普通中国人。同年，中国教育科研网 CERNET 也连接到了 Internet。目前，我国的 Internet 网用户已达 6.7 亿。

7.5 案例3 网上购物

7.5.1 案例及分析

1. 案例要求

在淘宝网上申请一个账户，开通支付宝，在淘宝网上购买物品。

2. 案例分析

掌握网络购物的流程。

3. 操作步骤

网上购物是指通过网络购买商品，是近年来很流行的一种新型购物方式。与传统的购物方式相比，网络购物更省时、省力和省钱。人们足不出户即可从众多的商家中了解商品的报价和质量，从而挑选出极具性价比的产品。

1）网络购物的流程如下

（1）注册成为网站的用户。

（2）在网站挑选商品，并将之放置在虚拟的购物车内。

（3）下单，填写收货地址等信息，网上支付货款（一些网上超市、网上商场也支持货到付款）。

（4）等候快递公司将货物送到家中。

下面以淘宝网购物为例，介绍网上购物的一般流程。不过，在淘宝网买东西需要具备两个条件：一是淘宝网的账号；二是支付宝账号。现在很多商家也支持多种付款方式，如网银、信用卡等。

2）注册成为淘宝网会员

首先要注册成为淘宝网会员，具体操作步骤如下。

（1）在浏览器地址栏输入 http://www.taobao.com，进入淘宝网首页，单击“免费注册”按钮，如图 7-27 所示。

（2）输入账户名和密码，单击“同意协议并注册”按钮，如图 7-28 所示。

（3）输入用户手机号，单击“提交”按钮，如图 7-29 所示。

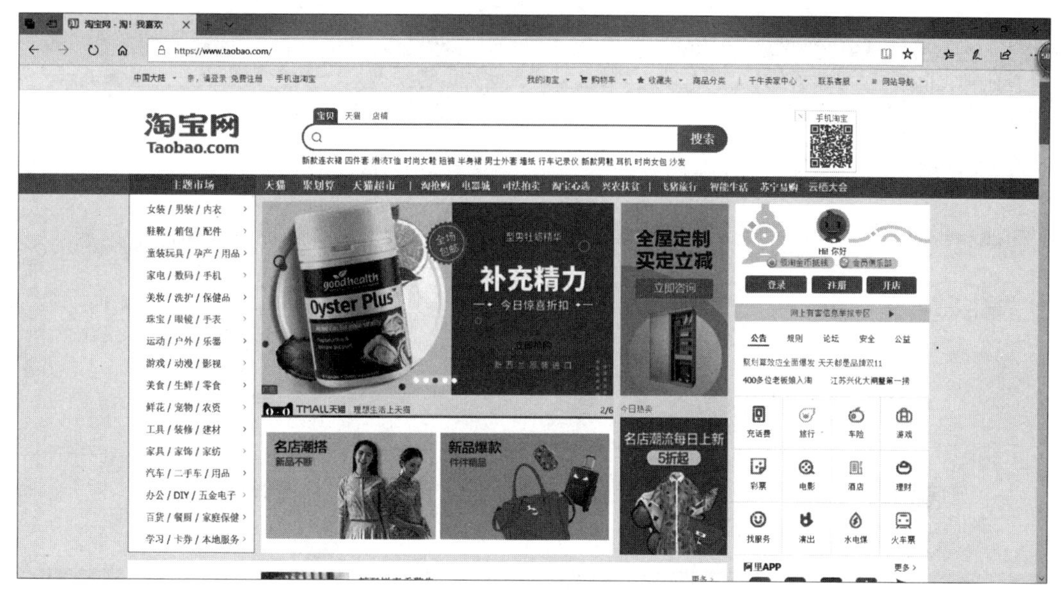

图 7-27 淘宝首页

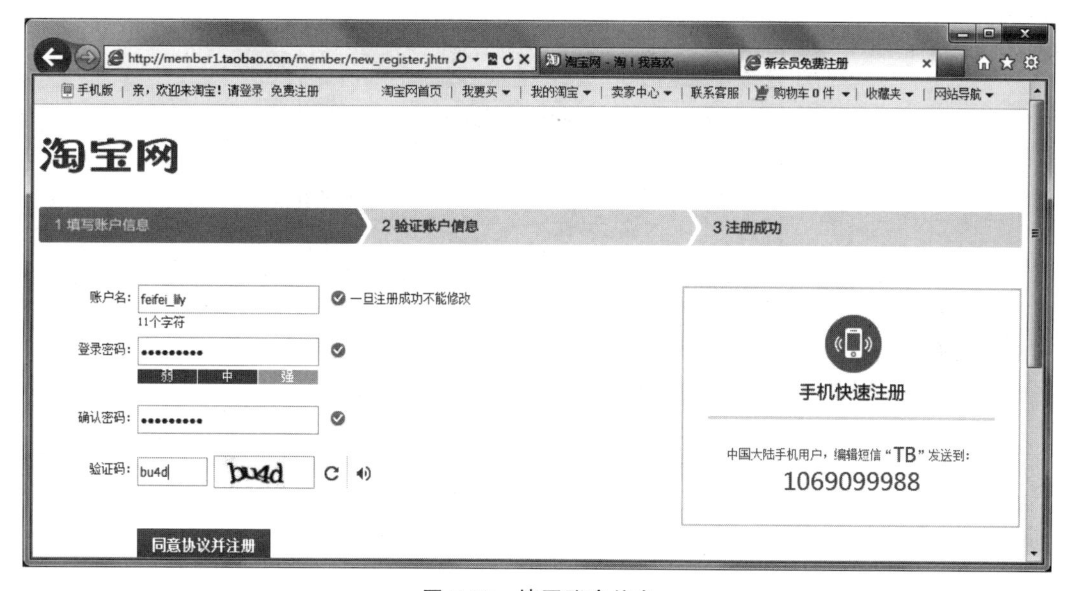

图 7-28 填写账户信息

(4) 此时，注册手机会收到验证码，在如图 7-30 所示的界面中输入验证码，单击“验证”按钮。用户注册成功，如图 7-31 所示。

3) 激活支付宝

支付宝是一个第三方支付平台，简单地说就是网上购物时，在买家和卖家之间做个中间认证，如果拍下某个商品，并不直接将货款交给卖家，而是先付款到支付宝。等收到商品后再通知支付宝付款给卖家，以此增强交易的安全性。尝试网上购物的中老年朋友，要选择支持支付宝的商品。

前面在注册淘宝网会员时，同时也注册了支付宝账户，在使用之前需要先激活这个支付账户。

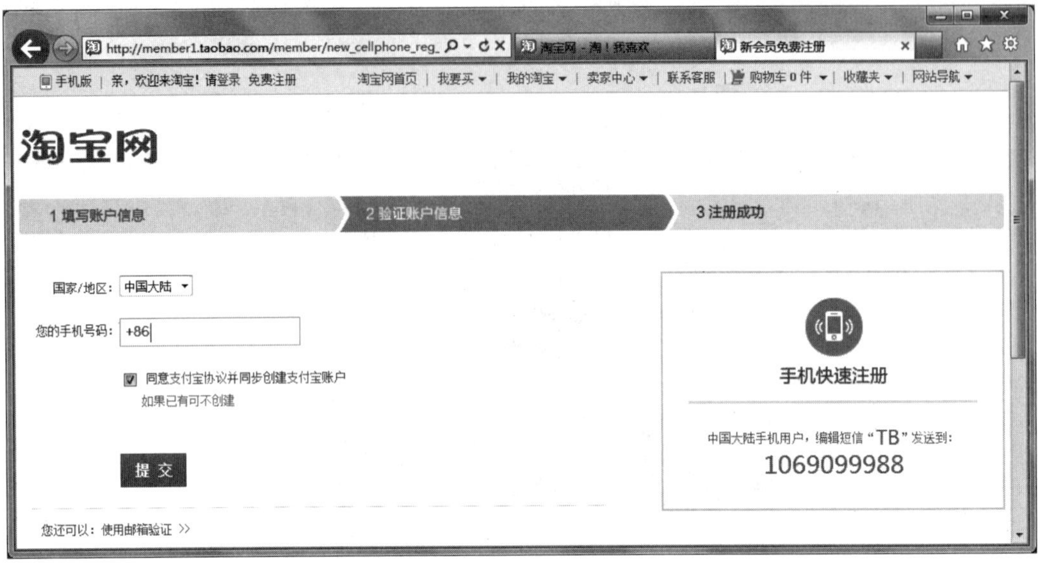

http://member1.taobao.com/member/new_cellphone_reg_　淘宝网 - 淘！我喜欢　新会员免费注册

手机版 | 亲，欢迎来淘宝！请登录 免费注册　淘宝网首页 | 我要买 | 我的淘宝 | 卖家中心 | 联系客服 | 购物车 0 件 | 收藏夹 | 网站导航

淘宝网

1 填写账户信息　2 验证账户信息　3 注册成功

国家/地区：中国大陆

您的手机号码：+86

同意支付宝协议并同步创建支付宝账户
如果已有可不创建

提 交

您还可以：使用邮箱验证 >>

手机快速注册

中国大陆手机用户，编辑短信“TB”发送到：
1069099988

图 7-29　验证账户信息

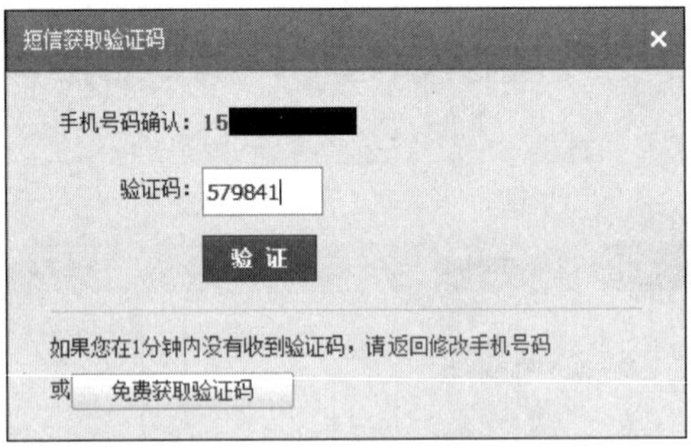

短信获取验证码

手机号码确认：15

验证码：579841

验 证

如果您在1分钟内没有收到验证码，请返回修改手机号码
或 免费获取验证码

图 7-30　填写验证码

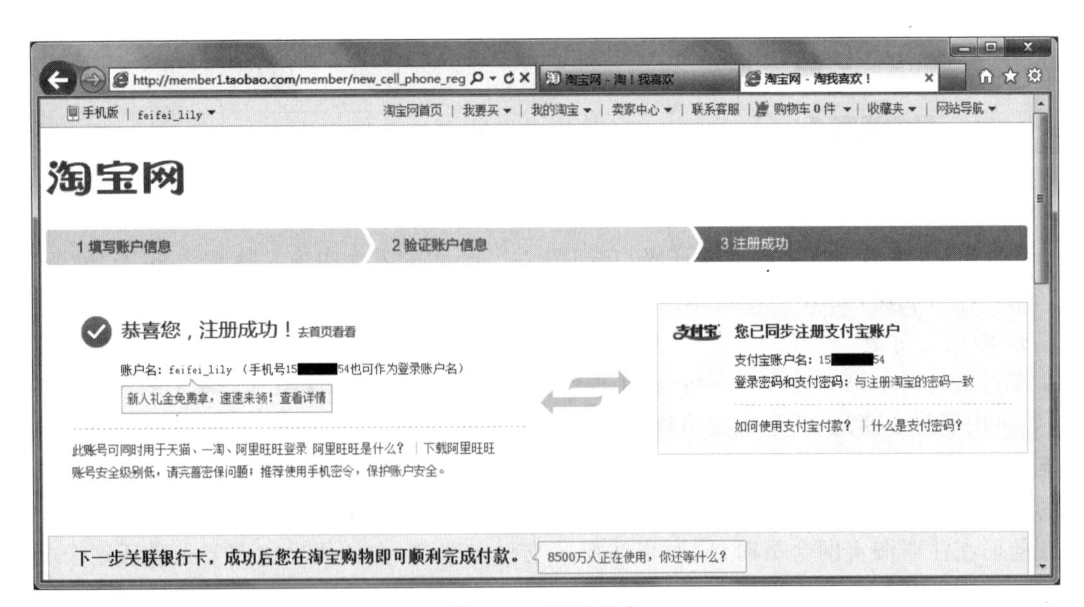

图 7-31　注册成功

(1) 在淘宝网首页单击“登录”按钮,进入如图7-32所示的会员登录页面,选择“支付宝会员”选项卡,单击“账户激活”按钮,出现如图7-33所示的激活窗口。

图7-32 支付宝会员登录页面

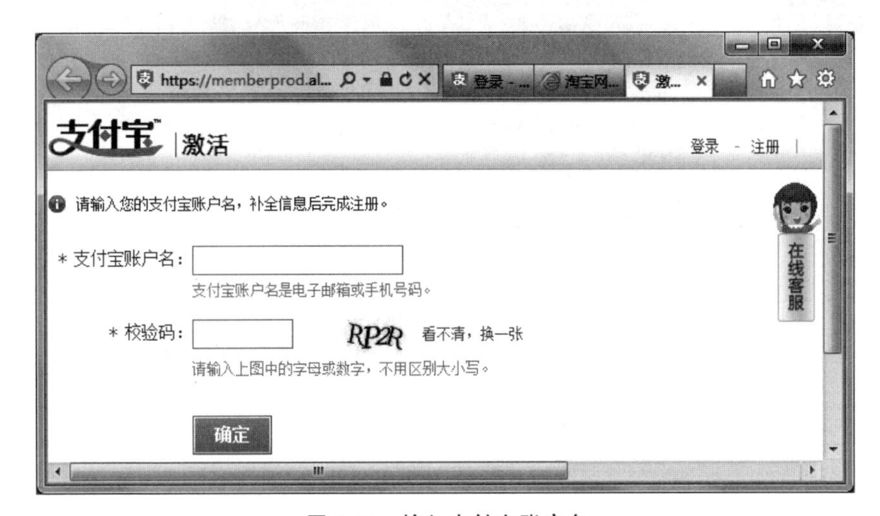

图7-33 输入支付宝账户名

(2) 输入支付宝账户名和校验码后,单击“确定”按钮,出现如图7-34所示窗口,输入发送到手机的校验码,单击“确定”按钮,出现如图7-35所示的填写账户信息窗口。

(3) 按要求填写相关账户信息,包括真实姓名、登录密码、邮箱和证件等,最后单击“提交注册”按钮。出现如图7-36所示的页面时,支付宝账户已被激活,可以用来购物或进行其他网上消费了。

4) 付款购买商品

淘宝网整个交易可以分为两个阶段。第一阶段买家发现了感兴趣的商品,然后通过淘宝旺旺(一款聊天通信软件)向卖家进一步了解商品质量、发货时间或费用等情况;决定购买后进入第二阶段并通过支付宝完成交易,卖家通过快递发货给买家,交易流程如图7-37所示。

在下面的实例中,直接介绍在淘宝网上支付及购买商品的方法。

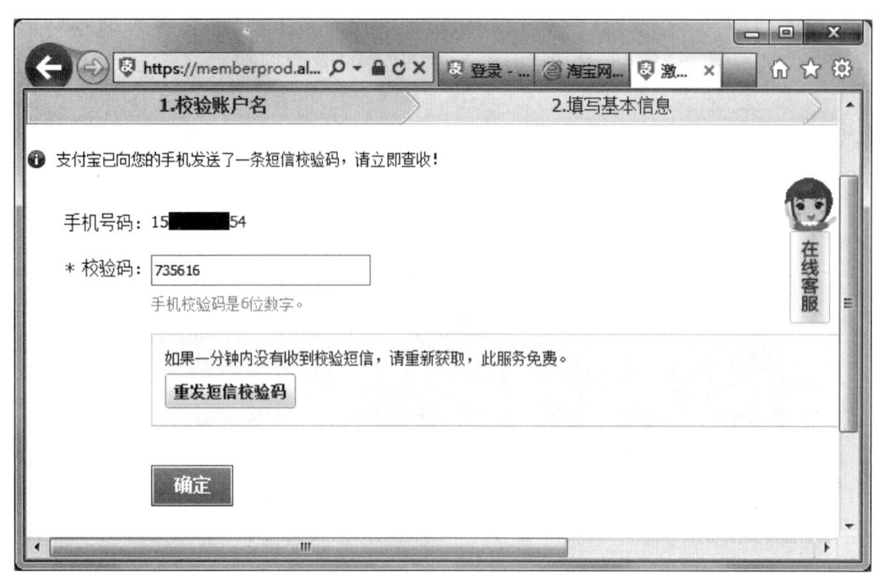

图 7-34　校验账户名

填写账户信息

账户名：15611703954

* 登录密码：

* 确认登录密码：

* 支付密码：

* 确认支付密码：

* 安全保护问题：请选择

* 安全保护答案：

填写个人信息(使用提现、付款等功能需要这些信息)

* 真实姓名：

* 证件类型：身份证

* 证件号码：

联系电话：15611703954

图 7-35　输入账户信息

用注册好的用户名和密码登录淘宝网，在“宝贝”下方输入查找的商品名称，如“味多美卡”，然后单击“搜索”按钮。在搜索结果中选择一家合适的店铺，单击打开新页面。在页面中仔细查看该书的图片、介绍及相关费用。如果对此商品满意，可以单击“立刻购买”按钮，也可单击“放入购物车”按钮，多种商品一起付款。

填写收货地址、收货人和联系电话等信息，然后输入购买的数量并选择运送方式；最后单击页面正文的“确认无误，购买”按钮。至此，选购商品已经完成，剩下的就是付款环节了。选择支付方式，进行支付，如图 7-38 所示。

图 7-36 支付宝注册成功

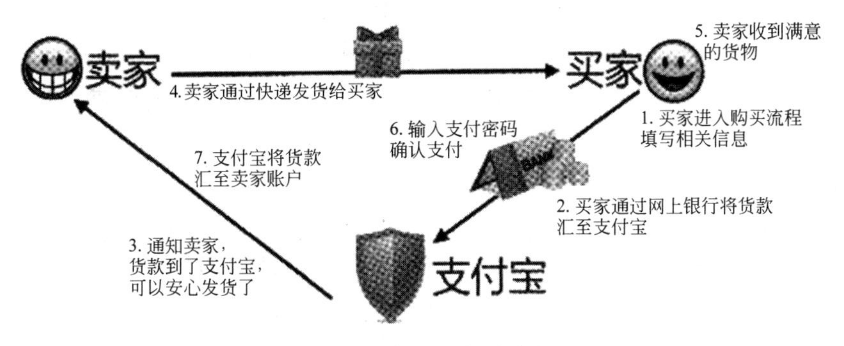

图 7-37 淘宝网交易流程

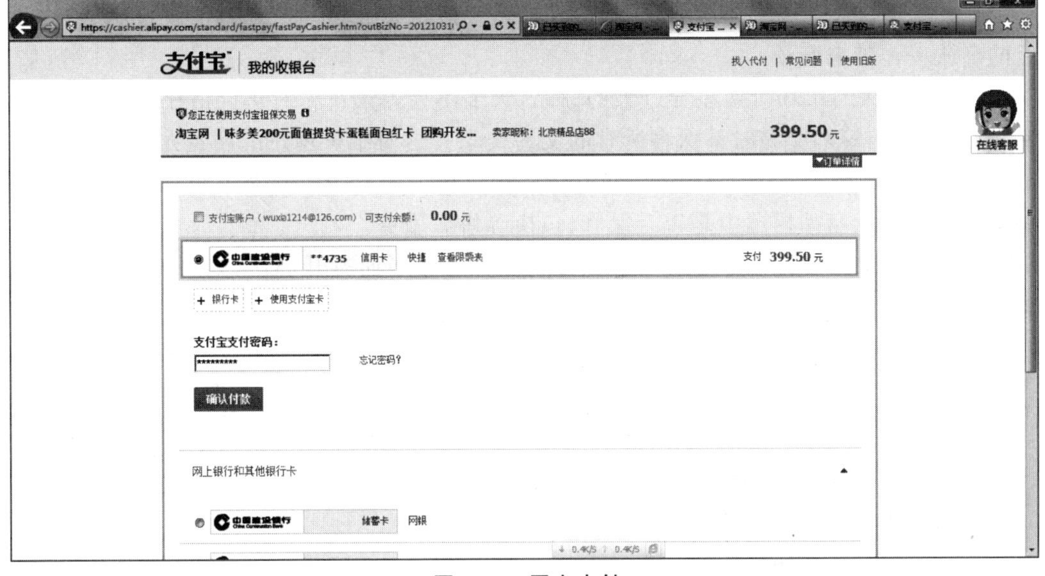

图 7-38 网上支付

7.5.2 相关知识点

1. 网络购物安全隐患

（1）网络购物安全问题。从网络进入人们的生活开始，网络安全问题就一直存在。在网络购物中，网民对网络安全也有很大担忧，诸如用户的个人信息、交易过程中银行账户密码、转账过程中资金的安全等问题。这些顾虑无疑给网络购物蒙上了一层阴影。

（2）网络购物商品信息描述不清。由于网络消费者对网络上的商品的了解只能通过图片和文字描述来完成，而有些商品的描述语言模棱两可，容易使网络消费者对商品的认识产生歧义。当网络消费者根据自己的理解完成网络购物交易，拿到商品后，会投诉商品与自己定购的不一致。而网络商家通常的做法是收回所卖商品。

相对于传统购物，网络购物退还商品是一件相对麻烦和有成本风险的事情。因此，网络商家进行商品描述时，尽量做到描述语言准确，减少购买者对商品的误解，但是仍然不能避免双方理解差异的产生。这也让网络消费者对网络购物产生不安全感。

（3）网络购物经营商的信誉度问题。造成信誉度问题的一个重要原因就是信息不对称，它有两方面的含义：一方面是购物者提交订单后不会无故取消，即买家的忠诚度；另一方面是商家不发布虚假商品、销售信息，即商家的信誉度。网络商家提供的商品信息、商品质量保证、商品售后服务是否和传统商场一样，购买商品后，是否能够如期拿到商品等，都是网络消费者所担忧的问题。

2. 网络购物注意事项

（1）尽量选择信用度高、信用评价好的商家。要查看卖家获得的好评数，同时还应该查看卖家以往的交易记录、金额等详情以确保卖家的可信度。还要看卖家的好评是作为卖家还是作为买家获得的。

（2）对于金额较高的交易建议使用“支付宝”。

（3）保证收款人与网上注册的真实名字一样，一般不要通过朋友之类汇款，以免给发生问题后的确认工作带来麻烦。

（4）不要购买与市场价格差异过大的商品，天上不会掉馅饼。对于价格比较高的商品（如手机、笔记本电脑等），交易时请保存所有的交易记录。这对维护用户的利益尤为重要。

（5）在购买品牌产品时，请尽量选择有特许经营证书或者授权的网店，并向卖家索取发票和保修卡等。注意商品描述中是否有保修、包换等售后服务。

（6）收到产品签收的时候要在快递公司送货员工前当面打开确认，如果是邮局取货也要在邮局马上打开，以便确认责任。

7.5.3 上机实训

实训 1

1. 实训目的

了解在淘宝网如何购物和支付宝的使用方法。

2. 实训内容

在淘宝网上注册用户,开通支付宝。

实训 2

1. 实训目的

学会网上购物的操作。

2. 实训内容

登录淘宝网,购买商品;登录当当网,购买书籍。

参考文献

[1] 王淑江. Windows Server 2008 R2 活动目录内幕[M]. 北京：电子工业出版社，2010.

[2] 赵立群. 计算机网络管理与安全[M]. 北京：清华大学出版社，2010.

[3] 王达. 路由器配置与管理完全手册[M]. 武汉：华中科技大学出版社，2011.

[4] 詹国华. 大学计算机基础教程[M]. 北京：高等教育出版社，2011.

[5] 宋翔. Excel 数据透视表应用之道[M]. 北京：电子工业出版社，2012.

[6] 卞诚君. 电脑办公 Windows 7 Office 2010 学习手册[M]. 北京：清华大学出版社，2012.

[7] 王移芝. 大学计算机基础[M]. 3 版. 北京：高等教育出版社，2012.

[8] 彭爱华，刘晖. Windows 7 使用详解(修订版)[M]. 北京：人民邮电出版社，2012.

[9] 徐洪祥，刘书江. 网站建设与管理案例教程[M]. 北京：北京大学出版社，2013.

[10] 梁露. 中小企业建设与管理[M]. 北京：电子工业出版社，2014.

[11] 胡秀娥. 完全掌握网页设计和网站制作实用手册[M]. 北京：机械工业出版社，2014.

[12] 吴霞. 计算机应用基础实例教程[M]. 北京：清华大学出版社，2015.

[13] 范生万，王敏. 电子商务网站建设与管理[M]. 上海：华东师范大学出版社，2015.

[14] 曲宏山，李浩. 大学计算机基础[M]. 北京：人民邮电出版社，2015.

[15] 唐永华，张彦弘. 大学计算机基础[M]. 北京：清华大学出版社，2015.

[16] 周建丽，方碧林. 计算机应用基础[M]. 6 版. 重庆：重庆大学出版社，2015.

[17] 刘靖宇. 计算机应用基础[M]. 北京：清华大学出版社，2016.

[18] 蔡媛. 计算机应用基础[M]. 北京：电子工业出版社，2017.

[19] 熊燕，曾辉，邓谦. 大学计算机基础教程[M]. 北京：中国铁道出版社，2017.

[20] 郑伟民. 计算机应用基础[M]. 北京：中央广播电视大学出版社，2017.

[21] 全国高校网络教育考试委员会办公室. 计算机应用基础[M]. 北京：清华大学出版社，2018.

[22] 陆汉权. 计算机科学基础[M]. 2 版. 北京：电子工业出版社，2018.

推荐参考网站：

[1] 中国信息产业网，http://www.cnii.com.cn/.

[2] 电子信息产业网，http://www.cena.com.cn/.

[3] 中国管理科学学会，http://www.mss.org.cn/.

[4] 中国计算机学会，http://www.ccf.org.cn/sites/ccf/.

[5] 中国知网，http://www.cnki.com.cn/.

[6] 中华人民共和国商务部网站，http://www.mofcom.gov.cn/.

[7] 中国教育和科研计算机网，http://www.edu.cn/.

[8] 中国人工智能学会，http://www.caai.cn/.

[9] 合息软件，http://www.holoinfo.cc/index.asp/.

[10] 用友，http://www.aobsoft.com.cn/product.shtml/.

[11] 信息化在线，http://it.mie168.com/.

[12] 工业和信息化部网站，http://www.miit.gov.cn/.

[13] 中国教程网，http://bbs.jcwcn.com/.

[14] 电子商务网，http://www.lusin.cn/.

[15] 21 互联远程教育网，http://dx.21hulian.com/.

[16] 第一视频教程网，http://video.1kejian.com/.